変貌する
水田農業の課題

編 八木宏典
　　李　哉汯

日本経済評論社

はしがき

　本書は（公財）日本農業研究所において平成27〜29年の3年間にわたり開催された「水田農業のあり方に関する研究会」の成果報告をもとに，その後の状況に合わせたデータ更新や論点整理などを行い，再編集した新バージョンを刊行したものである．

　わが国の水田農業は，この30年という短い期間に大きな変貌をとげた．その象徴的な動きが，米の産出額が平成の中頃に畜産や野菜のそれに追い越され，それまでの中心作目から第3位の作目に滑り落ちたことであろう．しかも，TPP11協定や日米貿易交渉などで米の輸入枠が拡大されつつある中で，米消費の減退はこれからも続くことが予測されている．一方，生産現場では，1990年代後半より激しい水田農業の構造変化が進み，大量の小規模農家が離農したり，新しく設立された集落営農などに組織化された．しかも，こうした動きの地域格差なども顕在化している．

　本書は，このような水田農業の構造変化の特徴，その変化に応じた水田利活用の現状と課題，水田農業構造や米市場の変化が水田経営に求める技術開発への課題，これらを踏まえた水田農業の将来像などにアプローチしている．なお，各々の章は，研究会メンバーのそれぞれの専門的知見にもとづく分担執筆によってまとめられたが，現場の農業経営に関心を持つメンバーによる実態分析が中心となっていることを否めない．ただし，執筆および編集作業においては，大きく変貌したわが国水田農業の現状と課題が体系的に理解できるよう努力したつもりである．

　「水田農業のあり方に関する研究会」の経緯であるが，日本農業研究所に席をおく八木が，研究所業務の1つである研究会を新しく立ち上げることになり，もう1人の編者である鹿児島大学の李に相談したのが始まりである．李の適切な助言によって，研究会のテーマとかつての大学院卒業生や研究室にゆかりのある者を中心とするメンバーが決まり，八木がこの研究会の主査を担当するこ

とになった．そして，李はオブザーバーとしてこの研究会の運営を支えた．

　研究会は日本農業研究所の業務として3年間にわたり合わせて12回開催された．常時出席するメンバーの持ち回りによる話題提供のほかに，東京大学教授などわが国の第一線で活躍する諸先生方にも講師としておいで頂き，大所高所から有益なお話をいただいた．そのお話の内容は研究会の成果には大きく反映されているものの，残念ながら招聘講師らの貴重な報告内容をそのまま本書に収録することは出来なかった．主査の能力不足によるものである．

　研究会の成果報告は，すでに日本農業研究所より「21世紀水田農業の変貌と課題」として公表されている．本書では，この報告書をもとに各執筆者がデータ更新や論点を詰め，さらに磨き上げた論文を収録している．なお，第8章（韓国），第9章（中国）については，最新のデータを使った新しい原稿の書き下ろしが行われている．

　日本農業研究所において3年間にわたる研究会が円滑に開催できたのは，研究所スタッフによる心強い支えと協力によるものであることは言うまでもない．また，研究会の成果報告を書籍として刊行したいという編者らの希望については，日本農業研究所・田家邦明理事長から快諾と励ましを頂いたことを特記しておきたい．

　本書の刊行にあたっては，筆の遅い編者をはじめ執筆者の原稿督促，校正の再整理など，日本経済評論社の清達二氏に多大なお手間をとらせ，また辛抱強い励ましもいただいた．ここに記してお礼申し上げる次第である．

　令和元年5月1日

八木宏典・李　哉法

目次

はしがき

序章 ……………………………………………………… 八木宏典・李　哉泫　　1

第Ⅰ部　変貌する水田農業の現局面

第1章　水田農業における組織経営体の構造変化 ……… 鈴村源太郎　　9
　　　－2015年センサスによる水田農業構造の分析－

　　1.　近年の組織経営体の展開と役割　9
　　2.　土地利用型組織経営体の大規模化と地域性　15
　　3.　組織経営体による経営資源集積の実態　19
　　4.　法人・集落営農組織区分にみる組織経営体の構造　22
　　5.　考察と結論　24

第2章　水田作経営の経営収支をめぐる諸問題 …………… 八木宏典　　29
　　　－営農類型別経営統計の分析－

　　1.　個別経営（水田作経営）の経営収支　29
　　2.　組織法人経営（水田作経営）の経営収支　33
　　3.　稲作単一経営（稲作部門）の経営収支　38
　　4.　稲作単一経営（稲作部門）が生み出した付加価値額　45
　　5.　稲作単一経営（稲作部門）の稲作所得をめぐって　49
　　6.　米の販売価格と生産販売費用の推移　56
　　7.　米生産費の近年の動向　57
　　8.　麦類作部門と白大豆作部門の経営収支　59

第3章　企業形態別・規模別にみた大規模経営の特徴
　　　　－2015年農林業センサスの分析－　………　八木宏典・安武正史　64

　　1.　販売金額区分別にみた経営体の割合　64
　　2.　常雇の導入と組織経営体の労働力構成　68
　　3.　水田利用と経営複合化の現状　75
　　4.　環境への負担の軽減の取り組み　81
　　5.　農産物の販売（出荷）チャネル　85
　　6.　経営の多角化（6次産業化）の現状　91
　　7.　むすび　97

第4章　我が国農業における活力創造施策の課題　…………　内山智裕　102
　　　　－水田農業経営における飼料用米導入及び規模拡大過程に着目して－

　　1.　稲作経営の規模拡大過程におけるコスト削減の阻害要因の考察　102
　　　　　－東海地域を事例として－
　　2.　政策変更に伴う飼料用米生産行動の変化　113
　　　　　－秋田県JAかづのを対象として－
　　3.　総括　121

第5章　水田活用の直接支払がもたらした水田利用構造の変化
　　　　－鹿児島県・K地区に見るWCS稲の展開を中心に－　……　李　哉泫　124

　　1.　地域別にみる新規需要米の選択　126
　　2.　鹿児島県における粗飼料生産と水田活用の取り組み　129
　　3.　K地区における水田利用構造とその変化　133
　　4.　考察　141
　　おわりに　142

第 II 部　世界の水田農業の諸相

第6章　カリフォルニアにおける水稲作経営の展望 …… 八木洋憲 147

1. 規模と垂直統合の理論的前提　149
2. CA 州のコメ産業　151
3. CA 州の水稲作生産費　155
4. 収穫作業の実態　157
5. まとめ　161

第7章　イタリア水稲生産の省力化の背景とその方法 … 笹原和哉 164

1. 序　164
2. 両国の稲作における与件の相違　168
3. 作業効率の比較分析　171
4. まとめ　174

第8章　韓国における水田農業の現状と課題………………… 李　裕敬 177
　　　　－米の需給状況と稲作農家の動向－

1. 米の需給動向　177
2. 近年における米の生産調整　178
3. 米生産による農業所得の現状　180
4. 稲作における農作業委託の動向　184
5. 水田保有農家と稲作農家の動向　187
6. 10ha 以上の大規模水田農家の動向　193
7. 水田農業における今後の課題　197

第9章　中国における食糧政策の変遷と米生産の動向 …… 劉　徳娟 200

1. 米をめぐる食糧政策の変遷と現状　200
2. 米の生産量，消費量，価格等の動向　208
3. 大規模稲作経営の事例紹介　218

第 III 部　21 世紀水田農業の将来像と課題

第 10 章　米市場の変化からみた水田農業の将来像と技術開発課題

………………………… 宮武恭一　227

1. 変化する米市場の概況　227
2. 高品質ブランド米産地の対応　229
3. 業務用米をめぐる情勢　233
4. コストダウンの可能性　238
5. 残された技術的・経営的課題　244
6. おわりに　247

第 11 章　マルコフモデルによる農業経営の将来像 ……… 安武正史　250

1. 構造動態統計について　250
2. 経営体数予測　250
3. 担い手経営耕地規模の計算　255
4. 2005 年，2010 年，2015 年のパネルデータ化　257

補論　マルコフモデルの妥当性　265

1. モデルとデータ　265
2. 分析方法について　268
3. 計算結果と評価　271
4. マルコフモデル利用の可能性について　271

第 12 章　水田農業のあり方をめぐる諸問題 ………………… 八木宏典　277

1. バブル崩壊後の地方労働市場と水田農業の担い手をめぐって　277
2. 低コスト化と土地基盤再整備をめぐって　285
3. 地域格差の拡大と中山間地域の取り組み　290
4. 水田の畜産的利用と耕畜連携　298
5. これからの技術革新と人材の確保　300

序章

八木宏典・李　哉汯

　プラザ合意（1985 年）から現在までわずか 30 数年間であるが，わが国の水田農業にとっては文字通り激動の時代であった．急激な円高のためにさらに国際競争力が落ちた上に，ガット・ウルグアイラウンド農業合意（1986-1993 年）によって例外なき関税化が進み，わが国には MA 米の輸入が義務づけられた．MA 米の中に設けられた食用米（SBS）枠は 10 万トン程度とはいえ，その後の国内市場の米相場に微妙な影響を与えてきた．高関税率によって当面の防波堤を築くことができたとはいえ，その一画に穴が開けられ，ちょろちょろと海外の食用米が流入し，その穴が TPP11 協定や日米貿易交渉によってさらに大きく拡げられつつある．

　一方，国内の米をめぐる状況をみると，総産出額はプラザ合意時の 3 兆 8 千億円から，2015 年には 1 兆 5 千億円にまで大きく減少した．わずか 30 年で産出額からみた米の産業の規模が 4 割にまで縮小してしまったということである．その結果，米は長らくわが国農業のトップの座を占めていた基幹作目から，畜産，野菜に次ぐ第 3 位の作目へと滑り落ちてしまった．産出額の減少は麦類や豆類においてもみられ，米のほかに麦・大豆などを作付けする水田農業の存立基盤を大きく揺るがしている．

　こうした状況が生まれた背景の 1 つに，国民の食生活の洋風化や多様化などによる，米消費の減退がある．国民 1 人当たり年間米消費量（供給量ベース）はプラザ合意時の 74.6kg から 2015 年には 54.6kg となり 20kg も減少した．この傾向は少子高齢化と人口減少の中で，今後も続くものと予測されている．米や豆類，魚介類などの産出額が減少する一方で，牛肉などの肉類や鶏卵，牛乳・乳製品などの産出額が近年は増加する傾向にあり，野菜も葉菜類や果菜類などを中心に，また，果実もりんごなどを中心に産出額が増加に転じている．いまや肉類や乳製品，野菜類などが食の中心となり，米はサイドディッシュに

なりつつあるというのがわが国の食をめぐる現状である.

　需要の減退に対応して，これまで長い間，米の生産調整が行われてきた．国による米の需給均衡をめざした生産調整が強力に推進されてきたにもかかわらず，米の価格はこの間に一貫して低下傾向で推移し，米の価格指数（農業物価統計調査）はこの30年で47％も低下している.

　米価の下落に対応して，米作農業者たちは生産コストの低減に取り組んできた．米の平均生産コスト（玄米60kg当たり全算入生産費）は，プラザ合意時の2万円から2017年には1万5千円にまで低減している．しかし，プラザ合意時には2万円を超えていた米価が，2004年には1万7千円（価格形成センター入札価格）を割り込み，2006年以降になると1万6千円（相対取引価格）以下の水準にまで落ちている．しかも，2010年には1万2千円台，2014年にはそれを割る水準にまで下落した．先の生産コスト（圃場原価）に販売管理費（2,000円/60kg）を上乗せした価格が，農業者の経営収益に必要な生産原価であると言われている．したがって，1万7千円の米価が現在の平均的米作農業者の経営採算ラインである．そのため多くの米作農業者にとって，2004年以降は連続して赤字経営が続いていることになる.

　2017年米生産費調査のデータではあるが，これによって米の作付規模別生産費をみると，0.5ha未満層や0.5〜1ha層では依然として物財費が1万3千円を超えていることから，2010年や2014年のような低米価の年には，物財費さえもまかなえない状況にあったことがうかがわれる．これらの階層では，政策支援がなければ，米を作れば作るほど赤字が累積する状況にあったのである．しかし，その一方で，20〜30ha層の全算入生産費をみると1万893円であり，30ha以上層では1万486円となっている．これらの階層でも販売管理費を上乗せした経営の生産原価は，米価をギリギリ上回るか，若干の赤字となる水準にあったことがわかる．2010年のモデル事業を経て翌年より本格実施された農業者戸別所得補償制度が，こうした米価下落の窮状を救ったと評価することができる（本書第2章）．その一方で，むしろこの制度が，減反を前提としたにもかかわらず，米価引き下げ容認のサインになったのではといううがった意見も聞かれる.

　以上のようなプラザ合意以降の米作をめぐる厳しい状況の中で，近年大きく

進行してきた米作農業者の高齢化なども要因となり，1990年代後半より離農したり，あるいは集落営農組織に参加する米作農家の数が増え，農地の流動化が大きく進んできた．直近の農林業センサスによれば，わが国の水田を有する経営体数は，2005年の174万4千経営体から2015年の114万5千経営体へ，10年間で数にして59万9千経営体，割合にして34％減少した．水田面積規模別では1ha未満層が44万8千経営体，割合にして38％，1〜5ha層が16万5千経営体，割合にして32％減少した．

一方で，5ha以上層は5万1千経営体から6万5千経営体に28％ほど増加している．5ha以上の階層の増加数は多くはないものの，これらの階層が耕作する水田面積は54万haから90万5千haへ実に36万5千ha増加し，その水田面積割合は26％から46％へ20ポイント上昇している．また，経営体の増加割合は規模が大きくなるにしたがって上昇する傾向にあり，この間の増加数とその増加割合は，10〜30ha層では16,013経営体から23,474経営体へ46％，30〜50ha層では1,064経営体から3,483経営体へ227％，50〜100ha層では315経営体から1,417経営体へ350％，100ha以上層では55経営体から334経営体へ507％となっている．こうした動きを裏付けるように，1990年代までは年間2万ha台にあった農地の利用権設定面積が，90年代後半になると3〜5万ha台に増え，米価が1万6千円を割った2006年以降は9〜10万ha台にまで上昇している．

本書は，以上のようなわが国水田農業のドラスチックな動きを対象に，農林業センサスの組替え集計や農業経営動向統計，そして各地の綿密な実態調査データなどを使って，水田農業の構造変化の特徴，飼料用イネの導入など水田活用の現状と課題，海外の稲作をめぐる最近の動向，水田農業の将来予測と技術開発の展望，そして今後の諸問題などについてまとめた研究の成果である．本書の構成とその簡単な内容を示せば，以下の通りである．

まず第Ⅰ部は変貌する水田農業の現局面であり，5つの章によって構成されている．前半の第1〜3章では，2005年以降の水田農業の構造変化の特徴が明らかにされている．

第1章では農家以外の農業事業体や農業サービス事業体など組織経営体が水田農業の中心的な担い手の位置を占めるようになったこと，その中で集落営農

組織が経営資源の集積に大きな役割を果たしたこと，しかし，東日本の北陸，東北，北関東と，九州を除く西日本との地域差が顕著になったことなどを明らかにしている．第2章では農業経営動向統計の部門別データを使って面積規模別の経営収支，補助金等の推移について分析し，稲作では20～30ha層や30ha以上層で高い付加価値額をあげていること，農業者戸別所得補償などの補助金が小規模層の稲作を支えてきたことなどを明らかにし，第3章では法人化した大規模経営では農産物の販売チャネルが多様化していること，土づくりなど環境負荷の低減にも積極的に取り組んでいることなどを明らかにしている．

続く第4～5章では稲作経営の規模拡大過程で直面する課題，そして水田活用のための飼料用米やWCS稲導入の現状と課題等について分析している．第4章では水田農業の規模拡大過程においては雇用管理がきわめて重要な課題になってきたこと，また，飼料用米の導入では単収向上のための数量払いや技術確立が重要であることを明らかにしている．第5章では，WCS稲を対象とした分析がなされ，畜産地帯の水田へのWCS稲の広がりは，水田利用に関する畜産経営の関与を強めているほか，畑地の飼料作物の縮小をもたらしていることを明らかにしている．その延長では，畜産業の景気後退にも備えるべく，水田農家の主体的関与を促す何らかの対策が必要であると指摘している．

第Ⅱ部は世界の水田農業の諸相であり，アメリカ（カリフォルニア州），イタリア，韓国，中国における稲作を中心とする最近の水田農業の動向が分析されている．

第6章のアメリカ・カリフォルニア州の分析では，稲作面積は増えているものの干ばつで減産する年も出てきていること，ゆるやかに規模拡大が進んでいるが，むしろ1機械ユニット・500エーカー（225ha）の家族農場の優位性が認められることなどを事例分析に基づいて明らかにしている．第7章では日本では情報の乏しい，平均40haのイタリア稲作の分析から，直播栽培の播種から収穫までの作業様式の工夫によって，日本の3～5倍の作業効率を実現していることを明らかにしている．

第8章では韓国でも米消費量が減少して在庫量が増えていること，米所得補填直接支払制度によって近年は稲作収入が補填されていること，農家数が大きく減少する一方で，経営支援政策などに支えられて5ha以上の農家数が増え

ていることなどを明らかにしている．第9章では中国の食糧政策は2004年以降に自由市場化・生産者直接支払へと大きく転換したが，価格維持のための備蓄米在庫が増えていること，農民出稼ぎによる農地貸出し面積が急増していることなどが明らかにされ，まだ点的存在ではあるが，大規模な米の生産・加工・販売業者の事例が紹介されている．

第Ⅲ部は水田農業の将来像と課題であり，前半の2つの章では水田農業の将来像と技術開発課題の検討，モデル分析による農業経営の将来予測などが行われている．

第10章では地域別の調査研究結果から将来の水田農業規模は40ha程度が予想されること，また米市場では業務用米需要が拡大しており低価格米の生産が不可欠であること，そのための省力化と低コスト化の技術開発と普及が喫緊の課題であることなどを指摘し，その具体的見通しを現地実証研究の成果をもとに明らかにしている．第11章ではマルコフモデル分析によって，地域によって異なるものの10年後には平均30〜50haの規模になること，さらに長期的には水田農業の経営体数は30万程度に減少することなどを予測している．一方，小規模農家層でもUターンによる農業継承が一定数みられる点なども明らかにしている．

最後の第12章では，以上のような水田農業の現局面と将来予測に関する分析を踏まえ，わが国水田農業をめぐるいくつかの課題について考察している．

第Ⅰ部　変貌する水田農業の現局面

第1章
水田農業における組織経営体の構造変化
－2015年センサスによる水田農業構造の分析－

鈴村源太郎

1. 近年の組織経営体の展開と役割

(1) 農業経営体概念の確認とその特徴

　現在，我が国の農業構造において組織経営体は急速にその重要性を増しつつある．かつて，組織経営体の台頭といえば畜産部門か一部の施設園芸に限った話であったが，1990年代後半からは水田農業における農地集積の傾向が顕著に現れるようになってきた．また，最近では労働力や機械等をはじめとする資本集積という観点からも，統計的にそれらの累積的蓄積が確認できるほどの位置を占めるに至っている．

　周知のように2005年よりセンサス調査体系は大幅に変更になり，それまでの「農家調査」，「農家以外の農業事業体調査」，「農業サービス事業体調査」の3つの調査体系が農業経営体調査に一本化された．この調査体系の枠組変更により，本章で扱う「組織経営体」の把握が容易になったという側面がある．組織経営体はいまや我が国の農業構造を牽引する主体として広く認知され始めているが，その定義は「農業経営体のうち，世帯以外の形態で事業を行うもの」であり，「農業経営体」から1世帯で事業を行う「家族経営体」を減じたものに等しい．この中には，旧農家以外の農業事業体，旧農業サービス事業体の大部分が含まれ，それぞれ近接した境界領域を有していたこれらの事業体がまとめて把握可能になったことは2005年センサス改訂の大きな特徴であった．今回の2015年センサス分析では，2005年改定から10年を経るに至り，ようやく新たな概念として登場した農業経営体や組織経営体ベースでの経年変化が本格的に分析可能となったといえる（組織経営体をめぐる新旧の統計表章の概念

整理は，鈴村（2018a）に詳述した）.

　組織経営体の構成と定義上の主要部分が重なる旧農家以外の農業事業体は，近年急速に土地利用型部門における役割を高めつつあり，その動向に迫った先行研究は多い．まず，この農家以外の農業事業体の動向分析について先鞭をつけたのが窪谷（1987）である．窪谷は土地資源シェアやビジネスサイズの分析から，土地利用型の農家以外の農業事業体の萌芽的な成長の目をとらえ，土地利用型の事業体を農家と並ぶ「もう１つの担い手」と位置づけた．また，1995年センサスを分析した江川（1998）は，耕種部門における農家以外の農業事業体の成長を指摘しつつ，経営管理の高度化や多角化，規模拡大の一層の進展を明らかにした．鈴村（2003）による2000年センサス分析では，この傾向が維持されていることが確認され，資源総量に占める農家以外の農業事業体のシェアの高まりが捉えられている.

　こうした中，農家以外の農業事業体の急拡大の発端を確認したのが2005年センサスを分析した鈴村（2008）である．そこでは水田農業を中心とした土地利用型部門における農家以外の農業事業体の「躍進が一層明確な形で進展している現実」が示されており，いくつかの指標を組み合わせた便宜的な区分ながら「個別経営の発展型としての資本制的企業経営と集落営農組織に代表される地域の危機対応とに峻別」した分析が試みられた.

　一方，2004年の米政策改革や2007年の品目横断的経営安定対策（経営所得安定対策）の実施を受けて，農業政策上の経営体の法人化・組織化を誘導する動きが強化された．特に集落営農組織については2006-08年間を中心に急増したことが集落営農実態調査等において捉えられている．このことは2010年センサスにおいても捉えられ，北九州など特定地域で組織経営体の増加と並び農家数の急激な減少をもたらした．しかしながら，センサスには直接的に集落営農組織を切り分ける調査項目がないため，集落営農組織の数や実態を正確につかむことは難しい．そこで，橋詰（2012）は，2010年センサスにおける05-10年間の田面積増減率等と同時期の集落営農実態調査における経営耕地面積増減率等とを相関分析により解析し，「構造再編を進展」させた背景として「経営所得安定対策を契機に設立・再編された集落営農の存在が大きい」ことを明らかにした．また，小野（2013）は，地域ブロックごとの組織経営体の機械所有

割合に焦点を当て，経営所得安定対策を契機に作られたいわゆる「枝番管理組織」の実態をあぶり出すことに成功した．さらに，橋詰（2017）は，2015年センサスのデータを用いて組織経営体の機械所有割合を県別に詳しく分析し，東北地方において2010年に急増した「米の販売は行うものの，作業は個別の農家が自分の機械を使って行っていた『枝番管理組織』が，経営体の内実を備え」始めていることを指摘している．

しかし，これらいずれの分析も田面積の動向や機械所有など間接的な指標により集落営農組織の生成や展開を捉えるにとどまっていた．この点について，2015年センサスでは，センサスとして初めて集落営農実態調査とのマッチング接続が試みられ[1]，データ化された．以下では，この接続データを用いた分析を中心に据えることで組織経営体の中の集落営農の現況に迫りたい．

本章では，水田農業のおかれた現況を把握する手はじめとして，水田農業の担い手としてもはやなくてはならない存在となった組織経営体に焦点を当てた分析を行う．具体的には，①2005年以降，農地面積シェア，労働力構成などの面で文字通りの躍進を重ねてきた構造論的到達点を明らかにすること，②集落営農実態調査とのマッチングデータを用いて，個別経営の組織化の動きと集落営農組織の動向を峻別して水田農業における両者の"役割分担"の現状を解析することの2点に焦点を当てて構造変化の軌跡をたどりたい．

（2）　組織経営体の総数の動向

はじめに，確認のため組織経営体の数的な動向を図1-1に示した．この図は旧販売目的の農家以外の農業事業体および旧農業サービス事業体の動向に，組織経営体の動きを重ねて示したものである．販売目的の農家以外の農業事業体は，統計を取り始めた1970年から1995年まで若干の増減を伴いながらも7,000～8,000経営体の水準でほぼ横ばいに推移していたが，2005年以降急激にその数を伸ばし始めた．その数は2005年には13,742経営体，2010年には19,937経営体，2015年には25,124経営体と5年ごとの増加数はそれぞれ5,000～6,000経営体に上っている．

一方，農業サービス事業体は1990年の統計開始以降一貫して減少を続けており，最近では，2005年の13,813経営体に対して，2010年は10,211経営体，

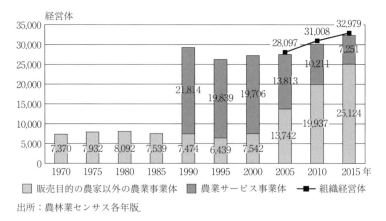

出所:農林業センサス各年版.

図 1-1 組織経営体と旧農家以外の農業事業体,農業サービス事業体との関係

2015年は7,251経営体と各年次とも約3,000経営体ほどの減少である.この理由について確定的なことはいえないが,コントラクターなどとして農作業の受託を専門としていた経営体や機械銀行等の組織が,組織としての経営基盤を確立していく中でわずかでも利用権設定をして借地経営を行ったならば,旧農家以外の農業事業体調査の対象となったことは想定されうる.

これに対して,組織経営体数は前述の通り農家以外の農業事業体と農業サービス事業体を合算した数値に近く,グラフの上では両事業体数の合計に沿ったトレンドを示している.2005年は28,097経営体,2010年は31,008経営体,2015年は32,979経営体であり,2005-15年間の増加率は17.4％であった.この増加は,内実的には繰り返すまでもなく同期間の農家以外の農業事業体の増加率(82.8％)に支えられている.

ところで,本稿では,先に示したとおり集落営農実態調査とのマッチングデータを用いることで,組織経営体を従来より可能であった法人・非法人の区分に加え,集落営農組織であるかどうかの区分で分類することに成功した.具体的には,筆者の元に組織経営体の内訳として「組織経営体のうち法人」,「組織経営体のうち集落営農組織」,「集落営農組織のうち法人」の3つのデータが組み替え集計によって提供され,これらを加減することにより「集落営農組織以外の法人(以下,個別法人)」,「集落営農組織形態をとる法人(以下,集落営農

第1章 水田農業における組織経営体の構造変化　　13

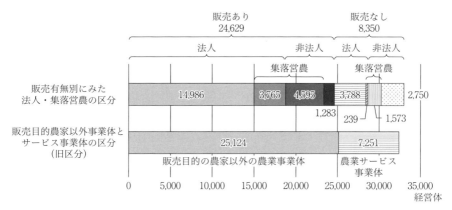

出所：農林業センサス（2015年）．

図1-2　旧統計区分と販売有無別にみた法人・集落営農区分

法人）」，「集落営農組織の形態をとる非法人（以下，集落営農非法人）」，「集落営農組織以外の非法人（以下，個別非法人）」のデータを抽出することができた．これら4区分（以下，法人・集落営農組織区分）を，図1-1における「農家以外の農業事業体」と「農業サービス事業体」のそれぞれについて近似させて分類整理を試みたのが図1-2である．同図では上段で組織経営体を販売有無によって大きく分けているが，事実上これが下段の旧区分である「販売目的の農家以外の事業体」と「農業サービス事業体」の区分にほぼ近似していることがわかる．

　まず，旧販売目的の農家以外の農業事業体に相当すると思われる「販売あり」（24,629経営体）の区分をみると，「個別法人」（14,986経営体）が約6割，「集落営農法人」（3,765経営体）と「集落営農非法人」（4,595経営体）を合わせた集落営農組織計が33.9％と約1/3を占めていることがわかる．一方，ほぼ農業サービス事業体に相当すると考えられる「販売なし」（8,350経営体）の区分は，「個別法人」（3,788経営体）が45.4％であるが，「集落営農法人」（239経営体）と「集落営農非法人」（1,573経営体）を合わせた集落営農組織計は2割強に過ぎず，「個別非法人」（2,750経営体）が3割強を占める．

14

表 1-1　組織経営体の組織形態別経営体数の推移（都府県）

区分			2005 年	05-10 増減率	2010 年	10-15 増減率	2015 年	個別法人
組織経営体計			25,916	11.0	28,757	5.9	30,463	54.9
法人計			12,472	23.0	15,343	34.7	20,661	80.9
	農事組合法人		1,877	79.7	3,373	62.5	5,482	40.8
	会社	株式会社	5,398	42.1	7,671	42.6	10,937	96.3
		合名・合資会社	51	11.8	57	80.7	103	97.1
		合同会社	−	–	61	239.3	207	92.3
	各種団体	農協	4,232	▲ 25.7	3,143	▲ 22.0	2,450	99.6
		森林組合	15	106.7	31	▲ 19.4	25	100.0
		その他の各種団体	468	16.7	546	20.9	660	68.3
	その他の法人		431	7.0	461	72.9	797	93.0
地方公共団体・財産区			381	▲ 37.0	240	▲ 35.8	154	−
非法人（組織経営体のみ）			13,063	0.8	13,174	▲ 26.8	9,648	−

出所：農林業センサス各年版.
注：1）2005 年の「株式会社」は「株式会社」と「有限会社」の合計数値.
　　2）集落営農組織に着目した分析のため，集落営農組織に関して都府県と状況が大きく異なる北海道は

(3)　農業経営体および組織経営体の組織形態別推移と内訳

　組織経営体の増減の推移を組織形態別に見たのが表 1-1 である．都府県の組織経営体数は 2005 年の 25,916 経営体から 2015 年には 30,463 経営体まで増加しており，その間の増加率は 05-10 年間が 11.0％，10-15 年間が 5.9％である．組織経営体の中の法人割合は 2005 年には約 2 分の 1（48.1％）であったが，2015 年には約 3 分の 2（67.8％）にまで増大したことがわかる．法人種別ごとの増加率をみると，05-10 年間に 79.7％と高い増加率を示していた農事組合法人の増加率が 10-15 年間には 62.5％に低下したのに対し，株式会社は 05-10 年間 42.1％，10-15 年間 42.6％とほぼ横ばいであった．また，新会社法に規定された合同会社が数はわずかながら 3.4 倍に急増しているほか，合名・合資会社も 10 年間で倍増している．なお，2015 年の数値について法人・集落営農組織区分の内訳を確認すると「農事組合法人」の 6 割（59.2％）が「集落営農法人」なのに対して，「株式会社」は 96.3％が個別法人で，集落営農組織の形態をとる株式会社は 3.7％に過ぎない．

(単位：経営体，%)

集落営農法人	集落営農非法人	個別非法人
13.0	20.0	12.2
19.1	–	–
59.2	–	–
3.7	–	–
2.9	–	–
7.7	–	–
0.4	–	–
0.0	–	–
31.7	–	–
7.0	–	–
–	4.5	95.5
–	63.0	37.0

本表から除いた．

2. 土地利用型組織経営体の大規模化と地域性

　次に，大規模経営に占める組織経営体の位置づけを明らかにしたい．まず，その前段として，大規模農業経営体の動きを整理する．農業経営の規模が加速度的に拡大する動きは全国的にみられるが，この動きが旧来より存在していた販売農家を中心とした経営規模の東西格差をより拡大する方向で動いている点，および法人・集落営農組織区分で見たとき，10ha 以上の担い手の組織形態が地域ブロック別に大きく異なっている点について図1-3 を用いて分析しよう．図1-3 の上図では，10ha 以上の農業経営体の割合はすべての地域ブロックで増加傾向にあり，都府県平均で2.06％に達している．中でも10-15 年間に大きく伸びたのは，いずれも東日本の北陸（1.33 ポイント増），東北（1.27 ポイント増），北関東（0.90 ポイント増）であり，2015 年の10ha 以上割合はそれぞれ3.86％，3.78％，2.50％となった．これに対して，九州を除く東山以西の中日本，西日本の10ha 以上割合は依然低く，2015 年の数値をみると東山〜四国は全て1％前後であり，10-15 年間の増加率でみても，東山（0.30 ポイント増），四国（0.21 ポイント増）の増加ポイント数の低さが目立つ．元々経営規模の比較的大きい東日本ではますます10ha 以上経営の割合が高まり，一方，九州を除く西日本では規模拡大傾向が相対的に緩慢な状況が浮かび上がる．

　また，図1-3 の下図では，10ha 以上農業経営体の2015 年のデータについて法人・集落営農組織別の経営体数割合の詳細を示した．都府県平均では，「組織経営体以外の農業経営体」が64.9％と大半を占めるものの，組織経営体の中では「個別法人」（11.7％），「集落営農法人」（10.8％），「集落営農非法人」（11.2％）の割合がそれぞれ拮抗している．

　ただ，この割合は地域差が非常に大きいことが確認できる．「個別法人」の

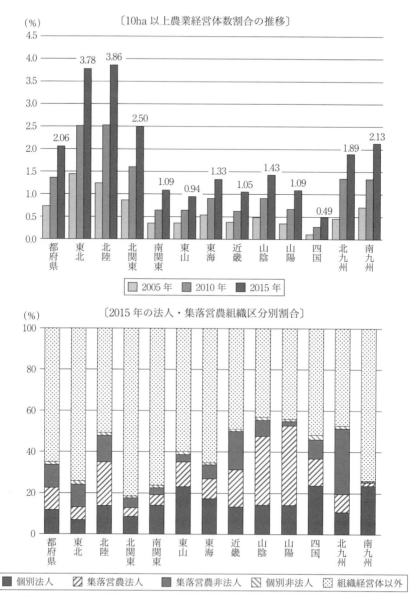

出所：農林業センサス各年版.
注：北海道及び沖縄を除く．

図 1-3 地域ブロック別にみる 10ha 以上農業経営体数割合

第 1 章　水田農業における組織経営体の構造変化　　　17

表 1-2　法人・集落営農組織別にみる経営耕地面積および
田面積に占める 10ha 以上経営の面積割合

(単位：%)

区分	経営耕地面積に占める面積割合					田面積に占める面積割合				
	組織経営体計	個別法人	集落営農法人	集落営農非法人	個別非法人	組織経営体計	個別法人	集落営農法人	集落営農非法人	個別非法人
全国	14.4	6.9	3.2	3.2	1.0	15.2	4.0	5.3	5.5	0.3
北海道	14.1	11.5	0.6	0.1	2.0	7.2	6.3	0.6	0.1	0.2
東北	16.8	5.0	4.1	6.6	1.1	16.2	2.4	5.0	8.3	0.4
北陸	23.5	7.3	10.9	4.7	0.6	24.1	7.1	11.6	5.1	0.4
北関東	7.9	3.6	1.8	1.9	0.6	7.9	2.8	2.3	2.6	0.2
南関東	6.0	3.0	1.7	0.9	0.3	7.1	3.1	2.4	1.3	0.2
東山	12.6	5.9	4.7	1.4	0.6	16.7	5.3	8.6	2.7	0.1
東海	13.8	7.8	3.8	1.9	0.3	18.3	9.5	5.7	2.8	0.3
近畿	11.2	3.8	4.3	2.9	0.2	13.1	4.0	5.3	3.6	0.2
山陰	17.3	5.8	9.0	1.8	0.6	17.9	3.5	11.4	2.3	0.6
山陽	14.1	4.0	9.5	0.3	0.4	15.2	3.5	11.1	0.4	0.3
四国	6.4	2.6	1.5	2.2	0.1	8.0	2.5	2.1	3.2	0.1
北九州	20.3	3.3	3.1	13.3	0.6	23.9	1.7	4.1	17.8	0.3
南九州	8.6	7.5	0.8	0.1	0.2	3.5	1.6	1.6	0.2	0.1

出所：農林業センサス（2015 年）.
注：沖縄を除く.

　割合が高いのは四国（23.6％），南九州（23.6％），東山（23.2％）など，畑作物や果樹の多い地域であるのに対して，「集落営農法人」は県を挙げて集落営農の法人化を強力に進めた広島を含む山陽（38.7％）や，かつて小田切（2008）が集落営農ベルト地帯と呼んだ 2000 年代からの集落営農先進地帯である山陰（33.4％），北陸（21.2％）が並んでいる．一方，「集落営農非法人」の割合が高いのは，カントリーエレベーター単位の集落営農組織化を短期間に強力に進めた佐賀を含む北九州（31.8％）と，兼業地帯における従前からの小規模な集落営農が多い滋賀を含み，数値的には集落営農法人の割合と拮抗する近畿（18.7％）である．このように，経営体数ベースの 10ha 以上経営体数割合は全般に東高西低であるほか，組織形態別にもそれぞれの成立過程の違いなどを反映して地域差が生じている．
　次に，表 1-2 では，10ha 以上組織経営体の経営耕地面積シェアおよび田面積シェアを示した．10ha 以上組織経営体の面積シェアの全国平均は，経営耕

表 1-3　投下労働単位 5.0 単位以上の経営体割合

区分	農業経営体			組織経営体				
	2010 年	10-15 増加ポイント数	2015 年	2010 年	10-15 増加ポイント数	2015 年	個別法人	集落営農法人
全国	3.2	0.5	3.8	35.2	9.8	45.0	57.2	48.6
北海道	14.7	0.9	15.6	49.0	5.7	54.6	**62.5**	**59.6**
東北	2.2	0.4	2.6	30.1	7.0	37.1	50.3	**55.8**
北陸	1.5	0.7	2.3	27.3	12.1	39.5	50.3	53.1
北関東	3.8	0.6	4.5	47.3	5.8	53.1	61.7	52.6
南関東	4.1	0.5	4.6	43.2	13.1	**56.3**	62.1	50.0
東山	2.6	0.6	3.2	35.0	16.7	51.6	56.5	46.3
東海	3.8	0.7	4.5	32.4	17.9	50.3	**60.2**	35.7
近畿	1.7	0.4	2.1	22.1	11.1	33.2	55.2	44.8
山陰	1.5	0.4	1.9	24.2	10.7	34.9	52.0	41.7
山陽	1.1	0.4	1.5	35.3	9.7	45.0	53.7	54.3
四国	3.0	0.3	3.3	39.9	11.0	50.9	57.5	36.6
北九州	4.7	0.6	**5.3**	37.7	7.8	45.5	57.9	37.2
南九州	4.6	0.6	**5.1**	46.2	10.8	**57.0**	63.4	38.2

出所：農林業センサス（2015 年）.
注：沖縄を除く.

地面積ベースで 14.4％，田面積ベースで 15.2％に達している．ただ，その法人・集落営農組織区分別の内実は前掲図 1-3 の分析と同様に大きな地域差を伴っている．経営耕地面積ベースでは「個別法人」の割合が高いのは北海道（11.5％），東海（7.8％），南九州（7.5％）であり，「集落営農法人」が高いのは北陸（10.9％），山陽（9.5％），山陰（9.0％），「集落営農非法人」が高いのは北九州（13.3％），東北（6.6％）である．

　これらを田面積のシェアと比較すると各地域の組織の特徴が浮き彫りになる．「個別法人」についてみると，経営耕地面積ベースよりも田面積ベースの割合の方がかなり低い北海道（11.5％→ 6.3％）と南九州（7.5％→ 1.6％）は畑作等の大規模法人が多いためであることが想定され，田面積ベースの割合が高い東海（7.8％→ 9.5％）は水田農業における個別大規模法人の割合が高い地域であることが確認できる．他方，「集落営農法人」および「集落営農非法人」は，先に経営耕地面積ベースの割合が高いと指摘した地域は例外なく田面積割合の方が高く，これら集落営農組織が水田経営を中心としたものであることがわかる．

(単位：%，ポイント)

集落営農 非法人	個別 非法人
26.0	13.7
11.5	13.4
30.0	8.2
19.7	12.3
38.9	14.0
44.6	21.9
22.6	19.0
17.3	25.0
9.2	18.3
8.6	10.2
10.7	15.3
33.7	20.7
44.8	14.8
8.8	19.0

3. 組織経営体による経営資源集積の実態

(1) 投下労働単位 5.0 単位以上の経営体割合

　次に，組織経営体の内部構造の実態を明らかにするため組織経営体の労働資源集積と販売金額等の経営実績について分析をすることとしよう．

　まず，近年の組織経営体への労働力集積がどの程度進んできたかを示すために投下労働単位[2] 5.0 単位以上の経営体割合の推移と 2015 年の法人・集落営農組織区分別データを表 1-3 に掲げた．投下労働単位 5.0 単位は，概ね 8 時間勤務の常勤労働者換算で 5 名の労働力が確保できていることを意味し，農業経営体の中では，労働力需要が高くかつそれを一定程度充足できている大規模経営とみることができる．表によれば農業経営体における経営体数の割合は 2015 年に全国平均で 3.8％に過ぎず，5 年前との比較でも 0.5 ポイントの増加にとどまる．地域別には北海道の割合が特に高く 15.6％となっているほかは，北九州の 5.3％，南九州の 5.1％が最も高く，最低は山陽の 1.5％である．増加率が高い地域としては北海道が 0.9％のほか，北陸，東海がともに 0.7％である．これに対して組織経営体の労働集積の進展は表を見れば明らかである．組織経営体の全国平均は 45.0％であり，半数程度が労働集積の進んだ経営体によって占められていることが分かる．地域別に見ると，組織経営体全体では，南九州の 57.0％と南関東の 56.3％が高く，これらに北海道（54.6％），北関東（53.1％）が続く．増加率に着目すると東海（17.9 ポイント増）と東山（16.7 ポイント増）が高く，これら地域では過去 5 年間で労働集積が急速に進行したことが分かる．

　表の右欄には，2015 年のデータについて法人・集落営農組織区分で切り分けた数値を載せた．全国値を見ると，「個別法人」57.2％，「集落営農法人」48.6％，「集落営農非法人」26.0％，「個別非法人」13.7％である．これらのうち「個別法人」は 4 組織形態のうち最も割合が高く，かつ全ての地域ブロック

表 1-4　組織経営体の資源総量に占めるシェア（都府県）

区分		2005 年	05-10 増加ポイント数	2010 年	10-15 増加ポイント数	2015 年	個別法人
経営体数		1.3	0.4	1.8	0.5	2.3	1.3
農地	経営耕地総面積	5.2	6.9	12.1	3.9	16.0	5.8
	田面積	4.1	**9.0**	13.1	**4.4**	17.5	4.3
	うち稲を作った田	2.7	8.1	10.8	3.8	14.6	3.8
	畑面積	10.3	1.8	12.1	2.6	14.7	**11.5**
	樹園地面積	2.9	0.9	3.8	1.9	5.7	**5.3**
	借入耕地面積	16.0	**14.9**	30.9	3.8	34.7	11.3
	うち田の借入面積	15.4	**18.6**	34.0	3.5	37.4	9.0
作目別作付面積	水稲	2.8	8.7	11.5	3.5	15.0	3.8
	麦類	15.2	**34.0**	49.1	3.8	**52.9**	8.5
	豆・いも・雑穀	18.1	**18.7**	36.8	**6.1**	42.9	11.0
	工芸農作物	4.1	1.6	5.7	4.0	9.7	**9.0**
	野菜	3.0	2.6	5.6	3.8	9.4	**8.5**
	花卉・花木	7.1	2.4	9.5	2.5	12.0	**11.3**
	種苗・その他	24.7	9.1	33.9	5.3	39.2	**23.5**
畜種別飼養頭羽数	乳用牛	8.4	5.4	13.8	7.1	20.9	**20.0**
	肉用牛	19.2	4.9	24.2	**8.3**	32.5	**31.8**
	養豚	54.5	10.3	64.8	**8.3**	73.1	**72.7**
	採卵鶏	71.4	8.0	79.4	7.8	87.3	**87.0**
	ブロイラー	42.9	**11.8**	54.7	7.5	62.2	**62.1**
雇用労働力	常雇実人数	52.3	1.1	53.3	2.0	55.3	**49.5**
	臨時雇延べ人数	13.3	1.9	15.1	9.7	24.8	**19.2**

出所：農林業センサス各年版．
注：農業経営体全体に占める割合．

で 5.0 単位以上の経営体割合が 5 割を超えている点が大きな特徴である．中でも大規模畑作や畜産が卓越した南九州（63.4％），北海道（62.5％），施設園芸が盛んな南関東（62.1％），東海（60.2％）では 6 割を超えている．「集落営農法人」は関東以北の東日本と西日本の中で特に法人化が進む山陽で 5.0 単位以上の経営体割合が 5 割を超え，3 割台の東海，四国，北九州，南九州に比べ労働力集積が進んでいる．「集落営農非法人」は全国では割合が低いが，北九州（44.8％）と南関東（44.6％）が突出して高くなっている．「個別法人」にとっ

第1章　水田農業における組織経営体の構造変化　　　21

(単位：%，ポイント)

(法人・集落営農組織別)

集落営農法人	集落営農非法人	個別非法人
0.3	0.5	0.3
4.5	4.9	0.7
6.1	**6.6**	0.4
5.2	5.2	0.3
0.6	0.5	2.1
0.2	0.0	0.2
10.8	**11.6**	1.2
13.2	**14.4**	0.8
5.3	**5.6**	0.3
16.5	**26.9**	0.9
13.6	**17.1**	1.3
0.4	0.1	0.2
0.6	0.2	0.2
0.3	0.1	0.3
6.6	5.5	3.5
0.1	0.1	0.7
0.1	0.0	0.6
0.2	0.0	0.3
0.1	0.0	0.2
0.0	0.0	0.1
3.1	1.4	1.3
3.0	1.4	1.2

ては，労働単位 5.0 単位相当の労働力の確保はもはや必然になりつつあることを示していると同時に，農地集積が進む集落営農組織についても多くの労働力資源を擁する経営が地域によって成立しつつあることを示しているように思う．

(2)　総資源量に占める組織経営体の位置づけ

　表 1-4 では，組織経営体の生産資源集積がどの程度まで進展しているかを確認するため，農業経営体全体の経営耕地面積，借入耕地面積，作付面積，畜産飼養頭羽数などの資源総量を分母，組織経営体の保有する各資源量を分子として，都府県についてシェアを確認した．

　まず，2005 年から 2015 年までの 10 年間の組織経営体シェアの推移をみると，経営体数は 2015 年においても 2.3% とわずかである．しかし，経営耕地面積シェアは 2005 年の 5.2 % から 2015 年の 16.0% へ 3.1 倍，田面積のシェアは 4.1% から 17.5% の 4.3 倍，うち稲を作った田については 2.7% から 14.6% へ 5.5 倍に増加している．また，借入耕地面積，田の借入面積は倍率こそそれぞれ 2.2 倍，2.4 倍と極端に高くはないが，2005 年の 16.0%，15.4% から 2015 年の 34.7%，37.4% へと大きく増加して

いる．いずれも直近 10 年間における組織経営体の役割・影響力の増大を物語る数字である．

　これを作付面積シェアでみると，水稲が 2005 年の 2.8% から 2015 年の 15.0% へ 5.4 倍に増大したほか，2015 年の数値をみると水田転作が影響する「麦類」(52.9%)，「豆・いも・雑穀」(42.9%) のシェアが特に高い．また，過去 10 年間の増加ポイント数についても，農地の田面積と作目別作付面積の「麦類」および「豆・いも・雑穀」は高くなっている．さらに，同表から読み

取れる大きな特徴の1つが，増加ポイント数についていずれも05-10年間よりも10-15年間の方が低い点である．これらの理由としては，05-10年間を中心に設立が進んだ集落営農組織の影響が大きいと思われるが，この点については右欄の法人・集落営農組織別データがその背景の一端を示している．

　右欄における2015年の法人・集落営農組織別データから確認できるのは，「個別法人」と「集落営農組織」の棲み分けともいうべきシェアの違いであり，このことは鈴村（2018b）に示した「『法人組織経営体』と『集落営農組織』の補完関係」の傍証ともなり得よう．「個別法人」は，畜産部門における極めて高い組織経営体シェアのほぼ全てを担っており，農地シェアにおいても畑面積や樹園地面積の大半を占めるほか，作目別面積でも工芸農作物（9.0％），野菜（8.5％），花卉・花木（11.3％），種苗・その他（23.5％）のシェアは高い．これに対して「集落営農法人」は，借入耕地面積における「集落営農法人」が10.8％，「集落営農非法人」が11.6％，田の借入耕地面積における「集落営農法人」が13.2％，「集落営農非法人」が14.4％など，両者を合わせると「個別法人」を遙かにしのぐ割合である．同様のことは作目別作付面積における水稲（集落営農法人5.3％，集落営農非法人5.6％），麦類（同16.5％，26.9％），豆・いも・雑穀（同13.6％，17.1％）についてもいえる．すなわち，畜産，畑作，果樹作においては「個別法人」が極めて大きな役割を担うのに対し，水田農業に関しては「集落営農」が際立つ存在感を示す対照をなしている．2015年のデータを見る限り集落営農組織の法人・非法人割合についてはほぼ集落営農のシェアを二分しているように見える．しかし今後，経営所得安定対策等に関連する政策的法人化誘導が一層進むと両者のシェアに変化が生じる可能性は高い．

4. 法人・集落営農組織区分にみる組織経営体の構造

　以上，本章では2015年の組織経営体の規模拡大の状況や経営資源集積の実態について確認してきたところだが，最後に，法人・集落営農組織区分によって分類される4つの経営体群の相対的位置づけを水田部門への依存度と労働力集積の進展度の2つの軸に基づいて分析してみたい（図1-4）．ここで水田部門への依存度の尺度として用いたのは経営耕地総面積に占める田の借地面積割

第 1 章 水田農業における組織経営体の構造変化　　23

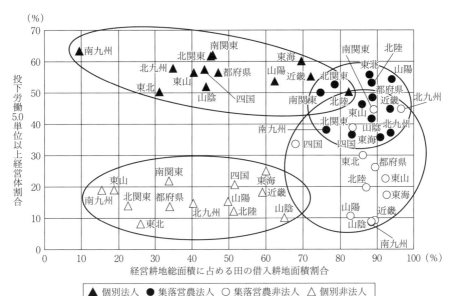

出所：農林業センサス (2015 年).

図 1-4　法人・集落営農組織別にみる田の借入耕地面積割合と
　　　　投下労働 5.0 単位以上経営体割合の関係

合であり[3)]，労働力集積の進展度の尺度としたのは前掲表 1-3 に示した投下労働 5.0 単位以上の経営体割合である．

　法人・集落営農組織区分による 4 つの経営体群の位置づけは明確に異なっている．「個別法人」は，営農類型の地域差を反映して地域により水田部門への依存度は大きく異なりながらも，全ての地域で投下労働 5.0 単位以上割合が 50％以上であり，図の上部に横長に広く分布している．ただ，この「個別法人」を詳しくみると，細かく 3 群に分けて考察することができる．第 1 は最も田の借地面積割合が低い南九州（田の借地面積割合 9.5％，投下労働 5.0 単位以上経営体割合 63.4％：以下，座標形式で示す）であり，畑作・畜産が中心の地域であることが容易に想定される．第 2 は東北（31.2％，50.3％），北九州（34.9％，57.9％），北関東（45.2％，61.7％），南関東（45.7％，62.1％）など田の借地面積割合が 5 割以下の地域である．これらの地域の中には水田作が盛ん

な地域が含まれているものの，経営安定対策の実施を経て水田作に関わる組織体がほとんど集落営農化してしまい，個別法人は水田作以外で活躍するなど，集落営農組織と個別法人との田畑の棲み分けが進行した地域と考えられる．そして第3が北陸（82.4 %，50.3 %），近畿（72.2 %，55.2 %），東海（69.6 %，60.2 %）など田の借地面積割合が6割を超える地域である．この第3の地域は，集落営農ではない水田作個別法人が従前より展開してきた地域であり，株式会社等の個別法人と集落営農組織とが地域内で補完し合う"水田作内部の地理的棲み分け"が進行する地域と読み解くことができよう．

　一方，集落営農組織はいずれも田の借地面積割合が概ね7割以上と高く，図では個別法人よりもかなり右側に寄った分布となっている．全般に「集落営農法人」は投下労働5.0単位以上経営体割合が高く，図の右上に位置しており，「集落営農非法人」は図中の位置的にはほぼ集落営農法人の下，すなわち投下労働5.0単位以上経営体割合が相対的に低い位置にある．

　ただし，全体の傾向と異なる地域がいくつかある．たとえば，北九州は集落営農非法人よりも集落営農法人の方が左下に位置しており，他地域に比べて集落営農法人の労働力集積が弱い．一方，北関東，南関東，東山，東海，南九州は集落営農法人の方が投下労働5.0単位以上経営体割合は高いものの，田の借地面積割合が低い．これらの地域では集落を単位とした畑地利用を中心とする組織が成立している可能性がある．

5.　考察と結論

　本章で論じてきたように組織経営体は，水田農業においてその保有する資源シェア等の観点から極めて重要な位置を占めるに至っている．前回の2010年センサスの分析では，2007年より実施された経営安定対策の影響などを受けて集落営農組織が全国に数多く設立され，その結果として水田農業を中心として，局地的に農業構造に大きな変化がもたらされた．しかし，2010年センサスには当時の構造変化の"主役"ともいえる「集落営農組織」を特定する手段がなかったため，多くの論考が「集落営農組織の確かな痕跡」を浮き彫りにすべく様々な傍証を求めて分析を行ってきていた．

第1章　水田農業における組織経営体の構造変化　　25

　本章の分析の目的は，そうした中，2015年センサスを材料として農林水産省統計部に初めて実施していただいた集落営農組織とのマッチングデータを元に，前回センサスで判然としなかった集落営農組織の実態と動向を明らかにすることにあった．また，分析の特徴は，土地利用に焦点を当てながら水田農業のダイナミックな動きを捉えるべく，農業経営体の動向の分析を行ったところにあった．以下，今回の分析で明らかになった点を総括すると，次の諸点にまとめられよう．

　第1は，近年の組織経営体の増加が旧農家以外の農業事業体と旧サービス事業体の合計値の動きとほぼ軌を一にしている中で，2015年の法人・集落営農組織別の内訳を販売有無別にみると，経営体数が急伸している販売目的の農家以外農業事業体に相当する「販売あり」の組織経営体の内訳は，「個別法人」が6割，「集落営農法人」（15.3％）と「集落営農非法人」（18.7％）を合計した集落営農組織が3割強であった．また，組織経営体の組織形態別増加率の分析では，過去10年間に約2倍に増加した株式会社は96％が「個別法人」であったのに対して，約3倍に増加した農事組合法人の約6割が「集落営農法人」であったことなどが確認された．

　第2は，10ha以上の大規模農業経営体の動向である．分析によれば2015年における10ha以上の農業経営体割合が高い地域は東北，北陸，北関東，南九州，北九州の順であり，南関東以西，中国・四国までは依然低いままであるなど，従来よりいわれてきた東西日本の経営規模の地域格差は縮まっていない．一方，2015年の10ha以上組織経営体の内訳を法人・集落営農組織別にみた分析では，畑作や果樹作の多い四国，南九州，東山で「個別法人」の割合が高いのに対して，経営安定対策以前から集落営農組織の設立が盛んであった山陰，北陸などで「集落営農法人」の割合が非常に高いなどの特徴がみられた．また，これを経営耕地面積及び田面積に占める組織形態別面積割合で分析すると，10ha以上組織経営体に占める集落営農組織の割合が高い地域はいずれも経営耕地面積に占める集落営農の経営耕地割合よりも田面積に占める集落営農の田面積の割合の方が高い傾向が顕著であったほか，10ha以上組織経営体に占める「個別法人」の割合が高い地域については，水田に依拠した経営が多い地域とそれ以外の地域がデータの上からはっきり確認された．

第3は，組織経営体の経営資源の集積状況である．投下労働5.0単位以上の経営体割合は2010年から9.8ポイント高まり，45.0％と大変高い値を示している．法人・集落営農組織別には「個別法人」が全ての地域ブロックで5.0単位以上割合が5割を超えたほか，「集落営農法人」では，関東以北で特に労働力集積が顕著に進んでいることがわかった．これに対して「集落営農非法人」は北九州，南関東を除けば法人に対して労働面で相対的に脆弱な状況が浮き彫りになった．総資源量に占める組織経営体のシェアについては，「個別法人」が畜産，野菜作，果樹作等で極めて大きな役割を果たす一方，借地を中心とする水田部門においては集落営農組織が大きな存在感を示すに至っている．

第4は，水田部門への依存度と労働力集積度との関係から法人・集落営農組織区分別の各組織形態の相対的位置づけを確認したことである．「個別法人」と「集落営農法人」は投下労働5.0単位以上の経営体割合がいずれの地域も35％以上であり，労働集積が相対的に進んでいることが確認された．しかし，両者は田の借地面積割合が大きく異なっており，「集落営農法人」の借地面積割合が70％以上と高いのに対して，「個別法人」は地域によって大きくばらついていた．また「集落営農非法人」は一部地域で例外はあるものの概ね「集落営農法人」よりも投下労働5.0単位以上の経営体割合が低く，今後組織の成熟化とともにこの割合が高まっていく可能性が想定される．

以上のように本章は，総じて組織経営体の農業構造上の躍進が伝えられる中，2015年センサスのデータを法人・集落営農組織区分別に詳細に分析し，「個別法人」と「集落営農法人」の担う役割の大きさを改めて確認するに至った．両法人形態は，水田農業に関する関与部門や保有資源量などの面で特徴を異にしていることが明らかになり，それが地域の農業構造と深く関わっていることが示された．しかし他方，集落営農組織については任意組合から法人化への政策誘導が進む中，総じて投下労働が拡充する方向に向かいつつあるものの，農地または作付面積のシェアからみると両者は未だ拮抗または非法人シェアの方が高い状況にある．近年新設あるいは再編された集落営農組織はその多くが経営安定対策により形作られたものと想定されるため，それら組織に対する法人化に向けた政策誘導がどこまで成果を発揮するかが「集落営農非法人」の資源保有量シェアをどこまで伸ばせるかという帰結に大きく影響すると思われる．

本章は，これまで外形的に著しい成長が観察されていた水田農業における組織経営体のいわばブラックボックスに切り込む手段として，農林水産省統計部が実施したセンサスと集落営農実態調査のマッチングデータが大きな効果を発揮することを実証したものである．「個別法人」と「集落営農法人」は，それぞれ設立目的や経営としての成長過程等が異なるため，それらを区分した農業構造が解明されることは，経営政策を推進する上でも大変意義深いものである．なお，次の2020年センサスでは，今回の成果を踏まえた上で，調査票設計当初から集落営農組織を分離可能な調査項目が採用されることを切に望みたい．そうすることで，事後作業によるマッチングよりも一層正確な分析が可能となるのみならず，農業構造分析にとって要請の高い時系列分析に期待が持たれるからである．

［付記］本論は『農業問題研究』49(2)（通巻81）に掲載された拙稿「法人・集落営農組織区分に基づく組織経営体の構造分析－2015年センサスと集落営農実態調査のマッチングデータを用いて－」をリライトしたものである．

注
1) 今回農林水産省統計部で実施したマッチングは，センサスの調査票に集落営農組織であるかどうかを直接尋ねる設問が設けられたわけではないことから，センサス統計実施後の名寄せによる事後集計である．そのため，数値の確度は高いと思われるが，必ずしも集落営農組織の全数が把握されたわけではなく，データの解釈には留意が必要である．
2) 投下労働単位とは，年間農業労働時間1,800時間（1日8時間換算で225日）を1単位の農業労働単位とし，農業経営に投下された総労働日数を225日で除した値．
3) 水田依存度の尺度は通常経営耕地面積に占める田の割合でみることが多いが，ここでの分析対象は借入耕地による農地集積を進める集落営農組織であるため，水田依存度の尺度として経営耕地面積に占める田の借地面積割合を用いた．

引用・参考文献
今村奈良臣（1982）「企業的農業経営体の存在構造」磯辺俊彦・窪谷順次編『日本農業の構造分析』農林統計協会.

宇佐美繁（1993）「農家以外の農業事業体の性格」磯辺俊彦編『危機における家族農業経営』日本経済評論社.

江川章（1998）「農家以外の農業事業体の動向」『農業総合研究』52(2) 農業総合研究所.

江川章（2013）「農家以外の農業事業体の動向とその特徴」『集落営農展開下の農業構造－2010年農業センサス分析－（構造分析プロジェクト［統計分析］研究資料3)』農林水産政策研究所.

小田切徳美（2008）「日本農業の変貌（第1章）」小田切徳美編『日本の農業－2005年農業センサス分析』農林統計協会.

小野智昭（2013）「水田農業における担い手形成と農地集積」『集落営農展開下の農業構造－2010年農業センサス分析－（構造分析プロジェクト［統計分析］研究資料3)』農林水産政策研究所.

窪谷順次（1987）「日本農業のもう1つの担い手－農家以外の農業事業体の分析－」『農業総合研究』41(4) 農業総合研究所.

鈴村源太郎（2003）「水田農業における農家以外の農業事業体の新展開」橋詰登・千葉修編『日本農業の構造変化と展開方向』（農林水産政策研究叢書2）農山漁村文化協会.

鈴村源太郎（2008）「〈補論〉農家以外の農業事業体を基軸とした構造変化」小田切徳美編『日本の農業－2005年農業センサス分析』農林統計協会.

鈴村源太郎（2018a）「法人・集落営農組織区分に基づく組織経営体の構造分析－2015年センサスと集落営農実態調査のマッチングデータを用いて－」『農業問題研究』49(2) 農業問題研究学会.

鈴村源太郎（2018b）「農業経営体・組織経営体の展開と構造（第2章第1節）」安藤光義編『2015年農林業センサス総合分析報告書』農林統計協会.

暉峻衆三（1971）「国家独占資本主義のもとでの農民層分解」井野隆一・暉峻衆三・重富健一編『国家独占資本主義と農業（上）』大月書店.

農林水産政策研究所（2012）『水田地帯における地域農業の担い手と構造変化－富山県及び佐賀県を事例として－』（構造分析プロジェクト【実態分析】研究資料1）農林水産政策研究所.

橋詰登（2003）「農家構成の変化とその要因」橋詰登・千葉修編『日本農業の構造変化と展開方向』（農林水産政策研究叢書2）農山漁村文化協会.

橋詰登（2012）「集落営農展開下の農業構造と担い手形成の地域性－2010年農業センサスの分析から－」安藤光義編『農業構造変動の地域分析－2010年センサス分析と地域の実態調査－（JA総研研究叢書7)』農山漁村文化協会.

橋詰登（2017）「東北水田農業の担い手形成と土地利用の変化－2015年農業センサスの分析から－」『第53回東北農業経済学会山形大会報告要旨集』東北農業経済学会.

第2章
水田作経営の経営収支をめぐる諸問題
―営農類型別経営統計の分析―

八 木 宏 典

　20世紀末から今日にかけて，わが国の水田農業には大きな構造変化がみられる．こうした構造変化のもとにあって，水田作経営の規模別の経営収支はどのような実態にあって，また，どのように推移してきたのだろうか．本章では農林水産省が毎年実施している「農業経営統計調査」の中核をなす「営農類型別経営統計」を使って，水田作経営の規模別にみた経営収支の動向について概観してみよう．

　「営農類型別経営統計」には，周知のように「個別経営」編と「組織経営」編とがあり，後者はさらに「組織法人経営」と「任意組織経営」の2つの統計に分かれている．「組織法人経営」の調査対象は株式会社，農事組合法人，その他会社であるが，残念ながら株式会社と農事組合法人などが区分されて公表されているわけではない．一方，「任意組織経営」の調査対象経営は集落営農である．

　「個別経営」編は販売農家など家族経営を調査対象にしたものであり，これは営農類型別に，水田作，畑作，野菜作，酪農など大きく10類型に分かれている．また，「組織法人経営」においても，個別経営と同じ営農類型別に調査が行われ，それぞれの統計が公表されている．

1.　個別経営（水田作経営）の経営収支

　まず「個別経営」編の水田作経営について，その「損益の状況」から経営収支の概要を検討しておこう．表2-1は都府県の水田作付規模別に経営収支の概要を示したものである．表示のスペースの関係もあり，10ha未満の階層は，0.5〜1ha，2〜3ha，5〜7haの3つの階層のみ示しているので注意されたい．

30

表 2-1　個別経営（水田作経営）の経営収支（2016 年：都府県・水田作付

規模階層	水田作付面積	稲作面積	稲作割合	麦作面積	大豆作面積	農業収入	農業経営費	農業収支	共済・補助金等受取金	農業所得
	a	a	%	a	a	千円	千円	千円	千円	千円
0.5〜1ha	72	70	97.2	0	1	1,018	1,153	−135	135	0
	14.1					**14.1**	**16.0**	**−1.1**	**1.9**	**0.0**
2〜3ha	245	225	91.8	14	7	3,242	2,717	525	576	1,101
						13.2	**12.1**	**1.1**	**2.4**	**4.5**
5〜7ha	603	491	81.4	52	48	7,520	5,980	1,540	2,013	3,553
						12.5	**9.9**	**2.6**	**3.3**	**5.9**
10〜15ha	1,316	924	70.2	248	128	14,547	12,585	1,962	4,900	6,862
						11.1	**9.6**	**1.5**	**3.7**	**5.2**
15〜20ha	1,809	1,243	68.7	338	213	18,658	16,260	2,398	6,509	8,907
						10.3	**9.0**	**1.3**	**3.6**	**4.9**
20ha 以上	4,081	1,833	44.9	1,364	851	28,019	32,431	−4,412	21,132	16,720
						6.9	**7.9**	**−1.4**	**5.2**	**4.1**

出所：農林水産省「営農類型別経営統計（個別経営編：水田作経営）2016 年」による.
注：太字は水田 10a 当たりに換算した金額である.

また，各階層の平均水田作付面積は当該階層のほぼ中間的な値となっているが，20ha 以上層のみ 40.8ha と大きな面積になっている点についても留意されたい.

　まず，各階層の稲作面積割合であるが，3ha 未満の小規模階層ではいずれも 9 割台と高い．しかし，規模が大きくなるにしたがってその割合は低下し，15〜20ha 層では 6 割台，20ha 以上層では 4 割台となっている．言うまでもなく，多くの大規模経営がこれまでの転作政策に協力してきた結果であり，上層にいくほど食用米の作付面積を抑え，麦，大豆やその他の転作作物にシフトしてきたためである.

　まず，農業収入（営農類型別経営統計ではこの農業収入に共済・補助金等受取額を加算したものを粗収益としている）は，0.5〜1ha 層ではわずか 100 万円余であるが，10〜15ha 層になると 1,000 万円を超え，20ha 以上層では 3,000 万円に近い金額になっている．しかし，参考のために，これを水田 10a 当たり農業収入に換算すると，0.5〜1ha 層では 14 万円台，2〜3ha 層では 13 万円台にあるのに対して，10ha を超えるとそれが 11 万円台に低下し，20ha 以上層で

規模別）

農業専従者1人当たり農業所得	粗収益に占める補助金の割合
千円	%
0	11.7
5,243	15.1
7,251	21.1
5,815	25.2
8,907	25.9
10,787	43.0

はわずか6万円台になっている．実はこの10a当たり農業収入には，稲作収入と転作作物収入などが合算して計上されているために，その低下の要因の1つに，稲作収入だけでなく転作作物の収入が大きく影響しているという点の注意が必要である．

一方，農業経営費は0.5〜1ha層で100万円台，10〜15ha層になると1,200万円台，20ha以上層では3,200万円台となり，差し引きした農業収支は0.5〜1ha層では赤字，2〜3ha層から上の階層では黒字ではあるが，その金額は10〜15ha層や15〜20ha層でも僅かに200万円前後である．しかも，20ha以上の最上層になると400万円以上の赤字になっている．水田10a当たりに換算した農業支出は0.5〜1ha層では16万円台ときわめて高いために赤字となっており，2〜3ha層では12万円台，5〜7ha層で10万円弱，10〜15ha層や15〜20ha層では9万円台に低下している．このためにかろうじて黒字となっている．20ha以上層では7万円台にまで低下しているものの，それでも農業収入の方が低いために大幅な赤字になっていることがわかる．

以上のように，最下層や最上層を除く各階層では農業収支は黒字になっているものの，この程度の黒字額では，当然に，家族の生計を賄うには十分とはいえない．こうした水田作経営の厳しい経営状況を支えているのが，共済や各種補助金等の経営所得安定対策である．先の農業収支に共済・補助金等受取額を加算した農業所得は，0.5〜1ha層ではなお差し引きゼロであるものの，5〜7ha層では350万円となり，10haを超える階層では600万円を超えており，20ha以上層になると1,600万円になっている．また，農業専従者1人当たりに換算した農業所得は2〜3ha層でも500万円を超える水準になっており，20ha以上層になるとそれが1,000万円を超えている．

水田10a当たりに換算した農業所得は，5〜7ha層の中間層で最も高くなっており，上層にいくほどそれが低下している．共済・補助金等も含めた水田利用の経営効率という点でみれば，5〜7ha層の中間層の方が高いということが

表 2-2 組織法人経営（水田作経営）の経営収支（2016 年：

規模階層	水田作付延べ面積	稲作面積	稲作割合	麦作面積	大豆作面積	農業収入	農業支出	うち構成員帰属分	営業利益
	a	a	%	a	a	千円	千円	千円	千円
10ha 未満	712	607	85.3	70	26	12,947	17,380	4,503	△4,433
						18.2	24.4	6.3	△6
10〜20ha	1,383	1,084	78.4	105	128	23,067	29,720	7,483	△6,653
						16.7	21.5	5.4	△5
20〜30ha	2,482	1,689	68.1	379	338	26,599	36,196	9,232	△9,597
						10.7	14.6	3.7	△4
30〜50ha	3,945	2,586	65.6	614	650	43,944	56,136	15,295	△12,192
						11.1	14.2	3.9	△3
50ha 以上	9,056	4,786	52.9	1,598	2,253	82,821	114,503	30,786	△31,682
						9.1	12.6	3.4	△4

出所：農林水産省「営農類型別経営統計（組織経営編：水田作経営）」の 2016 年版による．
注：太字は水田 10a 当たりに換算した金額である．

できる．しかし，農業専従者 1 人当たりに換算した農業所得は，上層の方が圧倒的に多くなっており，労働力からみた経営効率では上層の方が高いことがわかる．

　国税庁「民間給与実態統計調査」によれば，給与所得者の過去 10 年間の平均年間所得は 414 万 2 千円である．これに福利厚生なども考慮した農業専従者 1 人当たり必要金額を仮に 500 万円とすれば，現在の水田作経営（個別経営）を専業として持続的に経営していくためには，10ha 以上の経営規模が必要であるということがわかる．もっとも，こうした農業所得水準が持続的に確保されるためには，共済・補助金等の経営支援政策がその不可欠な前提条件となる．表 2-1 の最右欄に経営の粗収益に占める補助金の割合を示しているが，その割合は小規模層では 20％以下であるが，上層にいくほど高くなっており，20ha 以上層では実に 40％を超えている．このように現在の水田作経営では，規模が大きくなるほど補助金への依存割合が高くなっている．しかし，こうした数字を現実的に評価するためには，稲作面積割合の低下に示される転作への取り組みなど，作物部門別の経営収支などが詳しく検討される必要があろう．

全国：水田作付延べ面積規模別)

共済・補助金等受取金	農業所得	農業専従者1人当り農業所得	専従者1人当たり水田作面積	うち稲作面積のみ	粗収益に占める補助金の割合
千円	千円	千円	ha	ha	%
5,117 **7.2**	5,187 **7.3**	3,390	4.7	4.0	28.3
7,649 **5.5**	8,479 **6.1**	4,845	7.9	6.2	24.9
12,552 **5.1**	12,187 **4.9**	6,033	12.3	8.4	32.1
18,090 **4.6**	21,193 **5.4**	7,878	14.7	9.6	29.2
45,034 **5.0**	44,138 **4.9**	8,881	18.2	9.6	35.2

2. 組織法人経営（水田作経営）の経営収支

　以上のような個別経営の経営実態に対して，組織経営の方はどのような状況にあるのか．営農類型別経営統計の「組織法人経営」（株式会社，農事組合法人，その他会社）の中で，水田作経営に分類されている経営体の収支を整理して示したものが表2-2である．この表では水田作付延べ面積規模別に2016年の全国データを使っている．規模階層は10ha未満層から50ha以上層まで5階層に区分されており，先の個別経営の規模別の区分とは異なっている．また，各階層の平均延べ面積は，表に示されているように，10ha未満層では7.1haであるが，50ha以上層では90.6haとかなり大きくなっているので注意されたい．もっとも，いずれの経営も転作に取り組んでいるために，稲の作付面積は10ha未満層では6ha，50ha以上層でも48ha程度である．稲作面積割合は大規模層になるにしたがって低下しており，個別経営と同じように，上層にいくほど転作等への取り組みが強くなっていることがわかる．

まず，農業収入をみると，10ha 未満層では 1,300 万円弱である．収入は規模が大きくなるに従って大きくなり，50ha 以上層では 8,000 万円を超えている．水田農業の分野でも，100ha を超える稲作面積の組織法人経営もあることから，全国的には農業収入が 1 億円を超える経営体も出現していることがうかがわれる．なお，この農業収入を水田作付延べ面積で割った 10a 当たり金額に換算してみると，10ha 未満層や 10〜20ha 層では 16〜18 万円という高い水準にある一方で，20〜30ha 層や 30〜50ha 層では 11 万円前後，50ha 以上層では 9 万円台にまで低下している．これら大規模層の 10a 当たりの農業収入だけでみると，個別経営の 10〜15ha 層や 15〜20ha 層のそれとあまり変わらない水準にあることがわかる．

　一方，農業支出をみると，10ha 未満層では 1,700 万円，20〜30ha 層になると 3,000 万円を大きく超え，30〜50ha 層では 5,000 万円，50ha 以上層では 1 億円を大きく上回っている．この結果，農業収入から農業支出を差し引いた営業利益はいずれの階層においても赤字であり，50ha 以上層ではその赤字額が 3,000 万円を超えている．農業支出を水田延べ面積で割った 10a 当たり農業支出は 10ha 未満層や 10〜20ha 層では 20 万円を上回り，20〜30ha 層や 30〜50ha 層では 14 万円台，50ha 以上層でも 12 万円以上の水準にある．個別経営に比べても相当に高い農業支出額が，営業利益の赤字の要因であることが推定される．もっとも注意すべき点は，当該統計における「水田作経営」は「水田で作付した稲，麦類，雑穀類，豆類，いも類，工芸作物の販売収入が，他の農業生産物販売収入と比べて最も多い経営」と定義されていることである．10ha 未満層や 10〜20ha 層などでは水田における稲作割合は高いものの，その一方で，販売収入は高いが生産費も高い野菜やその他作物などが栽培されており，一方で，50ha 以上層などでは面積当たり販売収入の低い麦類や豆類などが相当な面積で栽培されている．このような作目構成の違いが，経営全体の農業収入や農業支出の高低に大きな影響を与えている点に注意する必要があろう．なお，営業利益の赤字額を水田作付延べ面積当たりに換算すると，10ha 未満層では 6 万円台，10〜20ha 層では 4 万円台，20ha 以上の階層では 3 万円台となり，その金額は規模が大きくなるにしたがって低減している．

　ところで，法人経理では，組織を設立して運営する構成員の給料や労務費，

そして構成員に支払われる借地料や借入金の利子なども経費として計上され，農業支出に含まれている．この構成員に帰属する部分は 10ha 未満層では 450万円であるが，規模が大きくなるにしたがって増加し，30〜50ha 層で 1,500 万円，50ha 以上層では 3,000 万円を超えている．一方，2016 年に組織法人経営（水田作経営）が受け取った共済・補助金等受取金は，10ha 未満層で 500 万円台，20〜30ha 層では 1,000 万円を超え，50ha 以上層では 4,500 万円である．

営農類型別経営統計では，農業収入に共済・補助金等を加えたものを粗収益とし，一方で，農業支出から構成員帰属分を差し引いたものを農業経営費とみなして，その差額分を農業所得として算出している．こうして計算された農業所得は，10ha 未満層では 500 万円台，10〜20ha 層では 800 万円台となる．さらに 30〜50ha 層では 2,000 万円を超え，50ha 以上層では 4,500 万円となっている．10ha 未満層や 10〜20ha 層の農業所得は，前掲表 2-1 で示されている個別経営の 5〜7ha 層や 10〜15ha 層の農業所得に比べて高い水準にある．しかし，専従換算農業従事者（構成員ならびに雇用者を含む）1 人当たり農業所得は，個別経営では 2〜3ha 層でも 500 万円を超え，20ha 以上層になると 1,000万円を超えているのに対して，組織法人経営では 10〜20ha 層でも 500 万円に届かず，50ha 以上層でも 1,000 万円に達していない．水田面積の規模が大きいために，経営としてみた農業所得の総額は大きいものの，労働力でみた経営効率は個別経営ほど高くはないということであろう．多くの組織法人経営が雇用や構成員の労働力配置などに課題を抱えていることが推察される．

なお，水田作経営の専従換算農業従事者 1 人当たり水田作付面積を計算してみると，10ha 未満層ではわずか 4.7ha であるが，大規模階層になるほどその面積は大きくなり，20〜30ha 層では 10ha を超え，30〜50ha 層では 15ha，50ha 以上層では 18ha となっている．大規模経営ほど専従者 1 人当たり水田耕作面積が大きくなっていることがわかる．もっとも，同じ専従者数で各階層の稲作面積のみを除した 1 人当たり稲作面積は，10ha 未満層では 4ha で，規模が大きくなるにしたがって面積も大きくなっているものの，30〜50ha 層や50ha 以上層でも 10ha を超えるまでには至っていない．この要因の 1 つに，規模が大きくなるにしたがって転作面積が増え，その一方で，稲作面積率が低下していることがある．なお，水田作経営でも 10ha 未満層では延べ 27ha，10〜

36

表2-3 粗収益に占める補助金の割合（2016年：組織法人経営（水田作経

規模階層	組織法人経営					
	共済・補助金等受取金の割合	収入減少影響緩和＋その他の補助金	米の直接支払交付金	水田活用＋畑作物の交付金		
					うち水田活用の直接支払交付金	うち畑作物の直接支払交付金
	%	%	%	%	%	%
10ha 未満	28.3	12.6	2.4	13.4	12.0	1.4
10〜20ha	24.9	5.7	2.3	16.9	15.2	1.8
20〜30ha	32.1	6.2	3.0	22.9	18.0	4.9
30〜50ha	29.2	6.9	2.7	19.6	12.5	7.1
50ha 以上	35.2	6.1	2.5	26.6	16.5	10.1

出所：農林水産省「営農類型別経営統計（組織経営（水田作経営）及び個別経営（水田作経営））」の2016

20ha層では延べ41ha，そして50ha以上層でも延べ65haの水稲部分作業受託が行われている．これらの受託面積をも加えると，専従者1人当たり稲作面積は10haを超えるものと思われる．

　最後に，粗収益に占める補助金の割合であるが，いずれの階層も25〜35％で，規模が大きくなるにしたがってその割合が高くなっている．水田作経営の補助金への依存度は全体としても高い水準にあるが，その中でも大規模層ほど高いという傾向がみられる．この点を詳しく検討するために，共済・補助金等の割合を種類別に算出して示したものが表2-3である．まず，農業者戸別所得補償制度を前身に，2013年に名称変更され，2014年からは金額が半減されている米の直接支払交付金をみると，粗収益に占める割合は2〜3％で，10a当たり定額の補助金のために当然であるが，階層による大きな違いはみられない．総額でみても10ha未満層では1経営当たり40万円前後，15haを超えると100万円台になるが，50ha以上層でも350万円前後である．

　次に，水田活用の直接支払交付金は12〜18％，畑作物の直接支払交付金は1〜10％となっている．前者は飼料用米等の新規需要米や麦，大豆などの戦略作物の生産に支払われる補助金であり，後者は麦，大豆，そばなど畑作物の生産に支払われる補助金である．これらの直接支払交付金は，主食用米以外の水

第2章　水田作経営の経営収支をめぐる諸問題　　37

営）及び個別経営（水田作経営））

規模階層	個別経営		
	共済・補助金等受取金の割合	うち稲作部門の補助金	その他部門の補助金
	%	%	%
0.5〜1ha	11.7	7.0	4.7
2〜3ha	15.1	9.7	5.4
5〜7ha	21.1	10.6	10.5
10〜15ha	25.2	11.7	13.5
15〜20ha	25.9	12.3	13.6
20ha 以上	43.0	12.6	30.4

年版による．

田利用の取り組み度合いに応じて支払われるために，それぞれ個別の経営の状況によって異なっている．水田活用の直接支払交付金は 10ha 未満層や 30〜50ha 層では 12％台であるが，20〜30ha 層では 18.0％と高くなっている．後者の階層で新規需要米や加工用米の生産に積極的に取り組む経営が多いことを示している．一方，畑作物の直接支払交付金は 10ha 未満層や 10〜20ha 層では 1％台であるが，30〜50ha 層ではこれが 7.1％となり，50ha 以上層では 10％に達している．この交付金は水田に作付された麦，大豆などの畑作物に対して支払われるものであり，交付金単価は生産された作物の品質によるものの，大きくは前掲表2-2 に示されている麦，大豆などの生産面積に比例している．例えば，50ha 以上層では，水田作付延べ面積の 43％にあたる 38.5ha の麦，大豆が生産されており，これらの作付に対する直接支払交付金が 10％になるということである．最後に，収入減少影響緩和対策（いわゆるナラシ対策）やその他の補助金等の割合は，10ha 未満層では 12％に達しているが，その他の階層では 5〜6％程度でむしろ低くなっている．これらの補助金は小規模階層に厚くなっていることがわかる．

　以上のように，収入減少影響緩和対策や米の直接支払交付金，その他の補助金など，主として主食用米の生産に関わる経営支援政策の割合をみると，10ha 未満層では 15％台にあるものの，そのほかの階層では，50ha 以上層の最上層も含めて，わずか 8〜9％台であり，しかもそれが増加する傾向はみられない．

　個別経営（水田作経営）の統計では，組織法人経営の統計で示されているような補助金の明細は示されていない．そのため，稲作部門の「損益の状況」に

示されている補助金額を個別経営（水田作経営）の稲作部門に対する補助金と見なして，その粗収益に対する割合を算出して示したものが表2-3の右の欄の中央である．その割合は0.5〜1ha層の7％から規模が大きくなるにしたがって増えて，20ha以上層では12.6％となっている．正確な計算ではないものの，稲作に関連しては7〜12％程度の補助金が個別経営（水田作経営）に対して支払われているということが推察される[1]．前掲表2-1に示されている補助金の割合から，この稲作関連の補助金の割合を差し引くと，0.5〜1ha層や2〜3ha層では5％前後，5〜7ha層では10％台，10〜15ha層および15〜20ha層では13％台となり，20ha以上層では30％台となっている．こうした補助金割合の大きな開きは，これらの階層の新規需要米への取り組みや，麦・大豆など戦略作物への取り組みなど，食用米以外の作付状況に大きく関係しているということである．

以上の検討結果から，近年の水田作経営においては，水田利用をめぐる様々な側面から，多様な種類の経営支援政策が準備されており，それが水田作経営の規模拡大や転作等への取り組み，また経営の持続的な展開を手厚く支えている実態がうかがわれる．

3. 稲作単一経営（稲作部門）の経営収支

こうした事情をさらに詳しく把握するためには，稲作部門ならびに麦作部門，大豆作部門など特定の作目に限定したうえで，その経営収支や経営支援政策の実態を詳しく検討する必要があろう．さいわい営農類型別経営統計の「組織経営」編：水田作経営の統計には，表2-4に示されているような，7つの統計のバージョンが公表されている．まず，水田作を行う組織法人経営の全体をまとめた「水田作経営」のバージョンがあり，この水田作経営が，稲作部門収支を把握している「稲作経営」，麦類作部門収支を把握している「麦類作経営」，白大豆作部門収支を把握している「白大豆作経営」の3つの統計に分かれている．さらに「稲作経営」の中では，稲作収入が最も多い「稲作1位経営」のバージョンが区分され，そのバージョンがさらに，稲作収入が農業生産物販売収入の80％以上を占める「稲作単一経営」と，それが80％未満の「稲作1位複合経

第2章　水田作経営の経営収支をめぐる諸問題　　39

表2-4　営農類型別経営統計（組織経営編：水田作経営）を構成する統計の種類

統計の種類		作成する収支	規模階層区分	集計する条件
水田作経営		経営全体	水田作作付延べ面積	当該営農類型に分類された組織
稲作経営		経営全体 稲作部門	水田作作付延べ面積 稲作作付面積（田畑計）	水田作経営のうち稲作部門収支を把握している組織
	稲作1位経営	〃	〃	稲作経営のうち水田作収入の中で稲作収入が最も多い組織
	稲作単一経営	〃	〃	稲作1位経営のうち稲作収入が農業生産物販売収入の80％以上を占める組織
	稲作1位複合経営	〃	平均値のみ	稲作1位経営のうち稲作収入が農業生産物販売収入の80％未満の組織
麦類作経営		経営全体 麦類作部門	水田作作付延べ面積 麦類作作付面積（田畑計）	水田作経営のうち麦類作部門収支を把握している組織
白大豆作経営		経営全体 白大豆作部門	水田作作付延べ面積 白大豆作作付面（田畑計）	水田作経営のうち白大豆作部門収支を把握している組織

出所：農林水産省「組織法人経営の営農類型別経営統計」における「調査の概要」より水田作経営の部分を抜粋.

営」に細区分されて，それぞれの統計が公表されている.

　ここでは，これらの統計のうち，稲作収入が農業生産物販売収入の80％以上を占める「稲作単一経営」の統計，ならびに麦類部門や白大豆部門の収支が把握されている「麦類作経営」，「白大豆作経営」の統計を使って，それぞれの部門ごとに経営収支の実態について検討してみよう[2].

　まず，「稲作単一経営」の統計で示されている「稲作部門の概況及び損益の状況」によって，2016年の経営収支の概要を示したものが表2-5である．この統計での階層区分は，10ha未満層（水田作付延べ面積の平均は9ha）から30ha以上層（同47ha）まで4階層区分となっている．各階層の稲作面積割合は，当然のことではあるが，いずれも80〜90％にあり，一部に麦類や大豆の作付が行われているものの，その面積割合は少ない.

　まず，稲作収入をみると，10ha未満層で900万円台，30ha以上層で5,700万円台である．前掲表2-2の「水田作経営」の農業収入に比べると，他の作物

表 2-5　組織経営（稲作単一経営：稲作部門）の経営収支

規模階層	水田作付面積	稲作面積	稲作割合	水稲単収	麦作面積	大豆作面積	稲作収入	稲作支出	うち構成員帰属分
	a	a	%	kg/10a	a	a	千円	千円	千円
10ha 未満	896	745	83.2	487	91	45	9,090 **12.3**	11,401 **15.3**	2,916 **3.9**
10〜20ha	1,486	1,340	90.2	497	52	80	16,276 **12.2**	19,312 **14.4**	5,250 **3.9**
20〜30ha	2,662	2,379	89.4	549	46	181	28,225 **11.9**	29,914 **12.6**	8,370 **3.5**
30ha 以上	5,532	4,735	85.4	534	188	356	57,479 **12.1**	60,199 **12.7**	19,176 **4.1**

出所：農林水産省「営農類型別経営統計（組織経営編：稲作単一経営）」の 2016 年版による．
注：太字は水田 10a 当たりに換算した金額である．

の販売分だけ少なくなっていることがわかる．また，稲作の単収は 10ha 未満層が最も低く，20〜30ha 層が最も高いが，稲作収入を稲作面積で除した 10a 当たり稲作収入を計算してみると，どの階層もおおよそ 12 万円前後で大きな違いはみられない．むしろ 10ha 未満層がもっとも高く，20〜30ha 層が最も低くなっている．一方，稲作支出をみると，10ha 未満層では 1,000 万円を超え，30ha 以上層になると 6,000 万円を超えている．そのため，営業利益はいずれの階層においても赤字である．

　営業利益が赤字であるということは，稲作経営としての自立性と継続性の面から赤信号が出ているということではあるが，経営責任者としての構成員の取り分（構成員帰属分）から，この赤字分を差し引いた金額（稲作所得）を計算すると，いずれの階層も黒字となる．スペースの関係もあり表に示していないが，その金額は 10ha 未満層ではわずか 60 万円余，10〜20ha 層でも 200 万円を超える程度であるが，20〜30ha 層では 700 万円近くとなり，30ha 以上層では 1,600 万円を超えている．これらの経営における専従換算構成員（雇用者を除く稲作従事者）の数は，10ha 未満層では 0.85 人，10〜20ha 層で 1.25 人，20〜30ha 層で 1.78 人，30ha 以上層で 2.50 人であるから，専従構成員 1 人当たり稲作所得を計算すると，10ha 未満層で 71 万 2 千円，10〜20ha 層で 177 万 1

（2016 年：水田作付面積規模別）

営業利益	共済・補助金等受取金	稲作所得	構成員（専従換算）1 人当たり稲作所得	専従者1 人当たり稲作面責	粗収益に占める補助金の割合
千円	千円	千円	千円	ha	%
−2,311	2,352	2,957	3,479	7.5	20.6
−3.1	3.2	4.0			
−3,036	2,711	4,925	3,940	7.3	14.3
−2.3	2.1	3.7			
−1,689	4,726	11,407	6,408	9.7	14.3
−0.7	2.0	4.8			
−2,720	10,194	26,650	10,660	11.6	15.1
−0.6	2.2	5.6			

千円，20〜30ha 層で 375 万 3 千円，30ha 以上層では 658 万 2 千円となる．
10ha 未満層や 10〜20ha 層では，稲作経営を自立的かつ継続的に維持できる水準には及ばない状況にあるが，20〜30ha 層ではかろうじて，そして 30ha 以上層ではそれなりに，経営を維持できる水準にあるということができる．また，これらの数字は，現状において稲作経営の自立した展開と持続性を確保するためには，少なくとも 30ha 以上をめざした規模拡大が必要であるということをも示唆している．

　なお，稲作支出のうち，構成員帰属分を除いた金額（個別経営の経営費に相当）を算出し，それを稲作 10a 当たりに換算すると，10ha 未満層では 11 万 4 千円，10〜20ha 層では 10 万 5 千円，20〜30ha 層では 9 万 1 千円，30ha 以上層では 8 万 7 千円となる．前掲表 2-1 の個別経営では 15〜20ha 層では 3 割，20ha 以上層では 5 割の麦・大豆作が行われているために，その割合が 1 割弱の稲作単一経営とは直接的な比較は難しいものの，20〜30ha 層や 30ha 以上層の 10a 当たり稲作支出（構成員帰属分を除く）は，個別経営のそれと比べてみてもそれほど違いはなく，むしろ 30ha 以上層では低くなっている．

　稲作単一経営におけるこの年の共済・補助金等受取額は，表に示したように，10ha 未満層や 10〜20ha 層では 200 万円台，20〜30ha 層で 400 万円台，30ha

以上層で 1,000 万円台である．これらの補助金の粗収益に占める割合は 10ha 未満層では 20％台にあるが，その他の階層はいずれも 14〜15％である．後に詳しく検討するように，この割合が一時 20〜30％に達する年もあったが，米の直接支払交付金が半減された 2014 年以降は，10ha 未満層を除けば，年による変動はあるものの，おおよそ 15％前後で推移している．

こうした各種補助金を算入した稲作所得（当期利益に構成員帰属分を加えたもの）は，表にみられるように 10ha 未満層では 300 万円弱，10〜20ha 層で 500 万円弱，20〜30ha 層になると 1,100 万円台，30ha 以上層では 2,600 万円台となっている．この金額を専従換算構成員（雇用者を除く稲作従事者のみ）1 人当たりに換算した稲作所得は，10ha 未満層で 350 万円，10〜20ha 層で 400 万円弱，20〜30ha 層で 640 万円，30ha 以上層では 1,000 万円となる．稲作経営に対する共済・補助金等を加えた経営の所得を，先述したわが国の給与所得者の平均年収 414 万 2 千円と比べると，10ha 未満層や 10〜20ha 層ではやや下回るものの，20〜30ha 層や 30ha 以上層の経営ではその水準を大きく上回っていることがわかる．

株式会社の形態も含めて，組織法人経営の多くは集落営農法人であり，地域の多くの構成員が様々な形で参画して営農が行われている．したがって，専従換算構成員 1 人当たり金額を計算しても，実際には多くの構成員に給料や労務費，出役に応じた従事分量配当などが支払われるために，1 人で多額の報酬を受け取っているわけではない．こうした事情を勘案すれば，組織法人経営の持続性を経済面から支えている各種の共済・補助金など経営所得安定対策が果たしている役割はきわめて大きいと言えよう．とくに 10ha 未満層などは，経営支援政策の支えなしには，組織の設立はおろか経営そのものが存続しえない厳しい状況のもとにあることがわかる．その一方で，生産性の違いはさほど大きくはない中でも，水田の規模を拡大することが，構成員の所得の増加につながり，組織法人経営の持続性と安定性を高めることにもつながっているということを，これらのデータは物語っている．20 世紀末から今日まで，全国で急激ともいえる水田作経営の大規模化が進んでいるが，こうした大規模化の裏には，このような農業所得の安定的確保の追求があったことがわかる．

なお，専従換算稲作従事者（構成員及び雇用者を含む）1 人当たり稲作面積

第 2 章　水田作経営の経営収支をめぐる諸問題　　43

表 2-6　組織経営（稲作単一経営：稲作部門）の補助金割合の推移（2007-16 年）

共済・補助金等の種類	年　次	I 期	II 期	III 期	10 カ年平均
	相対取引価格　単位	2007-09 年	2010-13 年	2014-16 年	
	円/60kg	14,593	14,692	13,149	14,200
共済・収入減少影響緩和対策及びその他補助金	10ha 未満　%	16.9	12.2	13.6	14.0
	10〜20ha　%	11.9	5.1	9.6	8.5
	20〜30ha　%	9.3	4.6	7.1	6.8
	30ha 以上　%	9.3	3.9	7.6	6.6
米の直接支払交付金	10ha 未満　%		12.3	5.3	9.3
	10〜20ha　%		12.5	5.6	9.5
	20〜30ha　%		10.5	4.8	8.0
	30ha 以上　%		10.8	4.7	8.2
水田活用の直接支払交付金	10ha 未満　%		1.8	2.2	1.9
	10〜20ha　%		0.5	1.1	0.8
	20〜30ha　%		1.4	3.6	2.4
	30ha 以上　%		0.8	1.5	1.1
共済・補助金等の合計	10ha 未満　%	16.8	26.2	21.1	21.9
	10〜20ha　%	11.9	18.1	16.2	15.7
	20〜30ha　%	9.3	16.1	15.5	13.9
	30ha 以上　%	9.3	15.4	13.8	13.1

出所：表 2-5 に同じ.
注：粗収益に占める各種補助金の割合である.

を計算して示したものが表 2-5 の右欄の数字である. 10ha 未満層や 10〜20ha 層では 7ha 台であるが，20〜30ha 層で 9.7ha，30ha 以上層で 11.6ha となっている. 専従者 1 人当たり稲作面積は 10ha が限界であると言われているが，これらの数字はそうした指摘を覆すほどの違いではない. しかし，稲作単一経営でも 10ha 未満層で延べ 31ha，10〜20ha 層で延べ 55ha，20〜30ha 層で延べ 18ha，30ha 以上層で延べ 29ha の水稲部分作業受託が行われていることから，これらをも含めると，専従者 1 人当たり稲作面積は，どの階層でもさらに 2〜5ha 程度は増えるものと思われる.

　さて，これまでの経営支援政策の推移をみるために，2007 年から 2016 年まで 10 年間における稲作単一経営の稲作部門に対する補助金の割合を算出して，I 期から III 期に分けて示したものが表 2-6 である. 周知のように水田農業を対象にした経営所得安定対策が 2007 年に始まり，2010 年の戸別所得補償モデ

ル事業を経て，翌年からはその本格実施が始まる．一方，転作関連の事業としては，産地づくり助成や生産条件不利補正対策，そして 2010 年の水田利活用自給力向上事業の交付金を経て，2011 年から 2012 年までは水田活用の所得補償交付金，2013 年からは水田活用の直接支払交付金がスタートする．また，畑作物の所得補償交付金を経て，畑作物の直接支払交付金も併せて始められている．2013 年には農業者戸別所得補償制度が米の直接支払交付金に名称変更となり，2014 年からはその支給額が 10a 当たり 7,500 円に半減されている．このように，過去 10 年間だけをみても様々に変わる政策転換によって，補助金の種類も支払額もめまぐるしく変更されてきた．このため，稲作部門に対する補助金の割合も年ごとに変動している．また，作況に応じた共済支払金や価格変動に対応した収入減少影響緩和対策（いわゆるナラシ対策）なども補助金額の変動要因となっている．

　表 2-6 の最下欄に稲作部門に対する共済・補助金等の合計割合を示しているが，まず 2007 年から 2009 年までの I 期をみると，10ha 未満層では 16.8％であるのに対して，割合は上層にいくにつれて低下し，30ha 以上層では 9.3％になっている．この期間は，20〜30ha 層や 30ha 以上層では 10％を下回る補助金割合であったことがわかる．

　次に，農業者戸別所得補償モデル事業が始まる 2010 年から 2013 年までの II 期をみると，補助金割合は 10ha 未満層では 20％台に上昇し，他の階層でも 15〜18％にまで上昇している．2010 年の米価急落に対して米価変動補填交付金が支払われるなど経営支援政策が強化されたこと，また，農業者戸別所得補償制度などが新たに導入されたことなどによる結果であり，10ha 未満層では 2010 年には 29.8％，2011 年には 31.3％へと大きく上昇している．10〜20ha 層や 20〜30ha 層でも 2011 年には 20％台を超え，30ha 以上層でも 2010 年に 19.4％となり，過去 10 年間で最も高い水準になっている．こうした数値の上昇をめぐっては様々な議論があり，生産性の向上がみられないもとで稲作経営の補助金依存を益々高めてきたという評価もある．しかし，その一方で，予期せぬ米価の急落などに対して，とくに 10ha 未満層など小規模経営層の経営破綻を救ってきたという見方もできるのではないだろうか．

　続いて，米の直接支払交付金が半減され，その一方で水田活用の直接支払交

第 2 章　水田作経営の経営収支をめぐる諸問題　　　　45

付金などが強化された 2014 年から 2016 年までの III 期をみると，補助金の割合は 10ha 未満層では 20％台にあるものの，そのほかの階層では 14〜16％に低下している．2014 年および 2015 年と続く米価の低落もあって，10ha 未満層の割合は 2015 年に 25％にまで上昇し，10〜20ha 層や 20〜30ha 層でも 18％に上昇しているが，米価が回復基調にある 2016 年にはいずれの階層の割合も低下する傾向をみせている．

　2014 年から 2015 年にかけた米価の下落により，収入減少影響緩和対策やその他補助金が平均して 3％ほど増えており，また，飼料用米等の新規需要米などへの転換が進んだことにより，水田活用の直接支払交付金が新たに 1〜2％程度増えている．しかし，この時期における補助金割合の低下の大きな要因は，米の直接支払交付金が半減されたことにある．

　最右欄には 2007 年から 2016 年まで 10 年間の平均割合を示している．10ha未満層では 20％台にあるが，10〜20ha 層では 16％，20〜30ha 層では 14％，30ha 以上層では 13％となっており，上層にいくほどその割合が低下していることがわかる．

4.　稲作単一経営（稲作部門）が生み出した付加価値額

　2007 年から 2016 年まで 10 年間における米の平均相対価格は 14,200 円/60kg 玄米であった．米価は年によってマイナスに 10％（2010 年）および 16％（2014 年），そしてプラスに 16％（2012 年）ほど振れながら，全体としては僅かながら低下する傾向をみせてきた．こうした市場条件のもとにおいて，稲作単一経営はどのような経営成果を生み出してきたのであろうか．こうした点を確認するために，2007 年から 2016 年まで 10 年間について，稲作経営が生み出してきた付加価値額を算出して示したものが表 2-7 である．

　なお，ここでは付加価値額を下記のような数式で算出している（この中には減価償却費を含めていない）．

　付加価値額＝当期利益＋構成員帰属分＋支払給料＋支払労務費
　　　　　　　＋支払地代＋支払負債利子

46

表 2-7 組織経営（稲作単一経営：稲作部門）の規模別にみた付加価値額の推移（2007-16 年）

規模階層	時期区分	単位	I 期 2007-09 年	II 期 2010-13 年	III 期 2014-16 年	10 カ年平均
	米の相対取引価格	円/60kg	14,593	14,692	13,149	14,200
10ha 未満	付加価値額 A（補助金なし）	千円	1,630	1,337	715	1,238
	同上　農業専従者 1 人当たり	千円	1,757	1,383	703	1,291
	付加価値額 B（補助金を含む）	千円	2,405	4,233	2,976	3,607
	同上　農業専従者 1 人当たり	千円	3,655	4,554	2,850	3,465
10～20ha	付加価値額 A（補助金なし）	千円	7,388	5,639	3,487	5,518
	同上　農業専従者 1 人当たり	千円	4,315	3,651	2,054	3,371
	付加価値額 B（補助金を含む）	千円	10,128	9,121	6,365	8,597
	同上　農業専従者 1 人当たり	千円	5,915	5,168	2,730	4,961
20～30ha	付加価値額 A（補助金なし）	千円	12,951	15,653	9,229	12,916
	同上　農業専従者 1 人当たり	千円	5,383	5,970	3,770	5,134
	付加価値額 B（補助金を含む）	千円	15,867	22,339	14,149	17,941
	同上　農業専従者 1 人当たり	千円	6,584	8,614	5,788	7,157
30ha 以上	付加価値額 A（補助金なし）	千円	18,265	18,687	19,436	18,785
	同上　農業専従者 1 人当たり	千円	4,486	4,473	4,673	4,537
	付加価値額 B（補助金を含む）	千円	23,426	28,068	27,957	26,643
	同上　農業専従者 1 人当たり	千円	5,747	6,708	6,722	6,428

出所：農林水産省「営農類型別経営統計（組織経営編：稲作単一経営：稲作部門）」の各年次版による.
注：1）付加価値額 A（補助金なし）は稲作部門の営業利益，構成員帰属分，支払労務費，支払地代，支払給料，支払負債利子の合計額であり，付加価値額 B（補助金を含む）は，この付加価値額 A に稲作部門の共済・補助金等受取額を加えたものである.
　　2）農業専従者数は専従換算稲作従事者数であり，本表ではこの中には構成員と雇用者が含まれている.

　参考のために，粗収益に含まれている共済・補助金等受取額を除いた付加価値額をまず計算して示した．表 2-7 の付加価値額 A は共済・補助金等を含まない場合の付加価値額であり，付加価値額 B は共済・補助金等を含めた場合の付加価値額である．それぞれの上段にはその総額を，下段には生産性をみるために専従換算稲作従事者（構成員および雇用者含む）1 人当たり付加価値額を示した.

　まず，10ha 未満層をみると，付加価値額 A の 10 年間の平均額は 123 万 8 千円であり，米価が高かった 2012 年などでは 200 万円を超えている．しかし，米価が下落した 2010 年や 2014 年，2015 年などでは 30～50 万円のレベルにま

で落ちている．米価の変動が経営の付加価値額に大きな影響を与えているのである．また，稲作専従者1人当たり付加価値額の平均は129万1千円で，この額も米価の変動に応じて上下している．しかし，付加価値額の総額も1人当たり金額もこの10年間に上昇する傾向はまったくみられない．2007年から2009年までⅠ期の付加価値額Aの平均は163万円，そして2010年から2013年までⅡ期の平均は133万7千円，2014年から2016年までⅢ期の平均は71万5千円というように，むしろこの階層の付加価値額は半分以下にまで低下している．

　一方，共済・補助金等を含む付加価値額Bの動きをみると，10年間の平均は総額で360万7千円，稲作専従者1人当たりでは346万5千円である．付加価値額Aに比べると両者ともに3倍近い金額になっている．共済・補助金などによる各種の経営支援政策が，10ha未満層の経営の存続を大きく支えてきたことがうかがわれる．しかも，農業者戸別所得補償モデル事業がスタートした2010年から2013年まで4年間の平均額は420万円を超える金額となっており，この期間の経営所得安定対策が下位階層の存続に大きな効果を生み出していたことがわかる．

　次に，10〜20ha層では，付加価値額Aの平均は551万8千円，稲作専従者1人当たりでは337万1千円である．この階層の稲作面積は10ha未満層のそれに比べると2倍であるが，付加価値額Aは10ha未満層のそれに比べて総額で4.5倍，稲作専従者1人当たりで2.6倍ほど高くなっている．しかし，Ⅰ期からⅢ期にかけた付加価値額の動きは，10ha未満層と同じように一貫して減少する傾向にある．もっとも，減少割合は10ha未満層に比べるとやや緩やかになっている．

　付加価値額Bの動きも同じであるが，10ha未満層に比べて，総額は2.4倍，稲作専従者1人当たり金額は1.4倍程度である．同じ経営所得安定対策のもとで，当該階層ではその効果がやや薄くなっているようにもみられるが，その理由は定かではない．この階層はⅠ期には1,000万円を超える付加価値額を上げ，稲作専従者1人当たりでも600万円近い金額を達成していた．しかし，このわずか10年の間に，両者とも6割程度の付加価値額へと落ち込んでいる．米価の傾向的低下もあって，この階層でも稲作経営がきわめて厳しくなっているこ

とがわかる．とくに II 期から III 期にかけた落ち込みが激しく，米の直接支払交付金の半減など政策変更もあり，現行の経営所得安定対策では，これら10ha 未満層や 10〜20ha 層の経営危機を十分には支えきれなくなっている状況にあることがわかる．

続いて 20〜30ha 層では，10 年間の付加価値額 A の平均は 1,291 万 6 千円，稲作専従者 1 人当たり金額は 513 万 4 千円である．先の階層に比べると稲作面積では 1.7 倍の規模であるが，付加価値額の総額では 2.3 倍に高まっている．しかし，稲作専従者 1 人当たり金額は 1.5 倍で，むしろ労働力からみた生産性の点では倍率が低下している．

時期別に付加価値額の動きをみると，I 期から II 期にかけては総額で 21％，稲作専従者 1 人当たりでは 11％ほど増加した後，II 期から III 期にかけては前者で 41％，後者で 37％と大きく落ち込んでいる．II 期においては，付加価値額 A は総額で 2,000 万円近くとなり，稲作専従者 1 人当たり金額も 700 万円を超える年もあった．しかし，III 期になると 1,000 万円を切り，稲作専従者 1 人当たり金額も 400 万円を割り込んでいる．I 期から II 期までは順調に経営を伸ばし，稲作の中心を担ってきたこの階層が，III 期に至るとなぜこのような厳しい経営事情にまで落ち込んでしまったのか．この点については，販売管理の実情や個々の費目についての精査，あるいは調査対象経営の変更等まで含めた検討が必要とされるが，いまのところその理由は定かではない．

付加価値額 B については，同じような傾向がみられるものの，総額については I 期から II 期にかけては 41％という大きな伸びを示した後，II 期から III 期にかけては，逆に 58％も大幅に減少するという激しい動きとなっている．稲作専従者 1 人当たり金額についても，I 期から II 期にかけた 31％の増加，II 期から III 期にかけた 33％の減少という，総額ほどではないものの大きな動きがみられる．

この階層の 10 年間における付加価値額 A と付加価値額 B との開きは 1.4 倍である．言いかえれば，共済・補助金等による付加価値額の向上効果は，20〜30ha 層では 4 割ほどとも言うことができよう．このような付加価値額 A と B との違いは，後述する 30ha 以上層でも 1.4 倍あり，先の 10〜20ha 層では 1.6 倍，10ha 未満層では実に 3.0 倍になっている．小規模階層ほどその開きが大き

くなっていることから，共済・補助金等による経営所得安定対策の効果は，小規模経営ほど大きいと言えるのではないだろうか．

　最後に，30ha 以上層では，付加価値額 A の平均は 1,878 万 5 千円，稲作専従者 1 人当たり金額は 453 万 7 千円である．20〜30ha 層に比べると稲作面積（平均 44.42ha）では 1.8 倍の開きがあるが，付加価値額の総額では 1.4 倍程度の開きとなり，稲作専従者 1 人当たりの金額ではむしろ 12％ほど低くなっている．10 年間の平均をみる限り，30ha 以上層の生産性は 20〜30ha 層に比べるとやや低いレベルにあったことがわかる．しかし，この階層は，I 期から II 期にかけては総額ならびに稲作専従者 1 人当たり金額ともにほぼ同額で推移し，II 期から III 期にかけては両者ともに 4％程度の増加となっている．他の階層では II 期から III 期にかけては軒並み減少しているのに対して，この階層だけが増加している．しかも，注目されるのは，労働力からみた生産性の面では，I 期や II 期では 20〜30ha 層よりも低い水準で推移していたものが，III 期に至るとトップの座に躍り出ていることである．2016 年の付加価値額 A の総額は，これまでの最高を記録した 2012 年の水準にせまる勢いを示している．

　共済・補助金等を含めた付加価値額 B の動きも同じ傾向をみせており，2016 年は総額でも稲作専従者 1 人当たりでも最高の数値となっている．しかし，2016 年にみられるこの階層の突出した動きが，これから継続してみられるのかどうか，これから数年の動きをみていく必要がある．

5．稲作単一経営（稲作部門）の稲作所得をめぐって

　以上のような付加価値額を上げていても，共済・補助金等の受取額を除いた稲作単一経営の営業利益は，いずれの階層においても，この 10 年間にわたり軒並み赤字であった．周知のように，法人経営ではその運営を担う役員や構成員等の給与や労務費，支払地代，支払利子等が必要経費として計上されており，社会的通念のもとで予め決められたこうした必要経費を差し引いた上で，なお利益を生み出すことが経営の第一義的な目的となっているからである．このような視点からみれば，いずれの階層の稲作経営も，その自立と存続には赤信号がついているということである．そのため，多くの稲作経営の維持・存続のた

めには，経営所得安定対策等の経営支援政策が不可欠な条件となるということである．

こうした基本的な視点を前提とした上で，それではどの程度の赤字となっており，もし法人運営の責任者としてこの赤字を補塡した場合，役員や構成員の手元にはどのくらいの所得が実際には残るのだろうか．また，その額は個別経営の農業所得と比較するとどれほどであるのだろうか．この点をみるために，稲作単一経営の稲作所得を計算して示したものが表 2-8 である．稲作所得は，先述したように，稲作支出から構成員帰属分を差し引いた金額を稲作経営費とみて，稲作収入からこの稲作経営費を差し引いた金額である．これは営業利益と構成員帰属分の合計額（赤字の場合は相殺した金額）とも一致する．稲作単一経営の統計においては，稲作収入と共済・補助金等受取額を合計した粗収益からこの稲作経営費を差し引いた額が算出され，稲作所得として掲載されている[3]．表では，このような共済・補助金等の種類を分けたうえで，それらのない場合（Ⅰ）と各種の補助金を加算した場合（Ⅱ～Ⅳ）の稲作所得の違いを算出して階層別に示した．

まず，10ha 未満層では，10 年間にわたる営業利益の赤字額の平均は 246 万9 千円であり，一方，構成員帰属分の平均は 305 万 7 千円であった．この両者を加算する（赤字額を相殺する）と，その差額は 58 万 8 千円となる．この差額が構成員が実際に手にすることのできる稲作所得である[4]．この構成員所得Ⅰはわずか 60 万円弱で，専従者（専従換算構成員）1 人当たり所得は 72 万 6千円となる．しかし，米価が下落した 2010 年や 2015 年には，こうした構成員の稲作所得も赤字になっており，水田の立地条件や集落の規模など制約の多い小規模な稲作単一経営では，自立した経営は難しいという厳しい現実をここでもみることができる．

次の行に示されている構成員所得Ⅱは，収入減少影響緩和対策およびその他の補助金など，共済・補助金等の総受取額から米の直接支払交付金と水田活用の直接支払交付金を除いた，残りの補助金を加えたものである．10 年間の収入減少影響緩和対策およびその他補助金等の受取額の平均は 180 万 7 千円，構成員所得Ⅱは 239 万 5 千円である．専従者 1 人当たり所得は 295 万 7 千円となり，ここでようやく 300 万円近い所得となる．

さらに米の直接支払交付金を加えた構成員所得 III を算出すると，その平均額は 310 万 1 千円となり，専従者 1 人当たり所得は 382 万 8 千円となる．なお，米の直接支払交付金の平均受取額は 100 万 9 千円であった．

続いてこの所得に，水田活用の直接支払交付金を加えた構成員所得 IV は 320 万 8 千円となり，専従者 1 人当たり所得は 396 万円となる．この階層では麦・大豆などの転作作物，ならびに新規需要米などの作付面積が少ないこともあり，水田活用の直接支払交付金の平均額はわずか 15 万 2 千円である．とはいえ，こうした各種の補助金の積み上げによって，専従者 1 人当たり所得は 400 万円近くになり，先述した給与所得者の年間平均所得（414 万円）に近い水準にまで達していることがわかる．

こうした動きを時期別にみると，この階層では I 期から II 期，また II 期から III 期にかけて一貫して構成員所得が減少している．特に II 期から III 期にかけての構成員所得 I は実に 96％という大幅な落ち込みをみせており，この階層が補助金削減や米価低落の影響を大きく受けていることがわかる．また，すべての共済・補助金等を加えた構成員所得 IV も 35％ほど減少している．所得 I と所得 IV の減少率の差は，経営所得安定対策等によって影響が緩和された結果であるとみることもできるが，しかし，米の直接支払交付金の半減などのために，III 期にいたるとこれらの小規模階層を十分に支え切れなくなっている現状も読み取ることができる．

次に，10〜20ha の階層であるが，構成員所得 I は平均して 337 万 8 千円，専従者 1 人当たり所得は 298 万 9 千円である．平均給与所得 400 万円には達しておらず，この階層も単独での継続的な経営は難しい状況にあるといえる．しかし，これに収入減少影響緩和対策およびその他の補助金を加えた構成員所得 II を算出すると，その平均は 524 万 2 千円，専従者 1 人当たり所得は 463 万 9 千円となり，両者ともに 400 万円を超えている．これに米の直接支払交付金を加えた構成員所得 III は 649 万 8 千円，構成員 1 人当たり所得は 575 万円となり，さらに水田活用の直接支払交付金を加えた構成員所得 IV は平均して 659 万 6 千円，専従者 1 人当たり所得は 583 万 1 千円となっている．この階層においても，かつては 700〜800 万円の構成員所得 IV が確保されていたが，米の直接支払交付金が半減され，米価の低落などもあった 2014 年以降は，400 万

52

表 2-8　組織経営（稲作単一経営：稲作部門）の規模別にみた稲作所得の推

稲作面積規模区分	時　期　区　分			I期 2007-09年	II期 2010-13年	III期 2014-16年
	米の相対取引価格		円/60kg	14,593	14,692	13,149
10ha未満 （平均7.6ha）	営業利益	B	千円	△1,953	△2,276	△3,243
	構成員帰属分	C	千円	3,026	2,921	3,270
	構成員所得I（B+C）	D	千円	1,073	644	27
	収入減少影響緩和交付金及びその他	E	千円	2,610	1,353	1,608
	補助金含む構成員所得II（D+E）	F	千円	3,684	1,998	1,635
	米の直接支払い交付金	G	千円		350	555
	補助金含む構成員所得III（F+G）	H	千円	3,684	3,348	2,190
	水田活用の直接支払い交付金	I	千円		192	98
	補助金含む構成員所得IV（H+I）	J	千円	3,684	3,540	2,287
10〜20ha （平均14.1ha）	営業利益	B	千円	△1,967	△1,081	△3,310
	構成員帰属分	C	千円	6,425	5,103	4,747
	構成員所得I（B+C）	D	千円	4,459	4,022	1,437
	収入減少影響緩和交付金及びその他	E	千円	3,206	983	1,700
	補助金含む構成員所得II（D+E）	F	千円	7,665	5,004	3,137
	米の直接支払い交付金	G	千円		2,407	977
	補助金含む構成員所得III（F+G）	H	千円	7,665	7,411	4,114
	水田活用の直接支払い交付金	I	千円		93	201
	補助金含む構成員所得IV（H+I）	J	千円	7,665	7,504	4,315
20〜30ha （平均24.6ha）	営業利益	B	千円	△400	△1,056	△4,216
	構成員帰属分	C	千円	9,307	7,061	9,570
	構成員所得I（B+C）	D	千円	8,907	9,659	5,354
	収入減少影響緩和交付金及びその他	E	千円	4,259	1,759	2,264
	補助金含む構成員所得II（D+E）	F	千円	13,166	11,410	7,619
	米の直接支払い交付金	G	千円		4,338	1,508
	補助金含む構成員所得III（F+G）	H	千円	13,166	15,749	9,127
	水田活用の直接支払い交付金	I	千円		589	1,148
	補助金含む構成員所得IV（H+I）	J	千円	13,166	16,335	10,275
30ha以上 （平均44.4ha）	営業利益	B	千円	△4,060	△5,669	△4,841
	構成員帰属分	C	千円	1,4764	16,601	15,506
	構成員所得I（B+C）	D	千円	10,713	10,932	10,667
	収入減少影響緩和交付金及びその他	E	千円	8,260	2,331	4,761
	補助金含む構成員所得II（D+E）	F	千円	18,975	13,263	15,428
	米の直接支払い交付金	G	千円		6,586	2,850
	補助金含む構成員所得III（F+G）	H	千円	18,975	19,848	18,281
	水田活用の直接支払い交付金	I	千円		466	910
	補助金含む構成員所得IV（H+I）	J	千円	18,975	20,314	19,187

出所：農林水産省「営農類型別経営統計（組織経営編：稲作単一経営：稲作部門）」の各年次版による.
注：2007-09年は収入減少影響緩和交付金及びその他の補助金の項に制度受取金等の金額を一括して示
　　IVはいずれも制度受取金等を加算した金額である.

移（2007-16 年）

全期間 （10 カ年）平均	専従換算構成員 1 人当たり 平均所得
14,200	
△2,469	(0.81 人)
3,057	3,774
588	726
1,807	
2,395	2,957
1,009	
3,101	3,828
152	
3,208	3,960
△2,015	(1.13 人)
5,393	4,773
3,378	2,989
1,865	
5,242	4,639
1,794	
6,498	5,750
139	
6,596	5,831
△1,807	(1.80 人)
9,946	5,525
8,139	4,522
2,661	
10,800	6,000
3,126	
12,988	7,216
828	
13,567	7,537
△4,938	(2.47 人)
15,721	6,365
10,787	4,367
4,839	
15,625	6,326
4,984	
19,115	7,739
656	
19,574	7,925

した．また，構成員所得の II，III，

円台にまで落ち込んでいる．これら 10ha 未満層や 10〜20ha 層の経営が，交付金の半減や米価の下落などのダブルパンチを受けて，厳しい経営状況に直面していることがわかる．

I 期から III 期にかけた時期別の構成員所得の動きをみると，10ha 未満層と同じように，I 期から III 期にかけて一貫して減少する傾向にある．とくに II 期から III 期にかけた構成員所得 I は 64％の減少となっており，III 期の専従者 1 人当たり所得は 127 万 2 千円という低い水準にまで落ち込んでいる．また，共済・補助金等を含めた構成員所得 IV も同じように減少しており，II 期から III 期にかけた減少率は 43％と高い値を示し，専従者 1 人当たり所得は 382 万円となり，400 万円を割る水準にまで低下してしまった．

続いて，20〜30ha 層であるが，経営の自立的な展開可能性の目安となる構成員所得 I は，平均して 813 万 9 千円であり，専従者 1 人当たり所得は 452 万 2 千円である．この規模階層にいたって，ようやく専従者 1 人当たり所得が 400 万円を超える水準に達している．もっとも，これは農業従事者の賃金レベルの話であって，経営者報酬というレベルでみればやはり不十分な金額ということになろう．これに収入減少影響緩和対策およびその他補助金を加えた構成員所得 II は 1,080 万円，専従者 1 人当たり所得は 600 万円となる．さらに米の直接支払交付金を加えた構成員所得 III は 1,298 万 8 千円，専従者 1 人当たり所得は 721 万 6 千円，水田活用の直接支払交付金を加えた構成員所得 IV は 1,356 万 7 千円，専従者 1 人当たり

所得は753万7千円となる．しかし，構成員所得や専従者1人当たり所得は，この間の最高額である2012年の2,060万円，1人当たり1,100万円に比べると，それ以降は年々低下する傾向がみられる．例えば，構成員所得が高い水準にあった2010年から2013年までの平均1,600万円に比べると，2014年以降の3年間は平均1,030万円となり，4割近く減少している．

　I期からⅢ期にかけた構成員所得の動きをみると，この階層ではI期からⅡ期にかけては増加し，Ⅱ期からⅢ期にかけては減少するという動きをみせている．構成員所得ⅠはI期の平均890万7千円からⅡ期の平均965万9千円へと増加した．2012年には営業利益も234万6千円の黒字となり，構成員所得Ⅰも2年連続で1,000万円を超えている．しかし，Ⅲ期になると平均535万4千円にまで実に45%の大幅な下落となり，2015年にはこの10年間の中で最低の所得となっている．この階層の米の販売価格が2014年，2015年と連続して12,000円/60kg台に落ち込み，2016年においてもなお13,000円台を超えたところにまでしか回復していないことが，この大きな要因であると考えられる[5]．

　一方，全ての共済・補助金等を加えた構成員所得Ⅳの動きも，I期からⅡ期にかけては増加，Ⅱ期からⅢ期にかけては減少となっているが，Ⅲ期の減少率は構成員所得Ⅰの減少率に比べると緩やかになっている．また，2016年には構成員所得Ⅳは1,000万円を超え，専従者1人当たり所得も600万円台を超えるなど，回復する兆しもみせている．

　最後に，30ha以上層であるが，平均した構成員所得Ⅰは1,078万7千円，専従者1人当たり所得は436万7千円である．所得の総額では20〜30ha層を超えているが，専従者1人当たりではむしろ低くなっている．また，給与所得者の年間所得の水準は超えているものの，経営者の報酬としてみた場合には，やはり十分な所得とは言い難い．とはいえ，年次別には米の販売価格が15,000円を超えた2012年には1人当たり700万円近くに達し，2008年，2009年，2011年などでも600万円近い所得が確保されている．しかも，米販売価格が14,000円未満にあった2016年においても，総額で1,600万円，1人当たりで670万円の所得が達成されている点も注目される．

　この所得Ⅰに収入減少影響緩和対策やその他補助金等を加えた構成員所得Ⅱ

は総額で 1,562 万 5 千円，専従者 1 人当たり所得は 632 万 6 千円である．さらに米の直接支払交付金を加えた構成員所得 III は総額で 1,911 万 5 千万円，専従者 1 人当たり所得は 773 万 9 千円，水田活用の直接支払交付金を加えた構成員所得 IV は総額で 1,957 万 4 千円，専従者 1 人当たり所得は 792 万 5 千円となっている．この階層にいたると，経営自立の目安となる構成員所得 I でも，とりあえず給与所得者なみの所得が確保されており，また，様々な経営支援政策に支えられた構成員所得 IV では総額で 2,000 万円近くが確保され，専従者 1 人当たりでは 800 万円近い所得が達成されていることがわかる．

　時期別の構成員所得の動きをみると，所得 I ならびに所得 IV ともに，I 期から II 期にかけては微増，II 期から III 期にかけては微減となっており，他の階層に比べると II 期から III 期にかけた減少率がきわめて小さい点が注目される．この 1 つの要因として考えられるのは，米価が全国で下落した 2014 年にも米の販売価格が 14,000 円台半ばにあり，その後も大きくは落ち込んでいない点である．この階層の多くの経営が，消費者や特定業者等への直接販売など，自らの販売努力を通じて米価の低落を防いだためであることが考えられる．

　以上，2007 年より 2016 年まで 10 年間の「稲作単一経営」の稲作部門における稲作所得の推移をみてきた．この間の動きは，10ha 未満層や 10〜20ha 層では一貫して所得が減少する傾向をみせている．とくに 10ha 未満層における減少割合が大きく，III 期の構成員所得 I はほぼゼロに近い水準にまで落ち込んでいる．また，稲作に対する各種の経営所得安定対策のもとにおいても専従者 1 人当たり所得は 300 万円を切り，経営の存続そのものに赤信号がついている．10〜20ha 層においても構成員所得 I はかつての 3 割，所得 IV でも 6 割の水準を切るまでに落ち込むなど，大幅な稲作所得の減少がみられる．2016 年の専従者 1 人当たり所得はかろうじて 400 万円を超えているものの，経営の持続性という点からは黄信号の状態に陥っていることがわかる．

　一方，20〜30ha 層や 30ha 以上層では，I 期から II 期にかけては増加，II 期から III 期にかけては減少という傾向を示し，前者の階層ではとくに III 期の減少がきわめて大きくなっている．この時期の米販売価格が他の階層に比べて大きく下落しているが，この階層が新規需要米等に積極的に取り組んでいることも 1 つの要因であることが考えられる．その減少分は，水田活用の直接支払

56

表 2-9 米の販売価格と生産販売費用の推移 (2007 年-16 年)

項目	年 次	単位	2007	2008	2009	2010	2011	2012	2013
	相対取引価格	円/kg	14,164	15,146	14,470	12,711	15,215	16,501	14,341
平均販売価格 (A)	10ha 未満	円/60kg	14,500	15,280	15,620	14,110	14,130	15,880	14,560
	10〜20ha	円/60kg	14,510	19,850	14,380	12,850	14,560	15,450	13,670
	20〜30ha	円/60kg	16,060	15,230	14,980	14,700	15,140	18,680	14,620
	30ha 以上	円/60kg	13,250	15,090	15,080	13,040	14,950	15,570	14,620
平均生産販売費用 (B)	10ha 未満	円/60kg	11,420	13,830	13,350	14,380	13,530	12,950	12,470
	10〜20ha	円/60kg	10,900	16,050	9,920	9,740	11,160	10,120	10,190
	20〜30ha	円/60kg	10,870	9,950	10,460	11,140	11,410	11,330	11,640
	30ha 以上	円/60kg	11,280	11,130	11,540	12,220	10,870	10,860	11,470
差し引き利益 (A−B)	10ha 未満	円/60kg	3,080	1,450	2,270	(270)	600	2,930	2,090
	10〜20ha	円/60kg	3,610	3,800	4,460	3,110	3,400	5,330	3,480
	20〜30ha	円/60kg	5,190	5,280	4,520	3,560	3,730	7,350	2,980
	30ha 以上	円/60kg	1,970	3,960	3,540	820	4,080	4,710	3,150

出所：農林水産省「営農類型別経営統計（組織経営編：稲作単一経営：稲作部門）」の各年次版による.
注：米の販売価格は稲作収入を米の販売量で割った値，また，生産販売費用は稲作支出（生産費及び一般
　　除く）を米の生産量で割った値である.

交付金によって補塡されているものと思われる.

　以上のような各階層の動きに比べて，30ha 以上層では，この間における変動の幅が最も小さく，いずれの時期も数パーセント程度の範囲にある．しかも，構成員所得 IV が他の階層では大きく減少する III 期においても，それほど落ち込むこともなく，むしろ I 期の水準を 1％ほど上回っている[6].

6. 米の販売価格と生産販売費用の推移

　以上，稲作単一経営の稲作部門が生み出してきた付加価値額や構成員が実際に手にするであろう稲作所得の推移について，階層別にこの 10 年間の動向をみてきた．最後に，この統計から算出することのできる玄米 60kg 当たり販売価格と生産販売費用の動きについても検討しておこう.

　経営の販売価格は稲作収入を米の販売量で除して 60kg 当たりに換算して示したものである．また，生産販売費用は生産費および一般管理費から成る稲作支出から構成員帰属分を差し引いて 60kg 当たりに換算したものである．これ

2014	2015	2016
11,967	13,175	14,305
13,240	13,700	15,550
11,660	14,270	14,750
12,770	12,320	13,010
14,500	13,760	13,880
12,830	14,890	14,020
11,200	12,520	12,680
10,180	10,160	9,900
12,300	11,100	9,730
410	(1,190)	1,530
460	1,750	2,070
2,590	2,160	3,110
2,200	2,660	4,150

管理費から構成員帰属分を

らの 10 年間の推移を示した表 2-9 によれば，米の販売価格は規模や年次によって大きく変動しており，最高価格を特定の階層が長期に実現しているような傾向はみられない．2011 年や 2012 年のように相対取引価格が比較的高位に推移していた年であっても，多くの階層の販売価格はそれを下回っており，2010 年や 2014 年，2015 年のように相対取引価格が低位に推移していた年であっても，むしろその米価を 2,000 円前後上回っている階層もみられる．

　一方，生産販売費用については，10ha 未満層の費用が一貫して他の階層よりも高い水準で推移している以外は，特定の傾向はみられない．費用の最も低い階層は年次によって変動しており，この 10 年間では 10〜20ha 層が 4 回，20〜30ha 層が 4 回，30ha 以上層が 2 回ほど最低位となっている．もっとも，後半の年次の動きをみると，最低位の階層が 10〜20ha 層から 20〜30ha 層へ，20〜30ha 層から 30ha 以上層へと移動する傾向もみることができる．

　稲作経営者にとっては，高品質の米を低コストで生産し，それを高価格で販売することが最大の課題であるが，米の販売価格から生産販売費用を差し引いた差額（利益）が大きければ，多少コストがかかっても米を生産する．この販売価格から生産販売費用を差し引いた差額（利益の大きさ）を計算して示したものが表の最下段である．こうした利益幅も年次によって大きく変動しているが，20〜30ha 層がほぼ過半の年次においてトップの座を占めている．しかし，直近の 2015 年，2016 年の 2 カ年に限ってみれば，30ha 以上層がトップに立っており，この階層の今後の動きが注目される．

7.　米生産費の近年の動向

　農林水産省「農業経営統計調査」の重要な一翼をなす「米生産費調査」では，規模別生産費や地域別生産費などのほかに，全算入生産費の生産費階層別度数

分布とその累積割合をも公表している．この 2007 年から 2016 年までのデータを整理して示したものが表 2-10 である．米生産費調査の調査対象となっている全国の 1 万弱の米生産者の調査結果を，全算入生産費の低い方から順に並べて，その生産者の水稲作付面積の累積面積割合を示したものである．まず，米生産費が 14,000 円未満にある生産者の作付面積の累積割合をみると，2007 年は 39.2% であったものが，その後，徐々に増加して 2013 年には 50% を超え，2016 年には 57.4% にまで増加している．このことは，この 10 年間で米生産費 14,000 円未満で生産されている水稲の作付面積が 4 割から 6 割近くにまで増えたということであり，調査対象生産者の構成が変わらなければ，18% の作付面積が生産費の低減によって 14,000 円未満のグループに属するようになったということである．次に生産費が 12,000 円のラインをみると，2007 年の 20.6% から 2016 年の 39.2% へと 19 ポイントほど上昇している．やはり，19% の作付面積がコスト低減によって生産費が 12,000 円以上のグループから，12,000 円未満のグループへ移動したことがわかる．続いて 10,000 円のラインをみると，2007 年の 6.4% から 2016 年の 14.7% へ 8 ポイントほど上昇している．この間に全体の 8% の作付面積が 10,000 円以上からそれ未満へのコスト低減が進められたということである．しかし注意すべきは，生産費 10,000 円未満の作付面積は 2011 年においてすでに 7.2% を占めており，2013 年には 9.9% にまで増加した後，その後 2015 年まではむしろ減少している点である．2016 年になって一挙に割合が 7 ポイントほど増えているが，こうした動きには，多収穫米の導入など，水稲品種構成の変化などが影響していることを想定させる．従来の慣行稲作においてみられるコスト低減の動きであるかどうかは，なおこれから数年の動きをみる必要があろう．とはいえ，前掲表 2-8 や表 2-9 などでみられた 2016 年における 30ha 以上層の新たな動きなどを勘案すれば，わが国の稲作にも新しい胎動がみられつつあるのかもしれない．最後の 8,000 円未満の生産者については，2010 年以降の累積値しか示されていない．0.2% から 0.9% というきわめて僅かな変化ではあるが，この割合も上昇する傾向をみせている．

　以上のように，圃場レベルでの生産費ではあるが，徐々に米の生産コストは低下する傾向がみられ，米生産費調査が行われている対象水田のうち，すでに 4 割近くで 12,000 円/60kg 未満の米生産が行われており，さらにその中で，全

第 2 章　水田作経営の経営収支をめぐる諸問題　　　　　59

表 2-10　全算入生産費別にみた水稲作付面積の累積割合

（単位：累積%）

玄米 60kg 当たり全算入生産費	2007	2008	2009	2010	2011	2012	2013	2014	2015	2016
20,000 円以上	100.0	100.0	100.0	100.0	100.0	100.0	100.0	100.0	100.0	100.0
160,000〜20,000 円	77.5	76.8	76.8	76.6	79.0	79.4	84.1	82.8	82.5	83.9
15,000〜16,000 円	56.4	56.8	55.8	57.9	58.8	60.0	66.0	64.3	64.6	68.7
14,000〜15,000 円	47.8	49.8	48.7	51.0	54.1	52.8	58.7	57.2	57.3	63.2
13,000〜14,000 円	39.2	42.7	38.5	42.6	45.2	46.6	51.2	48.5	49.7	57.4
12,000〜13,000 円	29.1	34.5	30.1	33.7	35.5	38.5	40.9	39.2	40.2	48.3
11,000〜12,000 円	20.6	25.5	18.8	22.1	26.2	26.8	30.7	28.7	32.4	39.2
10,000〜11,000 円	13.9	14.7	10.8	11.9	17.9	16.4	18.8	18.1	19.7	27.5
9,000〜10,000 円				3.7	7.2	6.7	9.9	7.9	7.6	14.7
（10,000 円未満）	6.4	5.5	4.4							
8,000〜9,000 円				1.2	2.1	2.6	1.9	1.9	2.1	3.3
8,000 円未満				0.2	0.3	0.3	0.1	0.2	0.7	0.9

出所：農林水産省「米生産費調査」の各年次版による．
注：「米生産費調査」の調査対象事例の全算入生産費を，低い方から順に並べて，その水稲作面積の
　累積割合を示したものである．

体の 15% の水田で 10,000 円未満の米づくりが行われていることがわかる．

8.　麦類作部門と白大豆作部門の経営収支

　先述したように，水田作経営の統計では「麦類作経営」と「白大豆作経営」
の統計も作成されている．最後に，この 2 つの統計によって麦類作部門と白大
豆作部門の経営収支について検討しておこう．2016 年における 2 つの部門の
経営収支を示したものが表 2-11 ならびに表 2-12 である．
　まず，麦類作部門であるが，この統計では 20ha 未満（平均麦作面積 9.9ha），
20〜30ha（同 25.0ha），30ha 以上（同 57.3ha）の 3 階層に区分されて経営収支
が示されている．麦作収入をみると，20ha 未満層でおよそ 100 万円，20〜
30ha 層で 200 万円，30ha 層でも 600 万円となっており，いずれの階層もそれ
ほど高い販売金額ではないことがわかる．水田裏作麦ということもあって，
10a 当たり単収も低く，また米などに比べると販売単価が低いためである．一
方，麦作支出をみると，階層別にそれぞれ 650 万円，1,570 万円，3,680 万円と

表 2-11　麦類作部門の経営収支（2016 年：水田作付

規模階層	麦作面積	麦作単収	麦作収入	麦作支出	うち構成員帰属分	営業利益	共済・補助金等受取金
	a	kg/10a	千円	千円	千円	千円	千円
20ha 未満	993	264	1,093	6,488	1,599	△5,395	6,776
20〜30ha	2,500	262	2,164	15,752	3,948	△13,588	16,639
30ha 以上	5,730	338	6,185	36,776	9,457	△30,591	40,630

出所：農林水産省「営農類型別経営統計（組織営編：麦類作経営）」2016 年版による.

表 2-12　白大豆作部門の経営収支（2016 年：水田作付

規模階層	白大豆作面積	白大豆作単収	白大豆作収入	白大豆作支出	うち構成員帰属分	営業利益	共済・補助金等受取金
	a	kg/10a	千円	千円	千円	千円	千円
10ha 未満	636	143	2,053	4,760	1,439	△2,707	4,342
10〜20ha	1,415	194	4,418	10,548	3,142	△6,130	10,533
20ha 以上	4,607	154	9,494	32,155	8,565	△22,661	32,513

出所：農林水産省「営農類型別経営統計（組織経営編：白大豆作経営）」2016 年版による.

なっており，稲作ほどではないものの，耕起，播種，収穫などの作業が必要であることから，多くの経費がかかっていることがわかる．このために，麦作部門の営業利益はいずれの階層においても大幅な赤字になっている．こうした厳しい経営状況を支えているのが，政府の転作麦に対する経営支援政策である．麦類作部門の共済・補助金等受取額は 20ha 未満層で 700 万円弱，20〜30ha 層で 1,700 万円弱，30ha 以上層では 4,000 万円を超えている．こうした経営支援政策もあって，麦作所得は 20ha 未満層でおよそ 300 万円，20〜30ha 層では 700 万円，30ha 以上層では 1,900 万円が確保されている．また，これを専従換算した麦作従事者（構成員及び雇用者を含む）1 人当たり麦作所得は，20ha 未満層では 780 万円，20〜30ha 層では 700 万円，30ha 以上層では 1,300 万円弱となっている．麦作の専従者 1 人当たり所得は，稲作のそれよりもかなり高い水準にあることがわかる．

第2章　水田作経営の経営収支をめぐる諸問題　　61

面積規模別)

うち水田活用の直接支払交付金	うち畑作物の直接支払交付金	麦作部門所得	専従者1人当たり麦作所得
千円	千円	千円	千円
3,288	2,793	2,980	7,842
7,344	7,942	6,999	6,929
18,403	20,392	19,496	12,911

面積規模別)

うち水田活用の直接支払交付金	うち畑作物の直接支払交付金	白大豆作部門所得	専従者1人当たり白大豆作所得
千円	千円	千円	千円
2,445	1,709	3,074	10,247
4,518	5,044	7,545	17,148
15,831	13,980	18,417	17,540

こうした麦類作部門の経営収支から読めることは，水田作経営において，10ha前後（20ha未満層）の転作麦に取り組めば，経営の農業所得がおよそ300万円，また専従者1人当たり800万円弱の所得が追加されること，そして25ha前後（20〜30ha層）の転作麦では前者が700万円，後者が700万円，57ha前後（30ha以上層）では前者が2,000万円，後者が1,300万円，それぞれ追加所得として加算されるということである．

次に，白大豆作部門であるが，ここでは10ha未満（平均白大豆作面積6.4ha），10〜20ha（同14.2ha），20ha以上（同46.1ha）の3階層に区分して経営収支が示されている．

まず白大豆作収入は10ha未満層では200万円，10〜20ha層では440万円，20ha以上層では950万円である．10a当たり販売単価は麦作に比べると3倍ほど高くなっている．一方，生産に必要な白大豆作の支出は，10ha未満層で480万円弱，10〜20ha層で1,050万円，20ha以上層で3,200万円であり，やはり差し引きした白大豆作の営業利益は大幅な赤字である．このため，白大豆作においても経営支援政策によって経営が支えられている．白大豆作部門の共済・補助金等受取額は，10ha未満層で400万円強，10〜20ha層で1,000万円強，20ha以上層で3,200万円である．こうした支援政策もあって，白大豆作部門の所得は，10ha未満層では300万円，10〜20ha層では750万円，20ha以上層で1,800万円となっている．これを専従者1人当たり所得に換算すると，10ha未満層ではおおよそ1,000万円，10〜20ha層や20ha以上層では1,700万円となる．

こうした白大豆作部門の経営収支からは，水田作経営においては，6ha 前後（10ha 未満層）の転作白大豆に取り組めば，経営の農業所得がおよそ 300 万円，また専従者 1 人当たりにして 1,000 万円弱の所得が追加され，14ha 前後（10〜20ha 層）の転作白大豆では前者が 750 万円，後者が 1,700 万円，46ha 前後（20ha 以上層）では前者が 1,800 万円，後者が 1,750 万円，それぞれ追加所得として加算されることがわかる．

麦類作や白大豆作を通じた水田転作への取り組みは，毎年 8 万トンほど減少している食用米需要に対応した生産目標数量の達成に大きく貢献してきただけでなく，水田活用を通じた水田作経営の規模拡大や農業所得の増加にも貢献してきた．しかも，前掲表 2-11 および表 2-12 の経営収支の結果は，経営支援政策に大きく支えられているとはいえ，水稲作に比べても遜色のない，むしろそれをも上回る部門所得や専従者所得の確保を通じて，水田作経営の複合化や規模拡大を側面から支えてきたということを示している．

こうした水田転作への経営支援政策の強化が，他方では，水田作経営の補助金への依存割合を大きく引き上げる要因になっており，これまでも度々みられた政策変更が経営の存続をも左右する，いわゆる「政策リスク」への経営者の不安を高めている．

注

1) 後に分析する稲作単一経営の補助金の割合に比べると低くなっているが，この経営では稲作収入のほかに転作作物や施設野菜等の販売収入も含めた粗収益を分母に計算しているためである．
2) 統計を細細区分することによって調査対象経営（サンプル）の数が少なくなり，時系列分析の場合，調査対象経営の変更等によるデータ変動の影響を受けやすくなる可能性がある．本稿はこうした弱点があることをふまえた上での分析であることを，あらかじめお断りしておきたい．
3) アメリカの 2012 年農業センサスなどでも，個人経営やパートナーシップ，会社などという異なる企業形態（regal status of farm：2012 年農業センサス）の経営収支を相互に比較するために，こうした方法によって経営者労働報酬（operator's labor and management income）が算出されている．
4) 法人会計では当期の赤字分を次期会計に繰り越すこともできるが，ここでは 1 会計年度主義を仮定している．
5) この III 期の水田活用の直接支払交付金が他の階層に比べると多い（前掲表 2-6 参

照）ことから，加工用米や飼料用米などの作付増加によるものであることが考えられる．

6) この30ha以上層については，2016年の販売米価が2012年よりも1,700円/60kgも低いにもかかわらず，同じ程度の所得水準を実現している点など，今後の推移を見ていく必要があろう．国による米の生産目標数量の配分が廃止される2018年以降のデータの検討も含めて，今後の課題としたい．

第3章

企業形態別・規模別にみた大規模経営の特徴
－2015 年農林業センサスの分析－

八 木 宏 典・安 武 正 史

2015 年農林業センサスによれば，わが国の水田を有する経営体のうち，販売目的で稲の作付を行っている経営体の数は 95 万 2 千経営体，その総水田面積は 178 万 3 千 ha である．これは水田を有する経営体の 83％にあたり，その面積の割合は 92％である．この企業形態別，水田面積規模別の経営体数ならびに水田面積を示したものが表 3-1 である．

企業形態では家族非法人が圧倒的に多く 93 万 9 千経営体で，全体の 99％を占め，次いで組織非法人が 4,055 経営体，農事組合法人が 3,662 経営体，会社法人が 3,585 経営体となっている．また，家族法人は 1,355 経営体，各種団体その他は 450 経営体である．

水田面積規模別では，10ha 未満層が 92 万 6 千経営体で全体の 97％を占めており，10ha 以上の経営体は 2 万 6 千経営体で，総数に比べればまだその数は多くはない．しかし，10ha 以上の経営体が耕作する水田面積は 60 万 3 千 ha で，その面積割合は総水田面積の 34％に達している．もっとも，10ha 以上層の中では，家族非法人の 10～30ha 層が 26 万 7 千 ha を耕作しており，この家族非法人を除く家族法人，農事組合法人，会社法人，各種団体その他，ならびに組織非法人の耕作する水田面積は 27 万 9 千 ha で全体の 16％である．

こうした経営体のうち，本稿では 10ha 以上の階層にしぼり，農林業センサス個票の組替集計を通じて，企業形態別・水田面積規模別にみたこれら経営体の特徴を明らかにしてみよう．

1. 販売金額区分別にみた経営体の割合

農林業センサスの販売金額に関する調査は，かつては農家が中心であったこ

第3章　企業形態別・規模別にみた大規模経営の特徴　　65

表 3-1　企業形態別・水田面積規模別にみた稲作経営の数と水田面積（2015年）

経営体数

（単位：経営体）

企業形態	10ha 未満	10〜30ha	30〜50ha	50〜100ha	100ha 以上	計
家族非法人	920,687	17,177	1,167	194	19	939,244
家族法人	880	296	139	35	5	1,355
農事組合法人	867	1,619	718	375	83	3,662
会社法人	1,791	946	465	293	90	3,585
各種団体その他	335	63	21	25	6	450
組織非法人	1,479	1,398	697	378	103	4,055
計	926,039	21,499	3,207	1,300	306	952,351

水田面積

（単位：ha）

企業形態	10ha 未満	10〜30ha	30〜50ha	50〜100ha	100ha 以上	計
家族非法人	1,161,758	266,777	42,128	11,743	2,901	1,485,307
家族法人	2,004	5,717	5,193	2,196	593	15,704
農事組合法人	4,275	31,200	26,971	24,449	13,597	100,492
会社法人	5,560	17,420	17,959	19,470	12,879	73,288
各種団体その他	828	1,127	759	1,665	1,142	5,522
組織非法人	5,397	27,096	26,533	24,913	18,420	102,358
計	1,179,822	349,337	119,543	84,436	49,532	1,782,671

出所：農林業センサス個票を組替集計して算出した．組替集計にあたっては，農研機・中央農業研究
　　　センター企画部 産学連携チーム：安武正史氏のご協力をいただいた（組替集計にあたっては，
　　　「YASUTAKE 集計ソフト」を使用した）．
注：家族経営体・非法人は「家族非法人」，家族経営体・法人（いわゆる一戸一法人）
　　は「家族法人」，組織経営体・農事組合法人は「農事組合法人」，組織経営体・会社法人は「会社
　　法人」，各種団体およびその他法人は「各種団体その他」，組織経営体・非法人は「組織非法人」
　　と簡略化して表記した．以下，全ての表で同じである．なお，「家族法人」の中には364の家族
　　型の農事組合法人が含まれている．

ともあり，また，これが税務等の個人情報に関わる事項でもあることから，その把握の精度については，従来からそれほど高くはないと言われてきた．従って，データをみるに当たっては，あらかじめこうした点についてふまえておく必要があろう．しかし，販売金額が7,000万円ある経営体が300〜500万円などと回答する極端なケースはあまり考えられず，その区分よりも低い区分枠を回答するということはあろうが，おおよその傾向はつかめるものと思われる[1]．

　水田面積が10ha以上の経営体について，企業形態別，水田面積規模別に販売金額区分の割合を示したものが表3-2である．それぞれの階層で販売金額区分の回答にはかなりのバラつきのあることがわかる．個々の経営体によって経

表 3-2 販売金額区分別の経営体割合（10ha 以上，

企業形態	販売金額区分	10～30ha	30～50ha	50～100ha	100ha 以上	企業形態	販売金額区分
家族非法人	100 万円未満	1	1	2	0	会社法人	100 万円未満
	100～300 万円	2	1	1	0		100～300 万円
	300～500 万円	5	1	2	5		300～500 万円
	500～1 千万円	36	5	3	0		500～1 千万円
	1～3 千万円	49	58	32	21		1～3 千万円
	3～5 千万円	5	28	29	37		3～5 千万円
	5 千～1 億円	1	7	28	26		5 千～1 億円
	1～3 億円	0	0	2	11		1～3 億円
	3 億円以上	0	0	1	0		3 億円以上
	計	100	100	100	100		計
家族法人	100 万円未満	1	0	0	0	各種団体その他	100 万円未満
	100～300 万円	0	1	0	0		100～300 万円
	300～500 万円	1	1	0	0		300～500 万円
	500～1 千万円	13	1	6	0		500～1 千万円
	1～3 千万円	55	48	17	0		1～3 千万円
	3～5 千万円	17	29	40	0		3～5 千万円
	5 千～1 億円	11	19	31	60		5 千～1 億円
	1～3 億円	1	1	6	40		1～3 億円
	3 億円以上	0	0	0	0		3 億円以上
	計	100	100	100	100		計
農事組合法人	100 万円未満	1	1	0	0	組織非法人	100 万円未満
	100～300 万円	3	2	0	1		100～300 万円
	300～500 万円	5	1	0	2		300～500 万円
	500～1 千万円	25	4	1	2		500～1 千万円
	1～3 千万円	61	19	4	7		1～3 千万円
	3～5 千万円	4	62	45	5		3～5 千万円
	5 千～1 億円	1	9	44	41		5 千～1 億円
	1～3 億円	0	2	6	38		1～3 億円
	3 億円以上	0	0	0	2		3 億円以上
	計	100	100	100	100		計

出所：表 3-1 に同じ（組替集計にあたっては，「YASUTAKE 集計ソフト」を使用した）.

営事情が異なるということであろうが，ここでは参考のために水田 10a 当たり販売金額の基準を 10 万円と設定してみた．米作りにおいては最低この程度の販売金額が必要ではないかと思われるが，この金額に特別の根拠があるわけではない．転作麦や大豆，あるいは飼料用米を作れば，販売金額そのものはこの水準を下回るであろうし，また，野菜を栽培してこの金額を上回ったとしても，

第 3 章　企業形態別・規模別にみた大規模経営の特徴　　　67

2015 年）

（単位：%）

10～30ha	30～50ha	50～100ha	100ha 以上
1	0	1	1
3	0	1	0
2	0	1	0
15	4	1	0
51	10	6	3
14	52	29	9
9	26	51	42
4	6	8	44
2	2	1	1
100	100	100	100
5	0	0	0
2	6	0	0
2	0	0	0
38	13	11	0
44	38	11	0
5	38	44	33
5	6	33	33
0	0	0	33
0	0	0	0
100	100	100	100
2	2	1	1
6	2	1	0
7	2	0	0
25	9	3	2
56	33	10	4
3	43	54	9
1	10	28	41
0	0	4	34
0	0	0	9
100	100	100	100

利益が出るかどうかは別問題である．とりあえずこの水準を１つの「物指し」にして，企業形態別，水田面積規模別にみた販売金額の状況を眺めてみようということである．

10a 当たり 10 万円という基準で階層ごとの最低面積で得られる販売金額を算出すると，10～30ha 層では 1,000 万円，30～50ha 層では 3,000 万円，50～100ha 層では 5,000 万円，100ha 以上層では１億円となる．この販売金額を１つの基準にして，この金額以上の販売収入を得ている経営体の割合をみてみよう．

まず 10～30ha 層で 1,000 万円以上の割合の高い企業形態は家族法人と会社法人であり，それぞれ 80% を超えている．続いて農事組合法人と組織非法人の 60% 台，家族非法人と各種団体その他の 50% 台となっている．分析の対象としている経営体は「稲単一経営」に限っているわけではないので，水田面積の小さい経営の中には，稲作以外の高収益部門が中心になっている経営体もあ

るということである．なお，この階層ではどの企業形態でも販売金額が 300 万円未満とするものが数パーセントずつ存在しており，回答に幅がみられる．

次いで，30～50ha 層で 3,000 万円以上の割合が高い企業形態は，会社法人の 86% であり，次いで農事組合法人の 73% がこれに続いている．この２つの企業形態では 50～100ha 層でも 5,000 万円以上の経営体割合が高く，それぞれ

60％と50％となっている．会社法人や農事組合法人などで販売収入の強化にとり組んでいる経営が多いということであろう．

次に割合の高い企業形態は，組織非法人と家族法人であり，30〜50ha層では5割前後，50〜100ha層では3割強，100ha以上層では4割となっている．組織非法人や農事組合法人などでは販売金額区分の回答に大きなバラつきがみられるが，家族法人ではそれほど大きなバラつきはみられない．前2者の経営体が様々な地域の立地条件や圃場条件のもとに設立されていることをうかがわせる．また，家族非法人の経営体でも各階層ともに基準金額を超える経営体割合が低く，しかも回答にバラつきがみられる．家族経営の農業収支に関する経理のあり方なども影響している可能性がある．

全体に規模が大きくなるほど販売金額の基準を超える経営体の割合は低下しており，必ずしも大規模化が販売金額の上昇に結びついているわけではない現状がみてとれる．この理由の1つに，単位面積当たり販売額の低い転作の麦・大豆に上層の方が多く取り組んでいることがある．もっとも，会社法人と農事組合法人の販売金額は，他の形態の経営体に比べると高く，100ha以上層では3億円以上の販売金額をあげている経営体も存在している．

以上のように，水田稲作を行う10ha以上の経営体の中には，販売金額が300万円未満と答えたものが数パーセントずつあるものの，その一方で，1億円以上と答えた経営体の数も全国で200を超えている．水田農業の分野でも高い販売金額を達成している経営体が出現しているということであろう．しかし，全体としてみれば，経営の収益性に問題を抱えている経営体が多数にのぼっているという現実も，この表から読みとることができる．

2. 常雇の導入と組織経営体の労働力構成

農林業センサスでは，7カ月以上の雇用契約（口頭でも可）で農業に従事する者を常雇と定義している．水田稲作を行っている全国の95万2千経営体で雇用されている常雇の数は，家族非法人や家族法人に雇われている者も含めると，男子35,900人，女子32,000人，男女合わせて67,900人である．

これを年齢別にみると，男子では15〜34歳が25％，35〜44歳が14％，

第3章　企業形態別・規模別にみた大規模経営の特徴　　69

45〜65歳が34％，65歳以上が27％で，45〜64歳を峰にした若手，高齢者が
ほぼ同じ割合で雇用される山型の構成となっている．女子の場合も，45〜64
歳が41％でやや高い山を形成しているものの，男子と同じような構成で雇用
されている．農業従事者の高齢化が大きく進んでいる中で，水田作では男女と
もに比較的若い従業員も常雇として雇われていることがわかる．

　しかし，これを企業形態別にみると，組織非法人では45〜64歳ならびに65
歳以上が男子では9割，女子でも8割を占めており，集落営農では常雇の多く
が高齢者によって占められていることがわかる．この傾向は農事組合法人にお
いても同じ傾向がみられ，男子，女子ともに45歳以上の常雇が7割以上を占
めている．おそらく地域で活躍してきたオペレーターや定年退職後の就農者，
農業に専従してきた高齢の構成員などが雇用されているためであろう．

　これに対して，家族法人では4割の常雇が15〜34歳の若手であり，会社法
人でも，45〜64歳の中堅の常雇が中心になっているとはいえ，3割が若手によ
って占められている．これらの経営体では，長い農業経験のある者が常雇とし
て雇われ，さらに規模拡大にともなって，新たに若い従業員が雇用されている

表3-3　企業形態別・規模別にみた1経営体当たり常雇人数
（10ha以上，2015年）

（単位：人/経営体）

企業形態		10〜30ha	30〜50ha	50〜100ha	100ha以上
家族非法人	男子	0.1	0.5	1.3	2.3
	女子	0.1	0.2	0.4	0.8
家族法人	男子	0.6	0.6	1.3	4.2
	女子	0.5	0.4	0.3	1.2
農事組合法人	男子	1.0	1.3	1.9	4.6
	女子	0.3	0.3	0.6	2.1
会社法人	男子	2.1	2.6	4.1	5.9
	女子	1.1	1.2	1.6	2.7
各種団体その他	男子	1.6	0.6	0.7	0.5
	女子	0.5	0.1	0.2	0.2
組織非法人	男子	0.6	0.7	0.4	0.1
	女子	0.1	0.1	0.0	0.0

出所：表3-1に同じ（組替集計にあたっては，「YASUTAKE集計ソフト」を使
用した）．

70

表3-4 販売金額で区分した経営体の1経営体当たり常雇人数 (2015

企業形態	項目	10〜30ha		30〜50ha		50〜100ha	
		低販売金額グループ	高販売金額グループ	低販売金額グループ	高販売金額グループ	低販売金額グループ	高販売金額グループ
家族非法人	男子	0.1	0.2	0.4	0.6	0.9	2.1
	うち15〜34歳			0.1	0.2	0.2	0.5
	女子		0.2	0.1	0.3	0.2	0.7
家族法人	男子	0.5	0.6	0.3	0.9	1.0	1.8
	うち15〜34歳	0.2	0.2	0.1	0.4	0.4	0.4
	女子	0.1	0.5	0.2	0.7	0.4	0.3
農事組合法人	男子	0.7	1.2	1.1	1.7	1.7	2.1
	うち15〜34歳		0.1	0.1	0.3	0.3	0.5
	女子	0.1	0.4	0.2	0.5	0.4	0.9
会社法人	男子	1.0	2.3	1.8	3.1	2.9	5.1
	うち15〜34歳	0.2	0.8	0.4	1.1	0.9	1.7
	女子	0.3	1.3	0.6	1.5	0.7	2.3
各種団体その他	男子	1.6	1.7		1.4	0.5	1.5
	うち15〜34歳	0.3	0.4	0.1	0.4	0.1	0.3
	女子	0.1	0.1	0.1	0.1	0.2	0.3
組織非法人	男子	0.7	0.6	0.7	0.7	0.3	0.5
	うち15〜34歳						
	女子	0.1	0.1	0.1	0.1		

出所：表3-1に同じ（組替集計にあたっては、「YASUTAKE集計ソフト」を使用した）.
注：10〜30ha層の低販売金額グループは経営体の販売金額が1,000万円未満のもの，高販売金額グルー
30〜50ha層の低販売金額グループは経営体の販売金額が3,000万円未満のもの，高販売金額グループ
50〜100ha層の低販売金額グループは経営体の販売金額が5,000万円未満のもの，高販売金額グルー
100ha以上層の低販売金額グループは経営体の販売金額が1億円未満のもの，高販売金額グループは
ぞれのグループに分類した.

状況がうかがわれる.

　企業形態別，水田面積規模別に1経営体当たり常時雇用者の人数を男女別に示したものが表3-3である．まず，男子雇用者が最も多い経営体は会社法人の100ha以上層で，平均5.9人の常雇が雇用されている．会社法人では50〜100ha層では4.1人，30〜50ha層や10〜30ha層でも2人以上が雇用されており，他の企業形態の経営体に比べて常雇の数が多い．また，会社法人では，どの階層においても女子の常雇が平均して1人以上雇用されており，農産物の加工，販売や経理などのスタッフとして女性が活躍している様子がうかがわれる.

（単位：人）

100ha 以上	
低販売金額グループ	高販売金額グループ
2.5	0.5
0.5	0.5
0.7	1.5
5.0	3.0
1.0	1.5
1.7	0.5
3.4	6.3
1.0	2.3
1.2	3.5
4.3	7.9
1.5	3.3
1.3	4.3
5.5	
2.0	
0.3	
0.1	0.1

プ 1,000 万円以上のもの，
は 3,000 万円以上のもの，
プは 5,000 万円以上のもの，
1 億円以上のもの，をそれ

次に常雇の多い企業形態は農事組合法人であり，100ha 以上層では平均 4.6 人が雇用されている．後述するように，農事組合法人や組織非法人では，組織そのものの性格から，構成員の数がきわめて多い組織構造になっているが，法人化した農事組合法人では，作業の中心となるオペレーターなどが常雇として雇用されているためであろう．他の階層の農事組合法人でも平均して 1 人以上の常雇が雇用されているが，こうした常雇の中には，高齢化したスタッフとともに，将来の組織の後継者候補として期待されているスタッフなどが含まれているものと推察される．

家族法人や家族非法人の経営体でも 100ha 以上層では 4 人以上あるいは 2 人以上の常雇が雇用されており，50〜100ha 層でも 1 人以上が雇用されている．家族経営であっても，水田面積規模が 50ha を超えるようになると，どの経営体でも常雇の導入が不可欠になっていることがわかる．

各種団体その他，ならびに組織非法人では常時雇用者はあまり雇われていない．組織非法人は組織に参加している構成員によって運営される任意組織であるために，常時雇用の仕組みそのものにはなじまないためであろう．

以上のように，近年においては水田農業の分野でも，会社法人や農事組合法人を中心に活発に常雇の導入が行われており，家族法人や家族非法人の経営体でも 50ha を超える経営では平均 1 人以上の常雇が雇用されている．これらの経営では，常雇の導入が経営の規模拡大のための不可欠な要素となっていることがわかる．一方で，家族法人や家族非法人の経営体の多くでは，従来のような家族労働力を中心とした営農が行われ，組織非法人では構成員を中心とした営農が行われている．

販売金額区分別の経営体割合を示した前掲表 3-2 では，10a 当たり 10 万円の販売金額基準をもとにそれぞれの規模階層における経営体の販売金額基準を

設定したが，この基準よりも販売金額が多い経営体のグループを「高販売金額グループ」，少ない経営体のグループを「低販売金額グループ」と定義して，それぞれの企業形態と水田面積規模ごとに1経営体当たり常雇人数を再集計して示したものが表3-4である[2]．家族非法人と家族法人の100ha以上層，ならびに常雇の少ない組織非法人を除くと，いずれの形態や規模階層においても高販売金額グループの方が男女ともに常雇人数が多いことがわかる．とくに会社法人と農事組合法人の100ha以上層の雇用人数が突出している点が注目される．これらの企業形態の大規模層では，規模拡大の上でも，また販売収入の向上のためにも，多数の常雇の導入が不可欠になっているためであろう．一方，組織非法人などでは，中堅となるオペレーターを雇用者として採用しているものの，多くの農作業を担う労働力は組織の構成員であり，そのために雇用人数は少ない．

　ところで，農林業センサスでは，組織経営体については，経営の労働力構成についても調査している．この結果を企業形態別，水田面積規模別に整理して1経営体当たり人数として示したものが表3-5である．なお，労働力構成には，組織に参加する構成員のほかに，常雇や臨時雇の人数も含まれていることに注意されたい．まず，男女合わせた総人数をみると，組織非法人の人数が最も多く平均して21人となっている．しかも，これを規模別にみると，100ha以上層では116人と実に100人を超える多人数となっている．この経営体の男子の農業従事日数をみると，150～249日（41人）と1～59日（31人）の従事者グループに大きく分かれている．組織非法人では，専従的に出役するグループと臨時的に出役するグループに構成員が大きく分かれていることがわかる．

　次いで，組織非法人の50～100ha層では39人，30～50ha層では25人，10～30ha層では18人の労働力構成になっているが，これらの階層では農業従事日数が1～59日の者も多く，専従者として出役する人数はきわめて限られていることがわかる．

　経営体当たり労働力が次に多い企業形態は農事組合法人で，平均して17人である．しかし，規模階層別にこれをみると大きな違いがあり，100ha以上層では54人と多くの労働力によって構成されている．しかも男子労働力では，農業従事日数150日以上の者が32人と全労働力の6割を占めている．このほ

第 3 章　企業形態別・規模別にみた大規模経営の特徴　　　73

かにも，50〜100ha 層では 26 人，30〜50ha 層では 21 人，10〜30ha 層では 16
人となっており，この形態の経営体では多くの労働力が農業に専従しているこ
とがわかる．農事組合法人としての組織の性格から，一部に常雇の雇用などが
行われているものの，基本的には比較的高齢の専従構成員によって営農が担わ
れているためであろう．

　各種団体その他の経営体の労働力人数は平均して 12 人である．この中で，
100ha 以上層が 76 人と突出しており，しかもその多くが従事日数 60〜149 日
の臨時的な男子労働力であるというほかは，各階層とも組織非法人や農事組合
法人などと比べるとそれほど労働力は多くはない．

　経営体当たり最も労働力人数の少ない企業形態は会社法人であり，平均して
わずか 5 人である．階層別には 100ha 以上層が 14 人，50〜100ha 層が 7 人，
30〜50ha 層が 6 人，10〜30ha 層が 6 人となっており，このうち，農作業の中
心となる従事日数 150 日以上の男子労働力（専従者）の数をみると，100ha 以
上層では 9 人，50〜100ha 層，30〜50ha 層，10〜30ha 層では 3 人である．労
働力に占める専従者の割合が高いが，こうした専従者の中には，組織の役員や
子弟従業員のほかに，7 カ月以上の雇用契約で雇われている常雇が含まれてい
るものと推定される．

　ところで，こうした基幹的な労働力 1 人当たりでどの程度の水田面積を耕作
しているのであろうか．こうした点をみる一助として，農業従事日数 150 日以
上の男子労働力（専従者）1 人当たり水田面積を算出して，企業形態別，水田
面積規模別に示したものが表 3-6 である．男子専従者 1 人当たり面積が最も大
きい階層は，会社法人の 50〜100ha 層であり，その面積は平均しておよそ
20ha である．次いで，会社法人の 100ha 以上層や農事組合法人の 50〜100ha
層，各種団体その他などの 15ha 前後，そして会社法人の 30〜50ha 層や農事
組合法人の 12ha 前後の順となっている．その一方で，組織非法人や他の企業
形態の中間層などでは，男子専従者 1 人当たり面積は 10ha に満たないものが
多い．

　以上のように，組織経営体の労働力構成は企業形態や水田面積規模によって
大きく異なっており，このために，男子専従者 1 人当たり水田面積にも大きな
違いのあることがわかる．このことは，水田作業の効率性や労働費などの経費

表 3-5　従事日数別にみた経営体当たり労働力構成
（2015 年）

（単位：人／経営体）

企業形態	男女別従事日数		10ha 未満	10〜30ha	30〜50ha	50〜100ha	100ha 以上	平均
農事組合法人	男子	1〜59 日	4.5	7.2	9.2	12.0	8.6	7.5
		60〜149 日	1.5	3.3	4.3	5.8	6.0	3.4
		150〜249 日	0.9	2.1	2.4	2.9	14.9	2.2
		250 日以上	0.6	0.8	0.8	1.3	16.9	1.2
		小 計	7.5	13.3	16.6	22.0	46.3	14.2
	女子	1〜59 日	1.0	2.2	2.9	3.3	2.3	2.2
		60〜149 日	0.3	0.5	0.7	0.6	1.4	0.5
		150〜249 日	0.3	0.2	0.3	0.3	3.8	0.3
		250 日以上	0.2	0.1	0.1	0.2	0.5	0.1
		小 計	1.8	3.0	4.1	4.3	7.9	3.2
会社法人	男子	1〜59 日	0.6	0.9	0.8	0.8	2.2	0.8
		60〜149 日	0.4	0.6	0.4	1.3	1.4	0.5
		150〜249 日	0.6	0.8	1.3	1.4	4.7	0.9
		250 日以上	1.4	1.9	1.9	2.4	3.8	1.7
		小 計	3.0	4.2	4.5	5.5	12.1	3.9
	女子	1〜59 日	0.3	0.4	0.3	0.3	0.4	0.3
		60〜149 日	0.2	0.2	0.2	0.2	0.2	0.2
		150〜249 日	0.5	0.3	0.4	0.4	0.4	0.4
		250 日以上	0.6	0.5	0.5	0.5	0.5	0.6
		小 計	1.6	1.5	1.4	1.4	1.6	1.5
各種団体その他	男子	1〜59 日	2.9	3.4	7.9	13.0	9.8	3.8
		60〜149 日	2.9	3.2	2.0	5.4	65.7	3.8
		150〜249 日	1.3	4.8	2.6	2.4	0.2	1.9
		250 日以上	0.8	0.5	2.7	2.1	0.0	0.9
		小 計	7.8	11.9	15.1	23.0	75.7	10.4
	女子	1〜59 日	0.7	1.0	1.7	2.3	0.3	0.9
		60〜149 日	0.3	1.2	0.2	0.7	0.0	0.5
		150〜249 日	0.3	0.6	0.5	0.0	0.0	0.4
		250 日以上	0.1	0.1	0.8	0.1	0.0	0.2
		小 計	1.5	2.9	3.2	3.1	0.3	1.9
組織非法人	男子	1〜59 日	6.7	8.7	9.5	11.0	31.2	8.9
		60〜149 日	1.5	4.0	7.0	12.0	20.2	4.8
		150〜249 日	0.3	1.5	3.3	7.2	41.4	2.9
		250 日以上	0.1	0.5	0.8	2.0	6.0	0.7
		小 計	8.7	14.7	20.6	32.2	98.7	17.3
	女子	1〜59 日	1.3	2.3	2.9	3.3	6.6	2.2
		60〜149 日	0.2	0.7	1.1	1.9	4.0	0.8
		150〜249 日	0.1	0.2	0.5	1.0	5.7	0.4
		250 日以上	0.0	0.1	0.1	0.2	0.7	0.1
		小 計	1.6	3.3	4.6	6.4	17.0	3.5

出所：表 3-1 に同じ（組替集計にあたっては，「YASUTAKE 集計ソフト」を使用した）．

第 3 章　企業形態別・規模別にみた大規模経営の特徴　　　　75

表3-6　男子専従者1人当たり平均水田面積
（2015 年）

（単位：ha／人／経営体）

企業形態	10〜30ha	30〜50ha	50〜100ha	100ha 以上
農事組合法人	7	12	15	5
会社法人	7	12	20	17
各種団体・その他法人	3	7	15	–
組織非法人	10	9	7	4

出所：表 3-1 に同じ（組替集計にあたっては，「YASUTAKE 集計ソフト」を
　　　使用した）.
注：農業従事 150 日以上の男子労働力 1 人当たり平均水田面積である.

にも大きな格差のあることを示唆している.

3.　水田利用と経営複合化の現状

　水田に作付けられている作物の割合を企業形態別，水田面積規模別に集計して示したものが表 3-7 である．まず，食用稲の作付割合の最も高い企業形態は家族非法人であり，平均して 81％である．しかし，これを規模別にみると大きな違いがみられる．食用稲が 8 割以上作付されている階層は 10ha 未満層のみであり，規模が大きくなるに従って作付割合は減少し，50〜100ha 層や100ha 以上層では 6 割前後にまで低下している．転作に関わる目標面積の割当において，10ha 未満の小規模層が特別に配慮され，その分が他の企業形態の経営体を含む上層へ配分されている結果であろう．30ha 以上のいずれの階層においても，稲以外作物の作付割合が 3 割を超えているが，後述するように，これらの作物の多くは転作の麦，大豆類である.

　次いで食用稲の作付割合の高い企業形態は，各種団体その他ならびに組織非法人である．前者の経営体では 50ha 未満のいずれの階層も食用稲の作付割合が 8 割近くになっており，稲以外作物の作付が少ないが，上層では食用稲の割合が減り，稲以外作物の割合が増えている．この稲以外作物のほぼ全ては転作の麦，大豆類である．後者の組織非法人では，食用稲の作付割合はいずれの階層においても 7 割であまり変化はない．しかし，この組織非法人では，裏作の面積割合が他の企業形態に比べると高い．各地で麦類などの集団転作の取り組

表 3-7　水田の作物別作付面積割合（2015 年）

(単位：%)

企業形態	作物種類	10ha 未満	10〜30ha	30〜50ha	50〜100ha	100ha 以上
家族非法人	食用稲	84	75	64	57	58
	飼料用稲	3	4	4	4	1
	（裏作）	4	5	5	8	9
	稲以外作物	9	20	30	37	33
	不作付	4	2	2	2	8
	計	100	100	100	100	100
家族法人	食用稲	75	70	60	52	40
	飼料用稲	7	3	2	3	1
	（裏作）	12	5	6	5	0
	稲以外作物	16	25	38	43	60
	不作付	2	2	0	2	0
	計	100	100	100	100	100
農事組合法人	食用稲	74	71	70	66	65
	飼料用稲	6	6	5	5	4
	（裏作）	13	11	11	9	12
	稲以外作物	17	21	24	28	30
	不作付	3	2	2	1	1
	計	100	100	100	100	100
会社法人	食用稲	74	73	71	65	58
	飼料用稲	6	7	5	6	5
	（裏作）	9	9	8	7	6
	稲以外作物	16	18	23	27	36
	不作付	3	3	1	2	2
	計	100	100	100	100	100
各種団体 その他	食用稲	81	77	80	65	62
	飼料用稲	4	5	4	3	2
	（裏作）	3	4	14	4	21
	稲以外作物	11	14	16	30	36
	不作付	4	4	0	2	0
	計	100	100	100	100	100
組織非法人	食用稲	73	72	70	71	71
	飼料用稲	4	3	3	3	2
	（裏作）	10	20	26	23	31
	稲以外作物	19	24	26	25	26
	不作付	3	1	1	1	1
	計	100	100	100	100	100

出所：表 3-1 に同じ（組替集計にあたっては，「YASUTAKE 集計ソフト」を使用した）．

第3章　企業形態別・規模別にみた大規模経営の特徴　　　77

みが活発であるが，こうした転作組織がこの企業形態の中に含まれているためであろう．裏作面積も加えて，食用稲の作付割合を算出すると，いずれの階層もその割合は5～6割にまで下がる．

　食用稲の作付割合が60％台後半にあるのが，農事組合法人と会社法人である．この両形態ともに50ha未満の3つの階層では70％前後にあるが，上層にいくにつれてその割合が60％台に低下している．これに対応して，稲以外の作付割合が増えており，会社法人の100ha以上層では36％に達している．この階層では麦，大豆類のほかに，露地野菜やその他作物などの生産が積極的に行われているためである．

　次に，食用稲の作付割合が60％台前半にあるのが家族法人である．10ha未満層では他の企業形態の経営体と同じように7割を超えているが，上層にいくにつれてその割合が低下し，50～100ha層では50％台となり，100ha以上層では40％を切っている．一方，稲以外作物の作付割合は30～50ha層では30％台後半にあるが，50～100ha層では40％台となり，100ha以上層になると60％となって食用稲の作付割合と逆転している．稲以外作物の多くは麦，大豆類であり，家族法人が地域の転作割り当てを積極的に引き受けることによって，規模拡大を進めている状況がうかがわれる．しかし，転作の麦・大豆類への過度の依存は，その一方で，補助金の割合が高くなるなど，経営の政策リスクを高めるものでもあることを，先の第2章で指摘した．

　以上のような水田利用の現状をふまえて，経営体の複合化の状況をみるために表3-8を示した．この表は過去1年間の販売金額のうち，水稲・陸稲の販売金額が第1位と回答した経営体（「稲作1位経営」）にしぼって，稲作の販売区分別割合が8割以上（稲単一経営とする），6～7割（準複合経営とする），6割未満（複合経営とする）の経営体に区分し，さらに後二者については，販売金額が第2位の作物の割合を示したものである．なお，稲作割合別区分については，それぞれの稲作1位経営の総数に対する割合を，第2位の作物については準複合経営，複合経営に区分された経営体数を100として，当該作物の生産に取り組んでいる経営体の回答割合を示した．

　まず，稲作販売額が8割以上であるとする割合が最も高い企業形態は家族非法人であり，平均して9割近い水準にある．しかし，その多くが10ha未満の

78

表 3-8 　経営複合

企業形態	種　類	10ha 未満	10〜30ha	30〜50ha	50〜100ha	100ha 以上
家族非法人	稲 8 割以上	88.6	64.0	55.5	43.4	46.7
	稲 6〜7 割	9.0	26.9	31.4	39.3	33.3
	第 2 位麦・いも・豆等	25.8	48.5	76.8	85.3	80.0
	露地野菜	38.8	17.8	8.8	7.4	
	施設野菜	5.7	14.7	6.4	5.9	
	その他	29.7	19.1	7.9	1.5	20.0
	稲 6 割未満	2.4	9.1	13.0	17.3	20.0
	第 2 位麦・いも・豆等	23.4	52.7	75.0	93.3	100.0
	露地野菜	37.9	20.3	8.8		
	施設野菜	9.6	12.7	5.1	3.3	
	その他	29.1	14.3	11.0	3.3	
家族法人	稲 8 割以上	72.7	51.6	37.7	41.4	20.0
	稲 6〜7 割	20.4	31.8	36.1	41.4	40.0
	第 2 位麦・いも・豆等	35.3	62.0	77.3	83.3	100.0
	露地野菜	25.0	12.7	11.4	8.3	
	施設野菜	13.2	12.7	4.5		
	その他	26.5	12.7	6.8	8.3	
	稲 6 割未満	6.9	16.6	26.2	17.2	40.0
	第 2 位麦・いも・豆等	34.8	62.2	71.9	100.0	100.0
	露地野菜	21.7	18.9	21.9		
	施設野菜	8.7	8.1	6.3		
	その他	34.8	10.8			
農事組合法人	稲 8 割以上	73.0	65.4	62.5	52.0	41.3
	稲 6〜7 割	20.4	27.3	31.0	39.1	43.8
	第 2 位麦・いも・豆等	68.1	68.1	65.2	75.0	80.0
	露地野菜	18.1	16.0	21.4	17.6	14.3
	施設野菜	2.9	4.0	5.7	1.5	2.9
	その他	10.9	11.9	7.6	5.9	2.9
	稲 6 割未満	6.5	7.3	6.5	8.9	15.0
	第 2 位麦・いも・豆等	68.2	78.0	79.5	74.2	75.0
	露地野菜	15.9	11.0	13.6	6.5	8.3
	施設野菜	4.5	2.8	4.5	6.5	
	その他	11.4	8.3	2.3	12.9	16.7

出所：表 3-1 に同じ（組替集計にあたっては，「YASUTAKE 集計ソフト」を使用した）.
注：第 2 位の作物の割合は，稲の販売が 6〜7 割あるいは 6 割未満と答えた経営体を 100 とした回答割合で

第3章　企業形態別・規模別にみた大規模経営の特徴　　79

化の状況（2015年）

(単位：%)

企業形態	種　類	10ha未満	10〜30ha	30〜50ha	50〜100ha	100ha以上
会社法人	稲8割以上	69.0	63.1	58.5	48.3	50.6
	稲6〜7割	20.4	26.9	30.7	36.2	31.3
	第2位麦・いも・豆等	34.4	51.5	64.6	72.4	76.9
	露地野菜	34.4	20.8	15.0	11.2	19.2
	施設野菜	14.6	15.3	7.9	7.1	
	その他	16.6	12.4	12.6	9.2	3.8
	稲6割未満	10.6	10.0	10.9	15.5	18.1
	第2位麦・いも・豆等	30.8	50.7	55.6	76.2	46.7
	露地野菜	37.2	18.7	22.2	11.9	33.3
	施設野菜	14.1	14.7	11.1	9.5	13.3
	その他	17.9	16.0	11.1	2.4	6.7
各種団体 その他	稲8割以上	68.8	76.4	70.0	54.2	83.3
	稲6〜7割	19.7	20.0	25.0	41.7	
	第2位麦・いも・豆等	29.3	45.5	100.0	70.0	
	露地野菜	51.2	27.3		10.0	
	施設野菜	4.9	9.1		10.0	
	その他	14.6	18.2		10.0	
	稲6割未満	11.5	3.6	5.0	4.2	16.7
	第2位麦・いも・豆等	33.3	100.0		100.0	100.0
	露地野菜	33.3		100.0		
	施設野菜	20.8				
	その他	12.5				
組織非法人	稲8割以上	82.5	67.0	58.5	61.4	48.5
	稲6〜7割	13.7	25.7	32.5	31.4	40.4
	第2位麦・いも・豆等	74.9	91.6	94.1	96.6	92.5
	露地野菜	13.5	4.2	1.8		
	施設野菜	2.9	0.9			
	その他	8.8	3.3	3.7	3.4	7.5
	稲6割未満	3.8	7.3	8.9	7.3	11.1
	第2位麦・いも・豆等	72.9	89.5	95.0	96.3	81.8
	露地野菜	18.8	5.3	3.3	3.7	9.1
	施設野菜	4.2	1.1	1.7		
	その他	4.2	4.2			9.1

ある.

階層に集中しており，10〜30ha層では60％台，30〜50ha層では50％台，50ha以上の階層では40％台に低下している．一方，稲作販売金額が6〜7割の準複合経営は，30ha以上の3つの階層では30％台にあり，稲作販売金額が6割未満の複合経営は，30ha以上の階層で30％を超え，100ha以上層では20％であるが，全体としてみればその割合は少ない．50ha以上の階層では，いずれも稲単一経営よりも準複合経営と複合経営を加えた割合の方が高くなっているが，その作付作物をみると，圧倒的に多いのは麦，大豆類である．

　なお，家族非法人の経営で注目すべき点は，10〜30ha層における稲，麦，大豆以外の作物への積極的な取り組みである．こうした複合化の動きは会社法人の10〜30ha層などでもみられるが，これらの階層の数の多さとともに，こうした複合化の動きは大いに注目されるところである．

　次いで，7割の水準にあるのが組織非法人と各種団体その他である．組織非法人の稲単一経営の割合は10ha未満層では8割を占めるが，水田面積が大きくなるに従ってその割合は低下しており，100ha以上層では5割を切っている．しかし，過半を占める準複合経営や複合経営で作付されている作物の9割以上は転作の麦，大豆類であり，野菜などの作物の作付割合は限定的である．なお，各種団体その他では，ごく一部に露地野菜を生産する経営体がある．

　稲単一経営の割合が60％台前半にあるのが農事組合法人と会社法人である．両者ともに10ha未満の小規模層では7割前後を占める稲単一経営の割合が，規模が大きくなるに従って大きく低下している．これに対応して，準複合経営と複合経営の割合が増えている．作付されている作物は，農事組合法人では7〜8割の経営体で作付されている麦，大豆類に加えて露地野菜が多いのに対して，会社法人では露地野菜，施設野菜，その他作物ときわめて多彩な農作物が栽培されている．

　稲単一経営の割合が50％台後半にあるのが家族法人である．規模が大きくなるに従って稲単一経営の割合が低下しており，30〜50ha層および50〜100ha層では40％前後となり，100ha以上層ではわずか20％台となっている．しかし，準複合経営においても，複合経営においても，規模の大きな階層で作付されている作物は麦，大豆類が中心であり，露地野菜以外には目立ったものがみられない．

第 3 章　企業形態別・規模別にみた大規模経営の特徴　　　81

　以上のように，稲作 1 位経営の中で稲の販売金額が 8 割未満の準複合経営および複合経営の割合は，いずれの企業形態の経営体においても 10ha 未満層では 3 割程度であるが，その割合は規模が大きくなるに従って増加する傾向をみせ，50～100ha 層や 100ha 以上層になるとその割合は 5 割を超えている．しかし，稲以外の作物の作付状況をみると，圧倒的に多いのが麦，大豆類である．こうした状況は，転作に関する目標面積の割り当てを大規模層がより多く担ってきた結果を反映したものであろう．この中で，農事組合法人や会社法人では，露地野菜や施設野菜，その他作物に積極的に取り組んでいる経営体もみられる．しかも，こうした傾向が特に大規模層で多くみられる点が注目される．

4.　環境への負担の軽減の取り組み

　中国の毒ギョーザ事件や牛の BSE 問題などの発生を契機に，近年，国民の農産物に対する安全・安心への関心が高まっている．また，地球温暖化や地域の野生生物への関心の高まりなどを背景に，水田農業の分野でも環境に配慮した米作りも推進されている．このような環境問題に関する取り組みはどの程度行われているのであろうか．農林業センサスでは，農薬の低減や化学肥料の低減，あるいは堆肥による土づくりなどについて，「環境への負担の軽減」として調査している．その回答結果を整理して示したものが表 3-9 である．
　まず，「環境への負担の軽減」について「行っている」と回答した経営体の割合が，8 割に達しているのが会社法人である．その割合は，どの規模階層においても高く，10ha 以上のいずれの階層も 8 割を超え，100ha 以上層では 9 割近くに達している．取り組みの内容をみると，農薬の低減が最も多く，多くの規模階層で 7 割を超え，100ha 以上層では 8 割に達している．また，化学肥料の低減も多くの規模階層で 7 割前後の経営体が行っている．会社法人では特別栽培米や有機栽培米など，環境や安全・安心を意識した農産物の生産が多くの経営体で取り組まれていることがわかる．さらに堆肥による土づくりについても，会社法人では半数あるいはそれを超える経営体が取り組んでいる．これらの経営体では多様な品種と品質の米作りが行われていること，そして米以外の様々な農作物の栽培にも積極的に取り組んでいることなどが，堆肥による土

表3-9 環境への負担の軽減に向けた取り組み

(単位：％)

企業形態	種類	10ha 未満	10〜30ha	30〜50ha	50〜100ha	100ha 以上
家族非法人	行っている	34.9	59.6	64.3	63.4	36.8
	化学肥料の低減	21.3	43.9	48.4	46.4	26.3
	農薬の低減	27.6	50.0	55.1	55.7	26.3
	堆肥による土づくり	14.8	25.8	27.3	34.0	31.6
家族法人	行っている	56.1	75.0	77.7	71.4	100.0
	化学肥料の低減	37.8	61.1	58.3	54.3	80.0
	農薬の低減	41.8	65.2	65.5	65.7	80.0
	堆肥による土づくり	35.9	39.5	37.4	40.0	60.0
農事組合法人	行っている	62.9	73.6	73.7	76.0	72.3
	化学肥料の低減	46.6	60.6	60.6	63.5	56.6
	農薬の低減	50.6	62.5	60.2	64.5	60.2
	堆肥による土づくり	32.2	38.7	40.7	40.3	43.4
会社法人	行っている	73.3	81.4	82.2	85.3	87.8
	化学肥料の低減	54.2	67.4	69.7	70.6	75.6
	農薬の低減	60.3	71.2	72.0	71.7	80.0
	堆肥による土づくり	50.3	47.4	51.8	59.4	55.6
各種団体 その他	行っている	51.9	54.0	57.1	52.0	50.0
	化学肥料の低減	34.0	44.4	28.6	40.0	50.0
	農薬の低減	40.0	46.0	38.1	48.0	50.0
	堆肥による土づくり	31.0	31.7	28.6	36.0	16.7
組織非法人	行っている	45.3	47.9	51.1	48.9	49.5
	化学肥料の低減	32.0	37.2	38.9	37.8	39.8
	農薬の低減	36.5	39.3	42.9	41.8	42.7
	堆肥による土づくり	16.7	21.0	23.8	24.9	23.3

出所：表3-1に同じ（組替集計にあたっては，「YASUTAKE 集計ソフト」を使用した）．
注：いずれの数値も事業形態別・規模別経営体数を100とした回答割合である．

づくりの取り組みと大きく関連していることがうかがわれる．

　次いで，「行っている」という割合の高いのが農事組合法人であり，10ha以上のいずれの規模階層においても7割を超える経営体が回答している．取り組みの内容で最も多いのが農薬の低減であり，次いで化学肥料の低減であるが，10ha以上の階層では両者ともに6割を超える経営体が行っている．もっとも，100ha以上の大規模層になると，むしろその割合が低下しているが，これらの経営体の立地条件や設立の経緯が影響している可能性も考えられる．堆肥によ

第3章　企業形態別・規模別にみた大規模経営の特徴　　　83

る土づくりは3〜4割の経営体が行っているが，30ha以上の階層ではいずれも4割を超えており，会社法人と同じように，上層にいくほどその割合が高くなっている．農事組合法人においても，規模拡大が進むにつれて，土づくりが営農上の重要な課題になっていることがうかがわれる．

　家族法人では，全体では63％の経営体が「行っている」と回答しているが，階層別にこれをみると，10〜30ha層，30〜50ha層，100ha以上層では，行っている経営体の割合が農事組合法人のそれよりもわずかながら高くなっている．これを内容別にみると，農薬の低減の割合は高いが，化学肥料の低減はやや低い．また，堆肥による土づくりはほぼ農事組合法人と同じであるが，家族法人では100ha以上層のみが高い割合を示している．

　各種団体その他ではおよそ半数の経営体が環境への負担の軽減の取り組みを行っているが，その状況には階層によるバラつきがある．

　「行っている」と回答した割合が最も低いのが家族非法人である．平均ではわずか35％の経営体が「行っている」と回答しているが，この平均値を低くしているのは数の上で98％を占める10ha未満層である．10〜30ha層や30〜50ha層，50〜100ha層では行っている経営体の割合は6割前後の水準にある．取り組みの内容では，10haから100haまでの3つの階層では，農薬の低減が5割の経営体で，化学肥料の低減が4割の経営体で行われている．また，堆肥による土づくりも2〜3割の経営体が行っている．しかし逆に100ha以上層になると，行っていると回答した経営体の割合は3割にとどまっている．

　以上のように，消費者の農産物に対する安全・安心や環境への関心の高まりなどを背景に，水田農業の分野でも，環境に配慮した農業への取り組みが進められている．全体としてみれば農薬や化学肥料の低減，そして堆肥による土づくりなどに取り組む経営体の割合は未だ2〜3割程度にとどまっているものの，これを企業形態別，水田面積規模別にみると8割に達している階層もあり，会社法人，農事組合法人，そし一部の家族法人などでは，こうした課題に積極的に取り組んでいることがわかる．

　こうした取り組みの状況について，さらに詳しくみるために，家族法人，農事組合法人，会社法人のみについて販売金額グループに分けて示したものが表3-10である．環境への負担の軽減について「行っている」と回答した経営体

84

表 3-10 販売金額で区分した経営体の環境への負担の軽減の取り組み

企業形態	種類	10〜30ha		30〜50ha		50〜100ha	
		低販売金額グループ	高販売金額グループ	低販売金額グループ	高販売金額グループ	低販売金額グループ	高販売金額グループ
家族法人	行っている	69.0	76.0	70.0	86.0	64.0	85.0
	科学肥料の低減	53.3	62.5	50.0	66.7	45.5	69.2
	農薬の低減	51.1	67.7	57.1	73.9	54.5	84.6
	堆肥による土作り	33.3	40.6	27.1	47.8	31.8	53.8
農事組合法人	行っている	68.1	76.3	71.9	76.4	73.5	79.4
	科学肥料の低減	54.0	63.9	59.8	61.8	61.4	66.3
	農薬の低減	57.1	65.2	57.3	64.6	62.3	67.5
	堆肥による土作り	31.5	42.3	35.6	48.6	37.2	44.4
会社法人	行っている	72.2	83.8	79.3	83.8	80.5	89.1
	科学肥料の低減	54.1	70.9	66.9	71.3	61.7	77.6
	農薬の低減	59.8	74.2	71.0	72.6	60.9	80.0
	堆肥による土作り	34.0	50.8	43.8	56.4	53.1	64.2

出所：表 3-1 に同じ（組替集計にあたっては，「YASUTAKE 集計ソフト」を使用した）.
注：1）いずれの数値も事業形態別・規模別経営体数を 100 とした回答割合である.
　　2）規模階層ごとの低販売金額グループならびに高販売金額グループの分類方法は表 3-4 の脚注と同じ.

の割合は，どの法人の階層においても高販売金額グループの方が高い．しかも，上層の規模階層にいくほど熱心に取り組んでいることがわかる．特別栽培や有機栽培などの取り組みが，販売収入の向上にプラスの効果をもたらしていることがうかがわれる．

　取り組みの内容をみると，化学肥料の低減や農薬の低減については，50〜100ha 層の低販売金額グループを除けば，いずれのグループでも半数以上の経営体が取り組んでいる．これに対して堆肥による土づくりは，全体として取り組む経営体の割合が低いが，この中でも，積極的に取り組んでいるグループがみられる．低販売金額グループの中には取り組む経営体の割合が 20〜30% 台の低い水準にあるものもあるが，上層のグループでは半数を超えるものもある．取り組む経営体の割合が半数を超えるグループは，家族法人の 50〜100ha 層や 100ha 以上層，会社法人の各階層の高販売金額グループなどにみられ，会社法人の 100ha 以上層の高販売金額グループではこれが 70% に達している．

| (2015年) | (単位：%) |
| 100ha以上 | |
低販売金額グループ	高販売金額グループ
100.0	100.0
100.0	50.0
100.0	50.0
100.0	0.0
68.0	78.8
52.0	63.6
60.0	60.6
40.0	48.5
86.0	90.0
72.0	80.0
78.0	82.5
44.0	70.0

堆肥による土づくりがとくに家族法人の上位階層や会社法人の高販売金額グループでより積極的に取り組まれていることがわかる．これらの経営体では，多様な品種の特別栽培・有機栽培などの米づくりに加えて，野菜等の高収益作物の栽培などにも積極的に挑戦しており，こうした水田利用のためにも，土づくりが重要であると認識されているためであろう．

5. 農産物の販売（出荷）チャネル

大規模経営では米をはじめとする農産物をどのように販売（出荷）しているのか．農産物の販売（出荷）先について企業形態別，水田面積規模別に整理して示したものが表3-11である．まず，販売（出荷）先として「1位が農協」であると回答した経営体の割合をみると，組織非法人が最も高く，平均して86％となっている．10ha以上の階層では9割以上になっており，とくに30ha以上の階層ではほぼ100％となっている．この形態の経営体と農協との強い結びつきがうかがわれるが，多くの集落営農が農協の主導・協力のもとに設立されていること，また，組織そのものが地域の農家が参加した生産協同組合的な性格を有したものであることなどが，こうした農協との強い絆の理由であろう．組織非法人の農協以外への販売先は，消費者への直接販売を除くとその割合は少ない．1割ほどの経営体が行っている消費者への直接販売先は，地域の直売所などを通じた農産物の販売が多い．一方，販売（出荷）先の「1位が農協以外」と回答した組織非法人の販売先は，50ha未満のいずれの階層でも消費者への直接販売が4～5割を占めており，集落営農では直売所などを利用した販売に力を入れている経営体の多いことがうかがわれる．一方，50～100ha層では小売業者や加工・外食業者への販売も多くなっている．こうした階層になると，独自販売に挑戦している集落営農も少なからず存在していることがうかがわれる．しかし，100ha以上層では，1位が農協以外と回答した経

86

表 3-11　農産物の販売先別

企業形態	販売先	10〜30ha	30〜50ha	50〜100ha	100ha 以上
家族非法人	1位が農協	77.6	74.2	69.6	78.9
	1位が農協以外	22.4	25.8	30.4	21.1
	うち集出荷団体	84.3	86.0	93.2	75.0
	卸売市場	15.7	13.6	16.9	25.0
	小売業者	29.6	36.5	44.1	25.0
	加工・外食産業	11.3	15.3	22.0	25.0
	消費者へ直接	35.3	35.9	49.2	50.0
	その他	11.3	11.3	6.8	25.0
家族法人	1位が農協	59.5	64.7	68.6	40.0
	1位が農協以外	40.4	35.3	31.4	60.0
	うち集出荷団体	76.7	79.6	81.8	100.0
	卸売市場	12.5	24.5	9.1	
	小売業者	40.8	46.9	36.4	33.3
	加工・外食産業	27.5	28.6	27.3	33.3
	消費者へ直接	5.8	2.0		33.3
	その他				
農事組合法人	1位が農協	83.8	88.1	84.0	84.3
	1位が農協以外	16.2	11.9	16.0	15.7
	うち集出荷団体	83.5	87.1	81.7	100.0
	卸売市場	10.0	20.0	23.3	46.2
	小売業者	33.7	42.4	40.0	38.5
	加工・外食産業	26.8	27.1	35.0	38.5
	消費者へ直接	57.1	63.5	55.0	76.9
	その他	20.3	17.6	15.0	15.4

出所：表3-1に同じ（組替集計にあたっては，「YASUTAKE 集計ソフト」を使用した）．
注：農協以外の販売先の数値は，「1位が農協以外」と回答した経営体を100とした割合である．なお，販

営体は存在しない．

　もっとも，1位が農協以外と回答したとはいえ，どの企業形態の経営体にお
いても，農協との関係は深く，後述するように，農事組合法人の7割，家族法
人や組織非法人，会社法人の5〜6割が何らかの形で農協へ農産物を出荷して
いる．

　次に「1位が農協」と答えた割合の高い企業形態は農事組合法人であり，平
均して81％を占めている．多くの経営体が，集落営農が法人化したものであ

割合（10ha 以上，2015 年）

（単位：%）

企業形態	販売先	10～30ha	30～50ha	50～100ha	100ha 以上
会社法人	1 位が農協	52.9	60.4	61.6	58.4
	1 位が農協以外	47.1	39.6	38.4	41.6
	うち集出荷団体	66.7	75.5	75.0	86.5
	卸売市場	27.6	19.0	23.2	32.4
	小売業者	46.5	51.6	61.6	62.2
	加工・外食産業	37.5	43.5	47.3	54.1
	消費者へ直接	3.4	3.3	6.3	67.6
	その他				10.8
各種団体その他	1 位が農協	73.8	81.0	96.0	100.0
	1 位が農協以外	26.2	19.0	4.0	
	うち集出荷団体	62.5	25.0	100.0	
	卸売市場	18.8	50.0		
	小売業者	25.0	75.0		
	加工・外食産業	25.0	50.0		
	消費者へ直接	18.8			
	その他				
組織非法人	1 位が農協	92.7	97.3	98.4	100.0
	1 位が農協以外	7.3	2.7	1.6	
	うち集出荷団体	76.2	89.5	100.0	
	卸売市場	8.9	10.5		
	小売業者	22.8	21.1	33.3	
	加工・外食産業	15.8	15.8	33.3	
	消費者へ直接	43.6	47.4	16.7	
	その他	22.8	10.5		

売先の回答は複数回答である．

ることから，当然のことではあるが，10ha 未満層を除くいずれの階層でも 8
割以上が「1 位が農協」と回答している．この形態の農協以外の販売先は，や
はり消費者への直接販売が多いが，上層にいくに従って，販売先は多様化して
いる．

　一方，農事組合法人で「1 位が農協以外」と回答した経営体は平均しておよ
そ 2 割を占めるが，その販売先の多くは消費者への直接販売である．また，小
売業者への販売も 10ha 以上の階層では 3～4 割の経営体が行っており，50ha

を超えると加工・外食産業への販売が増え，100haを超えると卸売市場への出荷も行われている．こうした販売先の多様化は，先述したように，大規模層では野菜類など米以外の農産物の生産に取り組んでいることによるものであろう．

販売（出荷）先の「1位が農協」と答えた割合が3番目に多いのは家族非法人である．おおよそ7割の経営体が農協への出荷が1位と答えている．これに対して，農協以外と回答した経営体の割合は2〜3割程度である．その販売先は，消費者への直接販売が多く，3〜4割の経営体が取り組んでいる．しかし，30〜50ha層や50〜100ha層では小売業者への販売が4割前後を占めており，こうした業者との結びつきが強くなっている．また，100haを超えると，他の企業形態の経営体と同じように，家族経営であっても販売先はきわめて多様化している．

続いて「1位が農協」という回答が多いのは家族法人であり，およそ6割弱となっている．その一方で，「1位が農協以外」と答えた4割強の経営体の主な販売先は，小売業者が多く3〜4割の経営体が取引をしている．また，加工・外食産業との取引も3割前後の経営体で行われている．消費者への直接販売に取り組んでいる経営体は家族法人では少ないが，100ha以上の階層のみで積極的に取り組まれている．

各種団体その他では，上層では「1位が農協」の割合が100％に近いが，下層にいくほど「1位が農協以外」と回答した経営体の割合が高くなっており，10ha未満層ではそれが半数を超えている．なお，1位が農協と答えた経営体のほぼ100％近くが農協のみへの出荷であり，これに対して，1位が農協以外と答えた経営体では，小売業者，加工・外食産業，卸売市場など販売先は多様である．

「1位が農協」と回答した割合が最も低いのは会社法人であり，むしろ「1位が農協以外」と答えた経営体の割合の方が高い．もっとも，1位が農協以外と答えた経営体であっても，30ha以上の階層では7割以上が農協へも出荷しており，その割合は上層にいくほど高くなっている．会社法人になっても，農協との関係が疎遠になるわけではないということである．その一方で，1位が農協と答えた経営体であっても，小売業者，加工・外食産業，卸売市場などへも販売が行われている．これらの経営体では業者等への販売先が多様化している

第 3 章　企業形態別・規模別にみた大規模経営の特徴　　　89

こともあってか，消費者への直接販売の割合はそれほど高くはない．100ha 以上の階層のみで 3 割となっている．

　一方，会社法人で「1 位が農協以外」と回答した経営体の割合は半数を超えており，その販売先は小売業者が多い．30〜50ha 層で 5 割，50〜100ha 層および 100ha 以上層では 6 割の経営体が小売業者に販売している．また，加工・外食産業への販売は，30〜50ha 層および 50〜100ha 層では 4 割，100ha 以上層では 5 割が取り組んでいる．100ha 以上層では 7 割近い経営体が消費者への直接販売にも積極的に取り組んでいる．

　以上のように，会社法人ではいずれの階層においても農産物の独自販売に大きな力を入れていることがわかる．しかも，規模が大きくなるにしたがってその割合が高くなっており，大規模経営ほど多様な販売（出荷）先への販売促進に積極的に取り組んでいることがわかる．

　こうした販売（出荷）先の状況について，さらに詳しく検討するために，家族法人，農事組合法人，会社法人のみについて，10ha 以上層を階層別に高販売金額グループと低販売金額グループに分けて，農産物の販売（出荷）先割合を示したものが表 3-12 である．農産物の販売（出荷）先の「1 位が農協」と回答した経営体の割合は，いずれの法人においても，高販売金額グループの方の割合が低くなっており，その一方で「1 位が農協以外」と答えた割合が高くなっている．従来から取引のある農協以外にも販売（出荷）先を拡大することが，経営の売上高を伸ばすことにつながっているとみることができよう．しかし，会社法人の上位階層の過半が農協に出荷していることからもわかるように，それがすぐに「農協離れ」につながっているというわけではない．

　以上のように，「1 位が農協以外」と回答した経営体の農産物の販売（出荷）先は，いずれのグループにおいてもきわめて多様である（生産している農産物が米だけではないという事情もある）．農協を除く販売（出荷）先の累積割合をグループごとに計算してみると，いずれの階層でも高販売金額グループの方が数値が高くなっていることから，多様な販売（出荷）先への積極的な販売促進が行われていることがわかる．

　なお，企業形態別では，1 位が農協以外と回答した経営体の割合は会社法人が最も高く，100ha 以上層の高販売金額グループではこれが半数を超えており，

90

表 3-12 販売金額で区分した経営体の販売先別

企業形態	種類	10〜30ha		30〜50ha	
		低販売金額グループ	高販売金額グループ	低販売金額グループ	高販売金額グループ
家族法人	1位が農協	79.4	76.3	78.3	66.4
	1位が農協以外	20.3	23.7	21.6	33.6
	うち農協	47.3	52.2	59.5	52.2
	集出荷団体	62.5	67.3	70.6	70.3
	卸売市場	10.5	18.3	12.3	15.2
	小売業者	29.4	29.7	36.2	37.0
	食品製造業・外食産業	8.1	12.9	11.0	20.3
	自営の農産物直売所	7.1	10.9	11.0	11.6
	その他の農産物直売所	12.4	15.8	12.3	14.5
	インターネット	2.9	6.2	3.7	6.5
	他の方法（無人販売など）	12.9	13.9	14.7	18.1
	その他	11.0	11.4	10.4	12.3
農事組合法人	1位が農協	83.7	83.7	92.0	81.4
	1位が農協以外	15.8	16.3	7.5	18.6
	うち農協	65.1	72.6	54.5	88.5
	集出荷団体	43.0	42.9	57.6	51.9
	卸売市場	2.3	13.7	18.2	21.2
	小売業者	20.9	40.0	27.3	51.9
	食品製造業・外食産業	18.6	30.9	9.1	38.5
	自営の農産物直売所	8.1	17.1	12.1	28.8
	その他の農産物直売所	22.1	24.6	39.4	38.5
	インターネット	5.8	11.4	9.1	15.4
	他の方法（無人販売など）	24.4	26.9	9.1	30.8
	その他	23.3	18.9	15.2	19.2
会社法人	1位が農協	59.3	51.1	67.5	56.4
	1位が農協以外	39.7	48.9	32.5	43.6
	うち農協	57.1	48.6	47.3	59.7
	集出荷団体	46.8	39.1	58.2	45.0
	卸売市場	15.6	30.2	12.7	21.7
	小売業者	40.3	47.8	36.4	58.1
	食品製造業・外食産業	20.8	41.0	36.4	46.5
	自営の農産物直売所	13.0	21.2	21.8	35.7
	その他の農産物直売所	26.0	26.6	27.3	35.7
	インターネット	19.5	24.7	18.2	31.8
	他の方法（無人販売など）	11.7	17.9	20.0	16.3
	その他	18.2	16.6	16.4	9.3

出所：表 3-1 に同じ（組替集計にあたっては、「YASUTAKE 集計ソフト」を使用した）.
注：1）農協以外の販売先の数値は、「1位が農協以外」と回答した経営体を 100 とした割合である. なお、
　　2）規模階層ごとの低販売金額グループならびに高販売金額グループの分類方法は表 3-4 の脚注と同じ

割合 (単位：%)

| | 50〜100ha | | 100ha以上 | |
---	低販売金額グループ	高販売金額グループ	低販売金額グループ	高販売金額グループ
	73.1	61.7	82.4	50.0
	26.9	38.3	17.6	50.0
	75.0	56.5		100.0
	66.7	69.6	66.7	
	16.7	17.4		100.0
	27.8	69.6		100.0
	19.4	26.1		100.0
	19.4	17.4	33.3	100.0
	11.1	39.1		
	5.6	30.4		
	2.8	17.4		
	5.6	8.7	33.3	
	85.6	81.9	86.0	81.8
	14.4	18.1	14.0	18.2
	61.3	65.5	71.4	83.3
	51.6	58.6	57.1	50.0
	22.6	24.1	28.6	66.7
	41.9	37.9	14.3	66.7
	29.0	41.4	14.3	66.7
	16.1	24.1	14.3	33.3
	16.1	31.0	14.3	50.0
	6.5	20.7	14.3	16.7
	19.4	24.1	28.6	33.3
	12.9	17.2	0.0	33.3
	70.3	54.5	66.0	47.5
	28.9	45.5	32.0	52.5
	67.6	61.3	43.8	71.4
	51.4	52.0	68.8	71.4
	21.6	24.0	18.8	42.9
	45.9	69.3	50.0	71.4
	32.4	54.7	37.5	66.7
	18.9	34.7	25.0	42.9
	18.9	40.0	12.5	57.1
	13.5	32.0	6.3	33.3
	18.9	18.7	6.3	23.8
	13.5	18.7	6.3	14.3

販売先の回答は複数回答である．
である．

次いで家族法人，農事組合法人の順となっている．また，これを販売（出荷）先割合の累積値の大きさでみると，家族法人よりも農事組合法人の方が高く，また農事組合法人よりも会社法人の方が高くなっている．農事組合法人では，その組織の設立の経緯もあって，1位が農協以外とする割合は全体としては低いものの，一部の経営体では積極的に独自の販売促進に取り組んでいることがわかる．

なお，注目されるのは，上層の規模階層の高販売金額グループではインターネットを通じた農産物の販売が積極的に行われている点である．販売されているのは米が中心であると思われるが，家族法人の50〜100ha層や会社法人の30〜50ha層，50〜100ha層，そして100ha以上層の高販売金額グループでは，その割合がいずれも3割を超えている．

6. 経営の多角化（6次産業化）の現状

生産した農産物の加工や体験農園・観光農園，農家レストランなど，経営の多角化（6次産業化）に関して，水田農業の分野ではどの程度の

92

経営体が取り組んでいるのだろうか．そうした取り組みの現状について示した
ものが表3-13である．家族非法人や組織非法人などでは，多角化（6次産業
化）の取り組みを「行っている」と答えた経営体の割合はわずか2〜3％であ
り，圧倒的多数の経営体では行われていない．とくに組織非法人では，どの階
層をみてもきわめて低調である．この中で，家族非法人の50〜100ha層と
100ha層のみ，1割程度の経営体が農産加工や貸農園・体験農園などに取り組
んでおり，一部には海外への米の輸出に取り組んでいる経営体もみられる．

表3-13 経営の多角化（6次

企業形態	種類	10ha 未満	10〜30ha	30〜50ha	50〜100ha	100ha 以上
家族非法人	行っている	1.8	5.0	7.7	10.3	10.5
	農産加工	1.2	3.4	5.3	6.2	
	貸農園・体験農園	0.2	0.7	0.8	0.5	5.3
	観光農園	0.2	0.4	0.3	1.5	
	農家民宿	0.0				
	農家レストラン		0.1	0.4	0.5	
	海外への輸出		0.1	0.7	1.0	5.3
	その他	0.2	0.5	0.8	2.1	
家族法人	行っている	12.7	19.3	18.7	14.3	20.0
	農産加工	9.9	16.6	13.7	11.4	20.0
	貸農園・体験農園	1.6	1.7	4.3	2.9	
	観光農園	1.4	1.4	2.9		
	農家民宿	0.0	0.0	0.0		
	農家レストラン	0.9	1.0	0.7		
	海外への輸出	0.2	0.7	2.9	5.7	
	その他	1.9	0.7	2.2		
農事組合法人	行っている	13.8	11.7	12.8	17.3	26.5
	農産加工	11.0	9.0	9.5	11.7	21.7
	貸農園・体験農園	2.2	2.8	2.8	1.6	6.0
	観光農園	0.8	0.4	0.8	1.9	
	農家民宿	0.0	0.0		0.0	
	農家レストラン	0.9	0.6		0.8	1.2
	海外への輸出	0.1	0.1	0.8	1.6	
	その他	2.2	1.1	1.4	2.1	2.4

出所：表3-1に同じ（組替集計にあたっては，「YASUTAKE集計ソフト」を使用した）．
注：1）いずれの数値も事業形態別・規模別経営体数を100とした回答割合である．
　　2）0.0は該当する取り組みが1件以上ある場合，空白は該当する取り組みがない場合を示す．

第3章　企業形態別・規模別にみた大規模経営の特徴　　93

　これに対して，家族法人と農事組合法人では 13〜15％の経営体が多角化（6次産業化）に取り組んでいる．両者ともに 100ha 以上層ではその割合が 20％を超えており，他の階層でもおおよそ 10％台にある．取り組みの内容をみると，いずれも農産加工が多いが，農事組合法人の 100ha 以上層では貸農園・体験農園の取り組みも行われている．また，家族法人の 30〜50ha 層や 50〜10ha 層などでは海外への米の輸出に取り組んでいる経営体もある．

　各種団体その他では平均すれば 24％の経営体が取り組んでいる．これは

産業化）の取り組み（2015 年）

（単位：%）

企業形態	種類	10ha 未満	10〜30ha	30〜50ha	50〜100ha	100ha 以上
会社法人	行っている	32.8	28.4	31.2	30.7	32.2
	農産加工	24.9	22.3	26.9	26.6	25.6
	貸農園・体験農園	6.0	3.7	3.2	4.4	1.1
	観光農園	4.4	2.4	2.2	2.7	3.3
	農家民宿	0.0	0.0	0.0	0.0	0.0
	農家レストラン	3.5	2.0	2.2	2.4	5.6
	海外への輸出	1.1	2.3	2.8	2.7	4.4
	その他	7.0	4.1	2.2	2.7	6.7
各種団体その他	行っている	27.2	17.5	4.8	16.0	
	農産加工	21.8	12.7	4.8	12.0	
	貸農園・体験農園	8.4	6.3		4.0	
	観光農園	3.3		4.8		
	農家民宿	0.0		0.0		
	農家レストラン	3.6				
	海外への輸出	0.9				
	その他	4.8	1.6	4.8	4.0	
組織非法人	行っている	4.7	1.9	1.7	0.5	4.9
	農産加工	2.5	1.0	1.1	0.3	4.9
	貸農園・体験農園	1.7	0.4	0.3	0.3	1.0
	観光農園	0.5	0.4	0.3		
	農家民宿	0.0	0.0	0.0		0.0
	農家レストラン	0.3				
	海外への輸出	0.1	0.3			
	その他	0.7	0.2	0.1		

94

10ha 未満層や 10～30ha 層などの小規模階層で，農産加工や貸農園・体験農園，農家レストランなどが積極的に取り組まれていることによる．

多角化（6次産業化）に取り組む経営体の割合が30％以上と最も高い割合を示しているのが会社法人である．しかも，どの階層においても積極的に取り組まれている点が特徴であり，このうち2割以上の経営体が農産加工に取り組んでいる．また，農家民宿を除くその他の多彩な事業にも積極的に取り組んでお

表 3-14 販売金額で区分した経営体の多角化（6次産業化）

企業形態	種類	10～30ha		30～50ha	
		低販売金額グループ	高販売金額グループ	低販売金額グループ	高販売金額グループ
家族法人	行っている	15.6	19.9	12.9	24.6
	農産物の加工	11.1	17.5	7.1	20.3
	貸農園・体験農園等		2.0	1.4	7.2
	観光農園	2.2	1.2		5.8
	農家民宿	2.2		4.3	2.9
	農家レストラン	2.2	0.8		1.4
	海外への米の輸出	0.0	0.8	1.4	4.3
	その他	0.0	0.8	1.4	2.9
農事組合法人	行っている	6.4	14.4	9.6	17.9
	農産物の加工	4.2	11.5	6.8	13.6
	貸農園・体験農園等	2.6	3.0	2.7	2.9
	観光農園		0.6		1.4
	農家民宿		0.6		
	農家レストラン		0.8		
	海外への米の輸出				1.8
	その他	0.5	1.4	1.6	1.1
会社法人	行っている	23.2	29.8	23.1	35.8
	農産物の加工	17.5	23.5	20.7	30.4
	貸農園・体験農園等	4.1	3.6	1.8	4.1
	観光農園	1.0	2.8	0.6	3.0
	農家民宿	0.5	0.8	0.6	
	農家レストラン	1.5	2.1	3.0	1.7
	海外への米の輸出	1.0	2.7	1.2	3.7
	その他	3.1	4.4	1.8	2.4

出所：表 3-1 に同じ（組替集計にあたっては，「YASUTAKE 集計ソフト」を使用した）．
注：1）いずれの数値も事業形態別・規模別経営体数を 100 とした回答割合である．
　　2）規模階層ごとの低販売金額グループならびに高販売金額グループの分類方法は表 3-4 の脚注と同じ

第3章　企業形態別・規模別にみた大規模経営の特徴

り，海外への米の輸出にも各階層の経営体が取り組んでいる．

　以上のように，多角化（6次産業化）については，会社法人，農事組合法人，家族法人などの大規模階層を中心に取り組む割合が高くなっていることがわかる．

　こうした多角化（6次産業化）の状況をさらに詳しくみるために，家族法人，農事組合法人，会社法人について，高販売金額グループと低販売金額グループに分けて，取り組みの状況について示したものが表3-14である．多角化（6次産業化）の取り組みについて「行っている」と回答した経営体の割合はいずれの階層においても高販売金額グループの方が高く，とくに会社法人では50〜100ha層で4割を超え，100ha以上層では5割に達している．

　取り組みの内容をみると，農産物の加工がいずれのグループでも多く，会社法人ではどの階層の高販売金額グループでもこの割合が高くなっている．農産物の加工以外に貸農園・体験農園等や観光農園に取り組む経営体もあり，家族法人の30〜50ha層，農事組合法人の50〜100ha層や100ha以上層，そして会社法人の4つの階層などでその割合が高くなっている．また，会社法人の中には農家レストランに取り組んでいる経営もあり，まだその数は限定的であるが，海外への米の輸出に取り組む経営体も会社法人に多い．

の状況（2015年）　　　　　　　　　　（単位：％）

50〜100ha		100ha以上	
低販売金額グループ	高販売金額グループ	低販売金額グループ	高販売金額グループ
13.6	15.4	33.3	
9.1	15.4	33.3	
	7.7		
9.1			
9.8	27.5	24.0	30.3
7.0	18.1	20.0	24.2
0.9	2.5	4.0	9.1
	4.4		
	1.3		
	1.3	2.0	
	3.1		
2.3	1.9	4.0	
15.6	42.4	18.0	50.0
13.3	37.0	14.0	40.0
2.3	6.1		2.5
0.8	4.2	2.0	5.0
0.8	0.6	2.0	
	4.2	2.0	10.0
0.8	4.2	2.0	7.5
	4.8	4.0	10.0

である．

96

　ところで，こうした多角化（6次産業化）の取り組みなど農業関連事業を通じた経営体の販売金額はどの程度のものなのか．農業関連事業による販売高区分別の経営体の割合を，家族法人，農事組合法人，会社法人について示したものが表3-15である．全体としてみると，販売高が100万円未満とする経営体の割合が47％でおよそ半分を占めており，これに100〜500万円と答えた経営体を合わせると75％となる．農業関連事業を「行っている」と答えた経営体の4分の3が500万円未満の販売高にとどまっていることがわかる．これに対して，1,000万円以上と答えた経営体の割合はわずか16％である．多角化（6次産業化）とはいっても，実態はきわめて零細な取り組みが多く，それ自身が1つの独立した収益部門として経営に貢献している事例はきわめて限られているということである．

表3-15　販売金額で区分した経営体の農業関連事業の販売

企業形態	売り上げ高区分	10〜30ha		30〜50ha	
		低販売金額グループ	高販売金額グループ	低販売金額グループ	高販売金額グループ
家族法人	100万円未満	71.4	42.0	66.7	41.2
	100〜500万円	28.6	18.0	11.1	35.3
	500〜1,000万円		12.0	22.2	5.9
	1,000〜5,000万円		22.0		6.0
	5,000〜1億円				6.0
	1億円以上		2.0		
農事組合法人	100万円未満	54.3	44.2	54.8	26.0
	100〜500万円	17.1	26.6	16.7	36.0
	500〜1,000万円	14.3	9.7	7.1	20.0
	1,000〜5,000万円	6.0	10.0	7.0	14.0
	5,000〜1億円		1.0		2.0
	1億円以上		0.6		
会社法人	100万円未満	40.0	29.0	38.5	26.4
	100〜500万円	31.1	31.7	33.3	27.4
	500〜1,000万円	13.3	12.9	10.3	8.5
	1,000〜5,000万円	7.0	14.0	13.0	24.0
	5,000〜1億円	2.0	5.0		9.0
	1億円以上		2.7	2.6	0.9

出所：表3-1に同じ（組替集計にあたっては，「YASUTAKE集計ソフト」を使用した）．
注：1）農業関連事業を「行っている」と答えた経営体を100とした割合である．
　　2）規模階層ごとの低販売金額グループならびに高販売金額グループの分類方法は表3-4の脚注と同じ

表3-15において1,000万円以上の販売高をあげているケースをみると，高販売金額グループの方がその割合が高い傾向がみられるが，100ha以上層などではむしろ低販売金額グループの割合が高い傾向もみられる．

法人の形態では，会社法人ではいずれのグループも，1,000万円以上の販売高をあげている経営体の割合が高く，100ha以上層ではそれが半数以上に達している．1億円以上の販売高をあげている経営体もあるが，データの制約によってこれらの事業の収益性については検討することができなかった．今後の課題としたい．

7. むすび

20世紀末から今日にかけてわが国の水田農業では大きな構造変動が進んでいる．こうした構造変動のもとにある水田作経営のうち，10ha以上の階層にしぼって，企業形態別・水田面積規模別にその経営的特徴を，2015年農林業センサスの組替集計を通じて分析してきた．その結果は以下の通りである．

まず，農産物の販売金額については，会社法人と農事組合法人が他の形態に比べると相対的に高く，100ha以上層では3億円以上の販売金額をあげている経営体もある．1億円以上と答えた経営体の数も全国で200を超えており，水田農業の分野でも高販売金額を達成している経営体が出現していることがわかる．しかし，全体としてみれば，経営の

金額（2015年）　　　　　　　　　　　　（単位：%）

50～100ha		100ha 以上	
低販売金額グループ	高販売金額グループ	低販売金額グループ	高販売金額グループ
100.0	50.0		
	50.0		100.0
33.3	22.7	8.3	20.0
23.8	38.6	33.3	10.0
28.6	20.5	8.3	40.0
5.0	11.0	42.0	20.0
5.0	2.0	8.0	
45.0	24.3	11.1	25.0
20.0	30.0	22.2	10.0
	10.0	11.1	10.0
25.0	14.0	22.0	35.0
	10.0	33.0	5.0
	7.1		5.0

である．

収益性に問題を抱えている経営体が多数にのぼっているという状況も，同時に読みとることができる．

経営体への常雇の導入については，会社法人や農事組合法人を中心に活発に行われており，家族法人や家族非法人の経営体でも50haを超える経営になると平均1人以上の常雇が雇用されている．これらの経営では，常雇の導入が経営の規模拡大のための不可欠な要素となってきている．

男子雇用者が最も多い経営体は，会社法人の100ha以上層で平均6人である．家族法人では4割の常雇が15〜34歳の若手であり，会社法人でも3割を占めている．農業従事者の高齢化が大きく進んでいる中で，男女ともに比較的若い従業員も常雇として雇われている．しかし，組織非法人では45〜64歳ならびに65歳以上の雇用者が男子で9割，女子でも8割を占めており，常雇の多くが高齢者によって占められている．この傾向は農事組合法人においても同じようにみられる．

次に，水田利用と経営複合化についてであるが，稲作1位経営の中で稲の販売金額が8割未満の準複合経営および複合経営の割合は，いずれの企業形態においても10ha未満層では3割程度であるが，その割合は規模が大きくなるに従って増加する傾向をみせ，50〜100ha層や100ha以上層になると5割を超えている．稲以外の作物では，圧倒的に多いのが麦，大豆類であるが，農事組合法人や会社法人では露地野菜や施設野菜，その他作物に積極的に取り組んでいる経営もみられる．会社法人の100ha以上層ではこうした稲以外の作付割合が36％に達している．

この中で，高販売金額グループでは，いずれの階層も露地野菜や施設野菜，その他の作物の作付割合が高い．しかし，100ha以上の高販売金額グループのみ稲単一経営の割合が高く，会社法人の大規模経営の中には稲作のみで事業を営んでいる経営体も存在していることがわかる．その一方で，このグループには多彩な作物を生産する複合経営も多い．

環境への負担の軽減の取り組みについては，これを「行っている」と回答した割合が8割に達しているのが会社法人である．その割合は，どの規模階層においても高く，100ha以上層では9割近くに達している．また，堆肥による土づくりについても，会社法人では半数を超える経営体が取り組んでいる．これ

らの経営体では多品種・高品質の米作りが行われていること，米以外の様々な農作物の栽培にも積極的に取り組んでいることなどが，堆肥による土づくりの取り組みと関連している．

　農事組合法人においても，規模拡大が進むにつれて，土づくりが営農上の重要な課題になっており，その一方で，家族非法人の多くはその割合が低い．

　農産物の販売（出荷）先については，1位が農協であると回答した割合は，組織非法人が最も高く10ha以上層で9割以上，30ha以上の階層ではほぼ100％となっている．ここに集落営農と農協との強い結びつきがみられる．次に高いのが農事組合法人であり平均して8割を占め，家族非法人の7割，家族法人の6割弱がこれに続いている．いずれの形態も農協以外への販売先は，消費者への直接販売を除くとその割合は少ない．

　1位が農協であると回答した割合が最も低いのは会社法人であり，むしろ1位が農協以外の割合が半数を超えている．販売先は小売業者，加工・外食産業，消費者への直接販売などと多様である．しかも，上層ほど多様な販売（出荷）先への販売促進に積極的に取り組んでいる状況がみられる．

　農協を除く販売（出荷）先の累積割合を各グループごとに計算してみると，いずれの階層でも高販売金額グループの方が数値が高くなっていることから，従来から取引のある農協以外にも販売（出荷）先を拡大することが，経営の売上高を大きく伸ばすことにつながっていることがわかる．注目されるのは，上層の高販売金額グループではインターネットを通じた農産物販売が積極的に取り組まれており，それが30％を超えていることである．

　もっとも，どの企業形態の経営体でも農協との関係は深く，1位が農協以外と回答した経営体であっても，農事組合法人の7割，家族法人や組織非法人，会社法人の5〜6割が何らかの形で農協へ農産物を出荷している．

　経営の多角化（6次産業化）の取り組みについては，家族非法人や組織非法人などでは「行っている」と答えた経営体の割合はわずか2〜3％であり，多数の経営体では行われていない．一方，家族法人と農事組合法人では13〜15％の経営体が取り組んでおり，両者ともに100ha以上層ではその割合が20％を超えている．もっとも，「行っている」と回答した経営体の4分の3が500万円未満の販売高にとどまっており，1,000万円以上と答えた経営体の割

合はわずか 16％である.

　これに対して, 取り組みの割合が 30％以上と最も高いのが会社法人である.
しかも, 高販売金額グループの割合が高く, 50〜100ha 層で 4 割を超え,
100ha 以上層では 5 割に達している. 会社法人ではいずれのグループも, 1,000
万円以上の販売高をあげている経営体の割合も高くなっており, 100ha 以上層
ではそれが半数以上に達している.

　しかし, データの制約によって, 経営多角化（6 次産業化）の収益性の実態
については不明である. こうした点についての検討は今後の課題にしたい.

注

1)　家族非法人の 50〜100ha 層, 会社法人や組織非法人の 50〜100ha 層と 100h 以上層
　　などで販売金額が 100 万円未満であると回答したケースが数件ほどあるが, その理由
　　については不明である.
2)　販売金額基準で区分した高販売金額グループと低販売金額グループの違いが, 実は
　　それぞれのグループの水田面積の違いによるものであるのかどうかをチェックするた
　　めに, 各グループの平均水田面積を算出して両者を比較してみた. その結果, 10〜
　　30ha 層ではいずれの企業形態も 1.3 倍前後の面積の格差がみられ, また, 農事組合法
　　人の 100ha 以上層では 1.6 倍, 組織非法人の 100ha 以上層では 1.7 倍の面積の格差が
　　みられた. したがって 10〜30ha 層のグループを比較する場合には 1.3 倍程度の水田
　　面積の違いが影響している点を考慮する必要があり, また, 農事組合法人の 100ha
　　以上層については低販売金額グループは平均 135ha の経営体群であり, 高販売金額
　　グループは平均 210ha の経営体群であること, そして組織非法人の 100ha 以上層に
　　ついては, 前者が平均 140ha の経営体群であり, 後者が平均 240ha の経営体群であ
　　ることを念頭に置く必要がある. その他の形態や規模階層の各グループについては,
　　両者の水田面積の違いはおおむね 1.0〜1.2 倍の範囲内にあることから, それぞれの数
　　値の違いは他の要因によるものと考えられる.

参考文献

安藤光義（2017）「法人化, 専業化, 農地集約はどう動いているか　2015 年センサスに
　　みる農業・農村の構造変化」『農業と経済』2017 年 5 月号, 昭和堂.
金田吉弘（2015）「近年の水田農業における栽培技術の動向について－土壌肥料分野を
　　中心として－」「農業」No.1957, 大日本農会, pp.6-22.
佐藤了（2017）「生業的家族農業経営の存立構造」鵜川洋樹・佐藤加寿子・佐藤了編著
　　『転換期の水田農業』農林統計協会.
大日本農会編：八木宏典・諸岡慶昇・長野間宏・岩崎和巳著（2017）『地域とともに歩
　　む大規模水田農業への挑戦』農山漁村文化協会.

南石晃明（2017）「農業経営革新の現状と次世代農業の展望」『農業経済研究』89 (2) pp.73-90.
農林水産省（2017）『平成 29 年版　食料・農業・農村白書』農林統計協会.
農林水産省（2017）「米をめぐる関係資料」.

第4章

我が国農業における活力創造施策の課題
－水田農業経営における飼料用米導入及び規模拡大過程に着目して－

内 山 智 裕

　我が国の農業の中でも，特に水田農業の競争力を強化するために，政府は「農林水産業・地域の活力創造プラン」を平成25年に策定，平成28年以降も継続的に改訂している．中でも注目される政策目標の1つが，「生産・流通コスト低減を通じた所得増加を進めるため，担い手による米生産コストを今後10年間で全国平均比4割削減する」ことである．一方，主食用米に対する国内の需要が減少を続ける中，行政による生産目標数量の配分に頼らずとも需要に応じた生産が行える体制（いわゆる減反廃止）を構築する一環として，飼料用米の生産振興も目標とされている．すなわち，今後の我が国における水田農業を展望する際には，主食用米の生産コスト低減と飼料用米の生産振興の2つが，重要な柱となると考えられる．

　そこで本章では，上記2つの柱について，それぞれ論考を行う．

1. 稲作経営の規模拡大過程におけるコスト削減の阻害要因の考察
　－東海地域を事例として－

　政府が2014年に公表した「農林水産業・地域の活力創造プラン」では，生産・流通コスト低減を通じた所得増加を進めるため，担い手による米生産コストを今後10年間で全国平均比4割削減することを目標としている．その達成に有効な手段となるのが，稲作経営の規模拡大である．

　水田農業の規模論・コスト削減に関する論考は数多い．梅本（1993）は，区画の大型化や圃場の集団化は省力化に繋がる可能性が大きいものの一定の限界があること，秋山（2006）も，明瞭な規模の経済は確認できないと報告している．稲本ほか（1993）は，雇用労働や協業組織の導入を伴う規模拡大には，経

営管理の非効率発生の可能性を多く有することを指摘している．生源寺（2011）は，コストダウン効果が見られるのは10ha程度までであり，無理に作付面積を拡大すると適期外に田植えを行い，収量や品質の低下，更には圃場の遠距離化，分散化が生じコストアップ要因として作用しかねないとしている．また，平石（2009）は，水田作経営の収益性は，規模条件よりも経営管理の徹底により規定されることを明らかにしている．

　ただし，これらの分析は，農林水産省の各種統計調査における平均値の活用，あるいは同一地域など同様の条件下にあり，規模の異なる経営を横断的に比較するものが多い．しかし，個々の経営体における規模拡大が，生産費の低減をもたらすとは限らない．

　そこで本章では，東海地域における1つの大規模稲作経営に着目し，その規模拡大過程で経験してきたコストの実態を分析し，今後の規模拡大経営が直面しうる経営管理上の課題を明らかにする．具体的には，東海地域の担い手経営における規模拡大過程に着目し，生産費の推移からコスト削減の阻害要因を考察する．

（1）　東海地域の大規模稲作経営

米全算入生産費の変化

　図4-1は，全国および東海地域における60kg当たり全算入生産費の経年変化を規模別に眺めたものである．全国・東海5.0ha以上層では60kg当たり米生産費の低減が見られる一方，東海地域の生産費はかつて全国とほぼ同水準であったが，費用が高止まりし，徐々に差が開いている．その要因として，東海地域では種苗費，その他の諸材料費，賃借料及び料金，建物費，農機具費（自動車費も含む），生産管理費，労働費が高コストであることが挙げられる．

　なお，東海地域は，全国平均と比較して，10a当たりの米単収が低く（平成24年で全国529kg，都府県525kg，東海501kg），30a以上区画の割合も低い（全国31.0%，都府県26.0%，東海11.0%）といった特徴があり，これらが高コストに留まる背景として指摘できる．

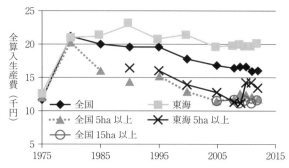

図4-1　60kg当たり米生産費の時系列分析

15.0ha以上層に占める組織経営体の割合

　大規模農業経営といっても，農家などの個別経営体や協業経営・集落営農等の組織経営体とでは，質的な差がある．

　農林業センサス2010年において，全経営耕地面積に占める15.0ha以上層の経営耕地面積シェアと組織経営体の経営耕地面積シェアの関係を県別に見ると，全国平均が15.0ha以上シェア15.5％，組織経営体シェア12.1％に対し（以下同順），同じ東海地域でも，岐阜は24.2％と22.0％，愛知20.6％と8.8％，三重16.6％と9.3％となり，岐阜では組織経営体のシェアが比較的高く，愛知・三重のそれは低い（個別経営体シェアが高い）という特徴を有している．次節で取り上げる三重県のM農産は，愛知・三重にみられる個別経営体による経営展開の一例として位置づけることができる．

(2)　事例分析

対象事例の経営概況

　本章では大規模個別経営の規模拡大過程におけるコスト削減の実態を探るべく，三重県内にある大規模個別経営の(株)M農産を対象事例に，法人化後の生産費の推移を分析する．

第4章 我が国農業における活力創造施策の課題　　105

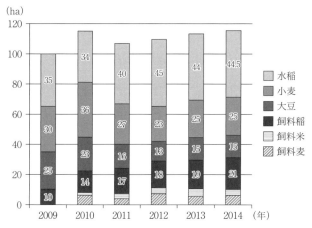

出所：M農産．
注：1) 各期の会計期間は，前年11月1日〜当年10月31日．
　　2) 作業受託を含む．但し，水稲の作業受託はほぼ確認されない．

図4-2　M農産の作目別作付延べ面積の変化

　M農産は，法人化前に「優良担い手表彰・農林水産大臣賞」[1]を受賞するなどの実績があり，先進的な稲作経営と位置付けられる．M農産が本格的に規模拡大を開始したのは，1998年である．それ以前は自作地53aを耕作する兼業農家であったが，地域の他の兼業・高齢農家から作業委託や農地賃貸の依頼が入るようになった．農機類を徐々に大型のものに更新し，経営面積が5.0haとなった1998年にM農産としての活動を開始した．その後も積極的に農地集積と農地保有合理化事業等の活用による集約化（20団地から4団地へ）を進め，2008年に法人化した．

　M農産の特徴の1つが，JAの集荷率が必ずしも高くない地域において，原則として全量をJA出荷としていることである．また，フレコン出荷形態をとる，直播栽培に取り組む等，付加価値販売よりも低コスト志向の強い経営といえる．

　図4-2は，法人経営開始時の2009年（第1期）から2014年（第6期）にかけての作付延べ面積の変化を作目別に示したものである．作付延べ面積の合計は，2009年100.0ha，2010年115.0ha，2011年107.0ha，2012年110.0ha，2013

年113.5ha, 2014年115.5haと拡大している（2014年の耕作面積は76.0ha）. 作目別に見ると，2009年では，飼料米，飼料麦の作付が行われていなかったが，規模拡大に伴い，飼料米を2.0〜5.0ha程度，飼料麦を4.0〜7.0ha程度作付している．同時期において，小麦や大豆の作付面積は縮小傾向にある．M農産では，各作目の価格動向や補助金等からその年ごとに品目構成を変化させる．例えば，主食用の米価が8,000円を切れば，小麦を増やし，その後作であるWCS（飼料稲）も増やしている．圃場状況は，団地数は4，圃場の大きさは平均20a，圃場枚数は約350，圃場までの距離は，420m〜8.3kmであり，ごく一部に離れた圃場が存在する．一般的には，規模拡大過程におけるコスト削減阻害要因として，耕地分散が挙げられる．しかし，M農産はJAの受託部会に所属し，農地の分散が起こらないような工夫がされている．

労働力は，聞き取り時では家族3名と従業員2名であった．経営耕地面積の拡大とともに雇用人数を増やしているが，定着には繋がっていない．

また，規模拡大過程において，機械等は定期的な更新のみであり，特に大きな変化は見られない．

図4-3はコメの単収の変化を示した．品種はコシヒカリ，みえのえみ，三重

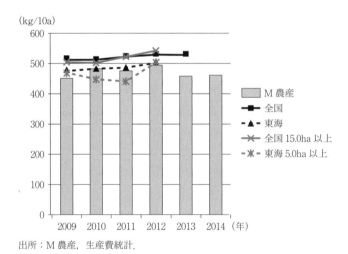

図4-3　M農産における10a当たり米単収の変化

23号がある．10a当たり単収は450〜500kg/10aで推移しており，2014年における平均単収は，全国529kg/10a，東海501kg/10a，全国15.0ha以上542kg/10a，東海5.0ha以上502kg/10aであり，M農産のそれは東海地域平均と同水準である．なお，2013年から2014年にかけて単収が低いが，これは台風の影響から収量が減少したためである．

生産費分析

M農産（2012年）の総勘定元帳を元に，1つ1つ明細を確認し，米生産費を種苗費，肥料費等の15の費目に再分類した[2,3]．図4-4は物財費，労働費等を全国・東海平均，全国・東海の大規模層平均と比較したものである．同図によると，M農産では物財費が他を大きく下回る．詳細にみると，土地改良及び水利費は，4団地の内，1団地のみ田植え時に耕作者負担が発生し，その他は地権者の負担となっている．また，建物費・自動車費・農機具費には修繕費や減価償却費が含まれるが，2007年以前の個人経営時代の施設が多くあり，

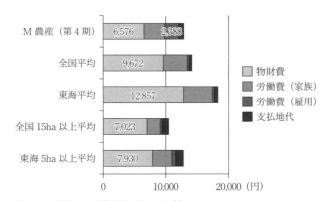

出所：M農産，生産費統計（2012年度）．
注：1）本分析では農機具費をM農産の第5期作業日誌を元に，使用時間により機械ごとに按分率を求めた．但し，農機具費に含まれる草刈工程と自動車費は，稲作における使用時間が不明のため，面積割合で按分した．
　　2）共通部門の按分率40.0％は，M農産からの聞き取りによる．なお，2014年8月現在，作業受託を含めた水稲の作付面積割合は38.31％，作業受託を含めない場合は，42.27％である．

図4-4　60kg当たり米生産費比較

除草効果の高い農薬を使用しているため農業薬剤費が高いものの，総額では低く抑えられている．なお，生産管理費は，通信費や旅費交通費，研修費，消耗品費等が含まれている[4]．M農産では，3年以上勤めた人に対しては積極的に研修会に参加するよう促しており，年間10回以上となっている．そのため，旅費交通費，研修費が高く，生産管理費を引き上げている．

60kg当たり物財費が低い一方，雇用労働費が著しく高いことも特徴である．

八木（2010）は，生産費統計調査は比較的優良ないし条件の良い農業経営を対象としていること，生産管理活動に分類されていない集会出席・技術取得・資金調達や作業受託にかかる労働時間は除かれていることから，60kg当たり労働費が低く出る可能性があると指摘しているが，M農産では雇用労働費が高くなっている．生産費調査の対象経営体には法人経営が少ないことを考慮する必要があるが，この点は後に改めて検討する．

次に，水稲部門におけるM農産の生産費について時系列分析を行う．図4-5は，2009年から2013年における10a当たり生産費の推移を示したものである．2009年は法人経営開始時の会計期間であり，他の年度と比較して10a当たり米生産費が低い．水稲作付面積が2011年の40.0haから2012年の45.0haに拡

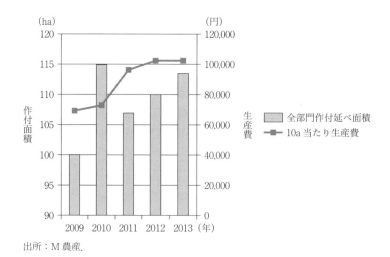

出所：M農産．

図4-5　10a当たり米生産費時系列分析

第4章 我が国農業における活力創造施策の課題

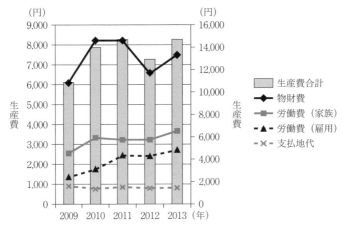

出所：M農産．
注：1) 建物費及び農機具費以下4費目は主軸，生産費合計は第2軸に対応．
　　2) 支払地代は除く．

図 4-6　60kg 当たり米生産費時系列分析

大した際に生産費が低減したが，後は低減が確認されない．更に，単位当たり雇用労働費が急激に上昇している．また，単位当たり物財費が変動する中で，農機具等の賃借料は減少する一方，僅かではあるが，建物費や農機具費の減価償却費が増加傾向にある．そこで，図4-6には図4-5と同様の手法を用い，60kg当たり米生産費を示した．収量単位においても同様の結果が得られたことから，規模拡大過程におけるコスト低減を阻害する主要因は収量に限定されるものではないといえる．

小括

以上の分析から明らかになったのは，M農産の規模拡大の過程において，必ずしも単位当たりコストが低減していないことである．その要因として，次の2点が挙げられる．

第1に，建物費，農機具費等の多くの費目において，持続的なコスト低減が発揮されていない．水稲作付面積が2010年から2012年にかけて急激に拡大している．このうち，2011年から2012年にかけては単収が上がったために単位

当たりコストは低減しているが，その他の局面では規模拡大に伴うコスト低減を見出すのが困難である．

　第2に，単位当たり雇用労働費の急激な上昇が挙げられる．2009年から2013年における単位当たり米生産費の推移を見ると，家族労働費に関しては2009年を除く他の年では3,000円/60kg台でわずかに上昇している一方，雇用労働費に関しては年々増加しており，2013年では約2,700円/60kgと2009年約1,300円/60kgの2倍に増加している結果となった．雇用労働費の上昇が，単位当たり米生産費を引き上げていると考えられる．

（3）　考察：雇用労働費の上昇

　M農産では，規模拡大過程において雇用労働費の上昇が見られる．一方，全国的な単位当たり米生産費を規模別で比較すると，雇用労働費に関しては，各規模層で変動はあるものの，大規模層はわずかに増加しているにとどまる．M農産とこれらの差の大きさが確認できる．雇用労働費の上昇の要因としては，① 10a当たり労働時間に占める雇用労働の割合の増加，②雇用導入による非効率に起因する10a当たり労働時間の増加，③雇用労働単価の増加が想定される．

　これについてM農産の経営者は，雇用労働者には給与面では手厚い待遇をすべきであるが，単価を上げるのではなく，研修会への参加など，農業を学ぶ機会を提供するなどして，雇用労働者に還元することに努めている．従って，③の要因は考えられない．また，聞き取り調査の中で，従業員の定着率の低さを課題として挙げていた．M農産では，平均2.6人の常時雇用を保持しているが，被雇用者の出入りが激しい．これは農業法人で珍しいことではない．図4-7は，M農産における外部雇用の人数の推移を見たものであるが，第2期春に雇ったが春作業終了後に退職，さらに秋に1名が退職，第3期春に採用したが収穫作業時に退職，第4期の収穫作業時に退職，その後従業員を2名採用するものの相次いで退職，といった状況が確認できる．なお，雇用する人材は県農業大学校や地元のハローワークなどを通じて募集しているが，M農産では農業経験がなくても採用する．特に農業未経験者を採用した場合には，作業の際に一人が指導係として付き添う必要があるため，雇用に伴い新たに発生した費

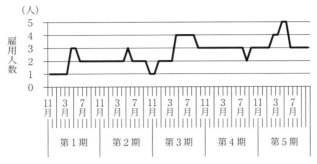

図 4-7　M 農産における常時雇用の推移

用分だけの労働力供給の増加が期待できない（むしろ減少する）．被雇用者が継続的に従事すれば，このような「投資分」が回収できるが，回収前に退職してしまっている実態がある．従って，②で指摘した雇用労働力を有効に活かしていないことが，単位当たり雇用労働費の上昇に影響している．なお，①に関しては，データ不足のため，可能性の否定はできなかった．

　ここで，単位当たり雇用労働費上昇について，付加価値分配の視点から考察する．付加価値額の分配方法は，日銀方式（付加価値額＝経常利益＋人件費＋賃借料＋減価償却費＋金融費用＋租税公課）を用いたが，本論では「利益として計上する場合（経常利益）」と「労働者に分配する場合（人件費）」，「機械等に投資する場合（減価償却費）」の 3 点に着目した．図 4-8 は，付加価値の分配額を示し時系列分析を行っている．2013 年の経常利益が低い点については，台風被害により収量が低下したこと，助成金が少なかったこと，また，家族経営による家族労働報酬の固定化等が要因として挙げられる．また，2011 年以降は付加価値総額が減少する中，人件費は一貫して増加している．従って雇用労働費の上昇は，作為的に労働者への分配を高くしたわけではなく，配当原資が不足する中で発生したものといえる．

（4）　まとめ

　本論で取り上げた M 農産の規模拡大過程においては，労働費の上昇による

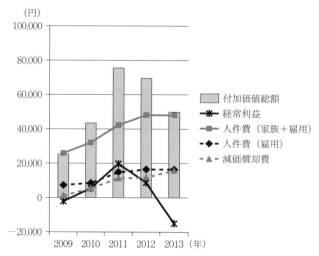

出所：M農産．
注：金融費用，租税公課に関しては数値が小さいため省略した．なお，付加価値の総額の帯グラフに関しては，上記項目を加えた値である．また，助成金を売上高に含めている．

図4-8　付加価値分配額時系列分析（10a当たり）

コスト削減の停滞が確認された．その要因として，雇用労働力の有効活用ができていないこと，単位面積当たりの雇用労働の割合の増加の2つが強く影響していると考えられる．特に，前者については，今後の稲作経営が規模拡大・外部雇用を進めていくことを想定すると，M農産の事例は多くの稲作経営が現在経験しつつある，あるいは今後経験しうる雇用管理問題を提起している可能性がある．また，本分析では原価を生産費に該当しないものも含めて計算している．しかし，梅本（2010）も主張するように，雇用型の大規模経営を展開させていくためには，生産過程のみを対象とした生産費で議論するのではなく，原価水準からこれらの費用にも耐えうる経営でなければならない[4]．この観点からM農産の生産費を捉えなおすと，政府の生産費概念では横ばいといえる可能性を残すものの，製造原価基準では明らかに増加している．すなわち，既存の稲作経営の規模拡大を進めると，一時的ではあれ，生産コストがむしろ上昇する場面が想定されうることを示している．

なお，本論は，1つの大規模個人経営の生産費を分析し，規模拡大過程における雇用管理問題がコスト低減の停滞（あるいはコスト増）につながる可能性を指摘するにとどまっている．本論でも確認したように，米生産費は地域間格差が大きく，かつ個別経営体や組織経営体などによる質的な差異も存在する．今後，規模拡大によるコスト削減を考える上で，地域ごと，経営体の形態ごとの比較といったあらゆる視点から考察する必要がある．また，実際に雇用管理問題が発生していた場合，その対策を講じることも農業経営学においては重要な論点となる．以上を記して，今後の課題としたい．

2. 政策変更に伴う飼料用米生産行動の変化
－秋田県 JA かづのを対象として－

(1) 問題の所在と分析視角

我が国の水田経営施策として，飼料用米の生産に対し 10a 当たり 8 万円という手厚い助成金が支給された結果，飼料用米の大幅な作付拡大がみられたが（2010 年の 1,410ha → 2014 年 33,881ha），一方で平均単収は 2013 年でも 498kg（10a 当たり玄米換算）に留まるなど停滞してきた事実が知られている．飼料用米の一層の生産・利用拡大を図るための課題の 1 つとして，「多収性専用品種（以下：多収品種）の導入や地域条件に応じた栽培技術の確立等を通じた収量向上」が課題となっている．

単収停滞の背景としてしばしば取り上げられてきたのが，飼料用米に対する面積当たり固定払い制である．売上単価が主食用米に比べ極端に低い飼料用米では，単収を高めることによる経済的メリットが存在しない（投入を増やし単収を伸ばしても売上は伸びず，逆に資材費や流通経費の増加につながるため，収益性が低下する）ことが，万木・宮田（2013），宮田・万木（2013）らによって示されてきた．また，恒川（2015）は，飼料用米などの「稲による転作」は，麦・大豆などと比べ，耕種農家の意欲と技術面・土地利用条件面での親和性が高く，取り組みの拡大が期待される一方，流通費用等の点で改善の余地を抱えていること，すなわち，生産面だけでなく流通面での費用低減が必要であると指摘している．ただし，流通面での取り組みの前提になるのは，飼料用米

114

の生産面での課題解決，すなわち単収向上である．

2014 年から導入された数量払い制は，単収に応じて助成金が 55,000 円〜105,000 円と変動することで，生産者の単収向上インセンティブになると想定された．また，2015 年 3 月公表の食料・農業・農村基本計画では，飼料用米を 2013 年度の 11 万トンから 2025 年度の 110 万トンへ増産することを目指しており，飼料用米は，政策上も水田経営にとっても，今後ますます重要性を増していく．すなわち，飼料用米の生産が各地域・経営に及ぼす影響を検討し，今後の飼料用米生産体制を展望することが重要となる．

本章では，助成金体制が構築される以前から飼料用米の生産に地域として取り組んできた秋田県 JA かづの管内（鹿角市・小坂町）を事例とし，飼料用米の取り組みの変遷，とくに近年の状況を確認するとともに，政策上・営農上の含意を考察する．なお，本論の内容は，2015 年 2 月に実施した生産者・JA への聞きとり調査に基づく．

(2) 対象地域における飼料用米生産の推移

JA かづのにおける飼料用米作付面積を表 4-1 にまとめた．飼料用米の作付は，2007 年に JA 管内の小坂町の大規模養豚経営，生協，JA の協力によって開始された．JA 管内で生産された飼料用米が大規模養豚経営において給餌され，関東地方を中心とする生協にブランド豚「日本のこめ豚」として出荷される．2011 年までは堅調に生産拡大していたが，2012 年・2013 年は備蓄米の取り組みも見られたことから減少する．その後，2014 年に再び拡大している．

表 4-1 JA かづのにおける飼料用米生産者数・作付面積・出荷量・単収の推移

	2007	2008	2009	2010	2011	2012	2013	2014	2015
経営体数	1	4	41	147	198	170	161	173	232
出荷量（トン）	34	47	273	666	1,058	642	576	1,031	–
作付面積（ha）	6	9	48	142	242	228	203	265	425
単収（kg/10a）	549	520	571	469	437	457	472	586	
（参考）主食用米単収（kg/10a）	540	556	553	559	549	535	543	563	
単収比較（主食用＝100）	102	94	103	84	80	85	87	104	–

注：2015 年のデータは 2015 年 5 月末暫定値．
出所：JA かづの担当者への聞き取り調査および提供されたデータに基づく．

さらに，2015 年は経営体数・作付面積がそれまでの最大となった．

また，表 4-1 からは，生産者が少数であった 2009 年までは主食用米とそん色ない単収が達成されていたが，2010 年から生産者数の増加と対照的に単収が低下したことが確認できる．一方，数量払い制が導入された 2014 年は大幅に単収が向上した．

なお，単収に与える作柄の影響を見るために，主食用米と飼料用米の単収を比較すると，表 4-1 に示したように，2007-14 年の主食用米の単収は，535〜563kg と安定的に推移している一方，飼料用米の単収は作柄にかかわらない低下傾向を示している．主食用米の単収を 100 として指標化した場合，飼料用米の単収は 2007-09 年は 94〜103 で推移していたが，2010-13 年は 80〜87 と停滞し，2014 年に 104 と大幅に向上している．

(3) JA および生産者の対応

JA の新たな取り組みと課題

JA かづのでは，2014 年の主食用米の価格低落を受け，飼料用米の生産者増加を見越し，2015 年産から従来の「区分管理方式」に加え，「一括管理方式」を導入した．「区分管理方式」が従来通りに指定圃場に多収品種を作付し，収穫物を全量出荷するものであるのに対し，「一括管理方式」は，指定圃場で主食用品種（当地域では主にあきたこまち）を作付し，予め決められた数量を飼料用米として出荷するものである．この場合，数量払い制による交付金の増減はなく，多収品種の取り組みに対して支払われる産地交付金 12,000 円/10a もない．そのため，区分管理方式では交付金額が 67,000 円〜117,000 円の間で決まるのに対し，一括管理方式では一律 80,000 円となる．

JA かづのでは，JA グループとして飼料用米の取り扱いを増やす意向であること，飼料用米の補助金支給単価が切り下げられた際のダメージを抑えるために，あきたこまちの飼料用米としての出荷体制を整えた．あきたこまちを飼料用米として取り扱うことは，将来的に飼料用米から主食用米への復帰を円滑に行う準備でもある．多収品種の場合，主食用米に復帰する際に異品種混入の問題を避けられないからである．JA では，あきたこまちの飼料用米としての作付を一定程度奨励しながら，主食用米と飼料用米のバランスをみていく．こ

表 4-2　飼料用米の費用（籾・10a 当たり）

（単位：円）

	2010	2011	2012	2013	2014
生産資材費	28,025	28,025	26,629	26,629	26,629
流通販売費	12,125	17,680	16,363	15,763	21,294
とも補償拠出金	1,000	1,000	1,000	1,000	1,000
計	41,150	46,705	43,992	43,392	48,923

出所：JA かづの.

れは，飼料用米をめぐる政策変更リスクへの対応でもある．

　また，JA かづのでは，飼料用米生産にかかる費用について，表 4-2 に示した試算を開示している．2011 年以降，生産者は飼料用米の出荷形態として籾と玄米を選択することができるが，取り組み当初は籾出荷のみであったため，比較のために籾だけを表示している．

　同表によれば，生産資材費は減少している一方，流通販売費が不安定であることがわかる．

　このような事態が発生する要因として，籾出荷の場合，JA かづの管内に専用カントリーエレベーター（CE）がなく，近隣 JA の CE を利用していることが挙げられる．他 JA の CE であるため，JA かづのとして利用可能な枠が不透明となる．ある年には一定量以上の受け入れを拒否されたが，2014 年は逆に CE に余裕がある状態となるなど，受け入れ体制が不安定であることから，流通販売費も安定しない．結果として，生産者の選択も徐々に玄米にシフトしてきている．一方，生産者からみれば，玄米出荷の方が利幅が大きい．籾出荷にかかる運賃・CE 利用料などが発生しないためである．ただし，玄米出荷の場合は生産者が乾燥・調製を行うこととなり，作業の手間・費用がかかる．また，乾燥・調製施設には主食用米も投入するため，異品種混入の問題に注意を払う必要がある．

生産者の動向

　管内全体としては単収が向上していることを踏まえ，個々の生産者の動向を確認したのが図 4-9 である．2014 年の生産者 173 名中，前年から継続して作付している者は 141 名だが，うち 40 名（28%）は単収が下がっている．また，

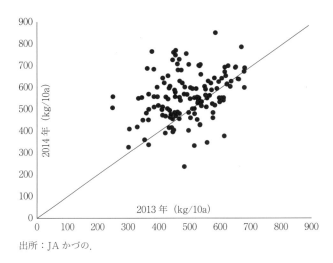

図 4-9 JA かづのの飼料用米生産者の単収比較（2013-14 年）

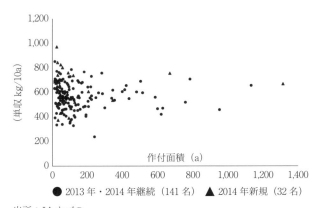

図 4-10 作付面積と単収の関係（2014 年度）

2013 年は作付せず 2014 年に新たに取り組んだ者が 32 名いる一方，2013 年は作付したが 2014 年は取り組まなかった者も 20 名いる．このように，単収は全体として向上しているものの，個々の事情は異なる[5]．

図 4-10 では，2014 年における作付面積と単収の関係をみた．作付面積が

表 4-3　生産実績別の飼料用米生産状況

	作付面積 (ha)	収量 (t)	単収 (kg/10a)
従来からの生産者の 14 年実績（141）	225	1,256	559.3
14 年継続者の 13 年実績（141）	195	924	473.5
新規生産者の 14 年実績（32）	41	264	644.2
取りやめた者の 13 年実績（20）	9	39	454.9

出所：JA かづの（括弧内は生産者数）.

200a 未満の生産者が圧倒的に多く，単収のばらつきも大きい．同図では，2013 年からの継続生産者と 2014 年の新規生産者を区別して示したが，大きな差異は図中では確認できなかった．

次に，生産者の生産実績別に単収等の状況を比較したのが表 4-3 である．

これによれば，2013 年から継続して生産している者の単収向上（473kg → 559kg），新規の生産者の高単収（644kg）および，2013 年の単収が相対的に低かった者（454kg）の作付取りやめ，といった要因の組み合わせにより地域全体の単収向上がもたらされたことがわかる．

（4）　事例分析

万木・宮田（2013）は，2012 年当時のかづの地域における飼料用米の単収低下要因について，1）作付面積の拡大に伴い，条件が好ましくない圃場での生産が増加，2）生産方法が移植から直播へと変更，3）肥料・農薬の種類や量，施用方法が変更などの仮説を挙げ，検証の結果，4）投入の変更，具体的には投入量の低下が主なものであると結論付けた．その原因として考えられたのが，飼料用米の低単価と面積当たりの固定払いである．2014 年の数量払い制の導入は，このような生産者の肥培管理行動を変化させたと考えられる．ここでは，2009 年当時から飼料用米を生産していた 4 事例に聞き取り調査を行い，飼料用米生産の現状と政策変更に伴う今後の作付意向について確認した．4 事例の概況については，表 4-4 に示した．

事例 A は，飼料用米は従来から多収を志向しており，今後の作付を拡大する意向を持っている．事例 B は，飼料用米は従来から多収を志向しており，

第4章　我が国農業における活力創造施策の課題　　119

表 4-4　聞き取り対象事例の概況

事例名	A	B	C	D
2014 年の面積・品目	主食用米 4.0ha 飼料用米 3.5ha	主食用米 2.25ha 飼料用米 1.10ha トマトなど 46a	主食用米 11ha （米粉用米区分出荷 約 300 俵） そば 60a てっぽうゆり 10a	主食用米 3.0ha 飼料用米 1.0ha 野菜 2.5ha（うち 70a ハウス）
自作地	1ha	2.0ha	4.3ha	4.3ha
主食用米の品種	あきたこまち・ 淡雪こまち	あきたこまち	きたこまち	あきたこまち・ひと めぼれ
飼料用米の品種	べこごのみ（直 播）	ふくひびき	—	ふくひびき
飼料用米の取り組み	2009 年 1ha よ り徐々に拡大	2009 年 29a か ら徐々に拡大	2013 年にとりやめ	2009 年 1.0a から変 更なし
農業従事者	1 名	1 名	2 名（夫婦）	4 名（経営者夫妻， 母，子）
飼料用米の作付意向	拡大	維持	未定	維持
備考	—	農外所得・不動 産収入あり. トマトなど施設 部門の比重を高 めている.	飼料用米は，（多収 品種のため）主食 用米への復帰困難 なのが問題. 集荷 体制にも不満（籾出 荷がままならない）.	飼料用米は少ない面 積でたくさんとるも の. 野菜部門の拡大を進 めるのが基本. 後継 者と相談して決める.

聞きとり調査による.

作付面積は維持する方針である. 事例 C は, 飼料用米を作付していたがとり
やめており, 今後の作付再開は未定である. 事例 D は, 従来から飼料用米を
作付しており, 単収も低くないが, 作付は小面積にとどめている経営である.

　これらの農家に飼料用米の作付に関する意向およびその要因等について聞き
取りを行った結果は, 以下のようにまとめることができる.

　第 1 に, 主食用米の価格下落を受け, 飼料用米に対する期待所得が高いこと
である. 当地域のように飼料用米の販売先が安定的に確保されている場合は,
数量払い制の導入が作付への強いインセンティブとなる. 事例 A では, この
ような要因から飼料用米の作付拡大を志向している.

　第 2 に, 水田作の経営内の位置づけによっては, 飼料用米の作付を限定する

表4-5 事例Bにおける売上高の部門別割合

(単位：%)

	2010	2011	2012	2013	2014
稲作	37.4	31.0	34.8	29.0	25.2
トマト	60.8	68.7	43.2	50.0	49.1
水耕栽培	1.8	0.2	20.7	19.9	24.2
共通	0.0	0.0	1.2	1.2	1.5
計	100.0	100.0	100.0	100.0	100.0

出所：B経営の財務記録より計算．分類方法はB経営による

ことである．事例Dは，後継者を確保し，野菜部門拡大を志向しており，飼料用米は「少ない面積でたくさんとるもの」と意識している．また事例Bでは，施設園芸の比重を高めている．表4-5に示したように，施設園芸を重点化したことに伴い，売上高に占める稲作の割合は低下した．当事例では配偶者が農外勤務しており，不動産所得もあることから，稲作部門は現状を維持する意向が強い．このように，稲作の経営内における位置づけにより，個々の生産者の対応は異なってくる．

第3に，飼料用米の取り組みには政策変更リスクがあるという認識は，JA担当者のみならず，生産者間でも共有されていることである．事例Cは飼料用米の作付を取りやめた理由として，一旦多収品種を作付した圃場では，主食用米への復帰に時間がかかることを挙げている[6]．事例Bも，政策変更の可能性をリスクとして指摘し，主食用米と飼料用米とのバランスを考えることが重要だとしていた．飼料用米の作付拡大を志向する事例Aでも，助成金の給付方法が変更される可能性も考え，今できる範囲で対応するスタンスをとっており，政策変更リスクは認識されている．

(5) まとめ

飼料用米生産の先進地ともいえる鹿角地域では，2014年の数量払い制の導入により，地域全体では単収が大幅に向上し，2015年にはさらなる作付拡大が行われている．本章では，1）既存の生産者の単収の向上，2）単収向上があまり期待できない生産者の退出，3）新規の生産者（高単収）の増加，を通じ，地域の飼料用米単収の向上に寄与していることを明らかにした．

第4章　我が国農業における活力創造施策の課題　　　　121

　一方，作付面積の拡大は，取り組み生産者数の増加を伴うが，小規模生産者による飼料用米生産の増加は，特に単収水準に大きなばらつきをもたらす可能性がある．本論では，新規取組者の単収平均が高いことを見たが，その安定性・継続性をいかに図るかも課題となる．実際，2013年から2014年にかけて地域全体では単収が向上しても，単収が低下した生産者が28％存在した．万木・宮田（2013）は，助成金の固定制が生産者の生産資材投入および単収の低下につながったことを指摘したが，数量払い制の導入により単収が上がるとは限らない．数量払いによっても，「単収が上がらない」のではなく，「単収が下がる」生産者が存在する．当地域における一括管理方式（主食用品種）の導入は，単収のばらつきを平準化させると期待されるが，単収が低い生産者に対しては，肥培管理などの技術指導が不可欠である．

　また，2009年当時から飼料用米生産に取り組んできた生産者の事例調査からは，生産者個々の事情や判断による多様性を確認できた．共通して指摘できるのは，補助金の体系に即物的に対応した肥培管理を行ったわけではないこと，および水稲以外にどのような部門（農外含む）を抱えているかにより，飼料用米作付行動（特に飼料用米生産の面積・主食用米との比）は変化するということである．彼らは従前の政策設計においても多収を志向していた．飼料用米の全国的な単収向上に向け，このような技術・ノウハウの収集・分析・普及が必要といえる．本論の分析結果は，数量払い制の導入，多収品種の普及に加え，本論で見られたような生産者の「ばらつき」に対応した生産技術の確立が重要であることを示している．

　最後に，本論は，1）飼料用米の生産拡大条件が良好（安定的な販売先を確保）な地域における分析であること，2）政策変更と主食用米の価格下落が重なるなど，中長期的な飼料用米生産の定着条件を考察するには，やや特殊な環境下における分析であること，という固有の要素がある．いずれも，他地域における比較分析や当地域における継続的な分析により補完すべきものである．

3.　総括

　以上見てきたように，「活力創造プラン」等で示されている我が国農業の競

争力強化は，「規模拡大すれば生産コストが下がる」，あるいは「生産調整廃止に伴う影響は，飼料用米の生産拡大によって吸収できる」といった単純なものではなく，水田農業経営における労務管理あるいは生産管理といった経営管理の不断の改善を伴って，初めて具現化するものである．各経営における主体的な改善努力が大前提とはなるものの，その支援を公的普及組織あるいは民間セクターの活用によりいかに果たすかも重要な論点となる．

［付記］本章は以下の2つの論文を原著としている．
  －山口莉穂・内山智裕「稲作経営の規模拡大過程におけるコスト削減の阻害要因の考察－東海地域を事例として－」『農業経営研究』54(4)，pp.42-47（2017）
  －内山智裕，宮田剛志「政策変更に伴う飼料用米生産行動の変化－秋田県JAかづのを対象として－」『フードシステム研究』22(3)，pp.281-286（2015）

注
1) 2010年度から表彰名が「全国優良経営体表彰」に変更されている．
2) データの制約上，企業の簿記と農林水産省の計算方法では根本的に異なる．例えば，生産管理費として分類している通信費・旅費交通費・研修費・消耗品費・福利厚生費の一部は，生産費に該当せず，本分析による計算が高く算出されている可能性がある．しかし，M農産の規模拡大過程における生産費の傾向を見る際には比較対象として生産費調査が最も有用なデータであることから，限界を踏まえた上で採用することとした．
3) 生産費調査に基づき，販売費等の流通段階の諸経費は計上していない．
4) 梅本（2010）の調査対象は，業者などへの直接販売の取り組みなど，製造原価を基準として販売単価の設定や売り先の検討を行う経営体である．一方，M農産はJAへ全量出荷を行っており，販売単価を基準に製造原価削減方法を検討する経営体であるといった違いがある．
5) 一部の生産者の飼料用米単収が下がった要因として，JA担当者は，1) 直播の導入による技術的失敗，2) 作付面積の拡大によって肥培管理が疎かになった，3) 作付面積の拡大に伴い，条件不利圃場での作付を行った，の3つの可能性を挙げている．実際には，1) については，より詳しいデータは今回調査では得られなかったが直播に取り組む割合は15%程度である．2)・3) については，データ上，作付面積の拡大が単収低下をもたらした統計的傾向は確認できなかったことなどから，これらの要因が個々の事例において様々に作用していると考えられる．
6) 2015年からの一括管理方式の導入は，事例Cの飼料用米生産復帰の可能性を示唆する．聞き取りによれば，2015年については様子見だとの回答だった．

参考文献

秋山満（2006）「大規模経営における米生産費の検討－栃木県における大規模農家の実態を中心に－」『農業経営研究』44(1)，pp.47-52.

稲本志良・小田滋晃・横溝功・浅見淳之（1993）「経営規模論」長憲次編『農業経営研究の課題と方向』日本経済評論社，pp.101-116.

梅本雅（1993）「大規模水田作経営の展開方向」『農業経営研究』31(2)，pp.12-21.

梅本雅（2010）「水田作担い手の構造と経営行動」『農業経済研究』82(2)，pp.106-107.

生源寺眞一（2011）『日本農業の真実』ちくま新書，p.108.

恒川磯雄（2015）「国産飼料流通の実態と費用低減に向けた課題」『日本草地学会誌』60(4)，pp.280-285.

平石学（2009）「大規模稲作経営の収益性格差に関する考察－北海道空知地域を対象に－」『農業経営研究』47(1)，pp.54-59.

宮田剛志・万木孝雄（2013）「飼料用米の作付面積の拡大とその収益性－秋田県JAかづのを事例として－」『フードシステム研究』20(3)，pp.327-332.

八木洋憲（2010）「中山間地域における農地保全に関わる労働投入量の推計－集落カードの利用による」『農村計画学会誌』28(4)，pp.405-411.

万木孝雄・宮田剛志（2013）「農業者戸別所得補償下での単収低下に関する考察－秋田県JAかづのを事例として－」『2013年度日本農業経済学会論文集』pp.9-14.

第**5**章

水田活用の直接支払がもたらした水田利用構造の変化
－鹿児島県・K 地区に見る WCS 稲の展開を中心に－

李　　哉　法

　近年，水田には，家畜の飼料となる飼料用米や WCS 稲（稲発酵粗飼料）の作付面積が急速に拡大している．「戸別所得補償モデル事業（2009 年，以下，「モデル事業」とする）」に続く「水田活用の直接支払交付金（2014）」により麦・大豆ほか新規需要米[1] と称される米粉用米，飼料用米，WCS 稲などの「戦略作物」への「主食用米並みの保証（農林水産省 2010）」が実施されている中，多くの地域が転作作物として「飼料用米」と「WCS 稲」を積極的に選択した結果である．WCS 稲に関しては，「水田農業経営確立対策（2000～2003 年度）[2]」から徐々に拡大してきたが，飼料用米の作付面積は，「水田活用の直接支払」が新たに導入した米粉用米と飼料用米への数量払いが大きなインセンティブとなり急激に増加した[3]．その結果，現在（2016 年度）は，飼料用米の作付面積（91,510ha）は WCS 稲（42,891ha）の 2.1 倍となっている．ちなみに，産地交付金の対象となる飼料作物の作付面積（約 10 万 5,000ha）を加えれば，もはや日本の水田面積（2016 年度：約 229 万 6,000ha）の 1 割（23 万 7,000ha，10.3％）が飼料生産に供されている（農林水産省 2018b）．

研究の視点と課題

　本稿は，このように，かつて食用米の生産が行われていた水田に，飼料用米，WCS 稲，飼料作物が栽培されることによって，従来の水田利用構造に何らかの変化をもたらしたのではないかという疑問からスタートしている．なお，ここでは「水田利用構造の変化」を，特定の地域に面的に広がる水田において，栽培作物の組合せおよびその管理方式と，水田利用に関わりを持つ農業経営体間の関係性に見られる変化を包括する意味として用いている．

　かつての食用米および麦・大豆などの水稲以外の作物のほか，調整水田や自

己管理水田などの一部が飼料用米，WCS 稲などへと代わり，各々の用途に適した専用品種の品質向上・増収を図った新たな生産技術の導入が図られていることから，水稲用途別・作物別の圃場，水田作付体系や栽培管理方式に加え，複数作物からなる労働力配分のあり方にも何らかの変化をもたらしていることは容易に考えられる（千田・恒川 2015）．とはいえ，米粒を粉砕し配合飼料として提供する飼料用米は，既存の稲作経営が有する農業機械などの生産手段や農地，労働力といった経営資源を維持したまま，その生産過程を完結的に遂行できるために，新たな担い手の出現を必要とするものではない．

　これに対して，WCS 稲の場合は，米粒が完熟する前に，穂と茎葉を同時に刈り取った後に，サイレージ化した粗飼料への加工が必要であるために，その生産を稲作経営が自己完結的に遂行することができず，ロール・ラップサイレージ化のための専用機械を持つコントラクターを含む畜産事業体の何らかの関与が欠かせない（恒川 2010）．こうしたことから，WCS 稲の生産をめぐっては，畜産経営の関与が強まれば，水田利用に関する意思決定権が稲作経営から需要者たる畜産経営へと委譲され，かつて稲作経営を中心に作り上げた水田利用構造に大きな変化が生じる可能性を排除できない．

　そこで，本稿では，鹿児島県・肝付町に展開する K 地区の水田において，水田活用の直接支払への対応が水田利用構造にもたらした変化を明らかにした．その背景には，関連研究（恒川 2016，星 2016，万木・宮田 2013）には関東，北陸，東北といった，WCS 稲の存在が乏しい米単作地帯を対象に，飼料用米による転作への誘引が持つ政策効果[4]の検証および課題を探っているものが多く，WCS 稲の作付面積が飼料用米を大きく上回っている九州地域なかんずく畜産経営による水田経営への関与（李 2007：206）が強まっている鹿児島県の実態を取り上げた研究は皆無に近いという事情が働いている[5]．

研究方法

　水田活用の直接支払交付金への対応がもたらした K 地区の水田利用構造の変化については，農地台帳を用いて，同制度の前身である「モデル事業」の実施前（2001 年度）に遡り，「水田活用の直接支払」実施以降（2016 年度）との比較を通じて，当該地域の水田作物の組み合わせと水田耕作者の変化を捉えた．

加えて,「水田活用の直接支払」交付金の支払先別・カテゴリ別の面積および金額から,WCS稲をはじめ同制度が求める転作作物の選択に介在している農家間の関係性についても確認した.さらに,同地区において,水田におけるWCS稲および飼料作物の生産を担っている肉用牛繁殖経営が水田利用についてどのような意思決定を行っているのかを観察した.

　以下には,K地区の実態を見るに先立ち,新規需要米と称される他用途米の作付実態を地域(ブロック)別に確認した後に,2005年と2015年の農業センサスの比較により,鹿児島県の水田利用構造が変化した様子を捉えておきたい.

1. 地域別にみる新規需要米の選択

(1) 地域別に見た飼料用米・稲の作付実態

　2016年度の新規需要米の作付面積は142,740haであるが,そのうちの64.1%(91,510ha)を飼料用米が,30.0%をWCS稲が,5.8%を米粉用米,輸出用米,バイオエタノール用米などのその他用途米が各々占めている(表5-1).全国的にみれば,飼料用という用途は共通するものの,水田活用の直接支払への対応においては飼料用米がWCS稲より積極的に選択されている.しかしながら,表5-1を見る限り,その選択結果は地域によって大きく異なっていることが見て取れよう.

　飼料用米の作付面積合計の62.7%(57,375ha)は,東北(32.7%)および関東(30.0%)の水田に集積されている.また,各々の地域が有する新規需要米の作付面積に占める飼料用米の面積シェアを見ると,北陸,近畿,中国,九州を除く,いずれの地域において80%前後となっているが,多くの地域で飼料用米に依存した新規需要米への対応がなされているということである.

　WCS稲の作付面積について見れば,東北(7,700ha,18.0%)や関東(4,117ha,12.5%)にも相対的に多くの面積が見られるものの,その大半(24,192ha,56.4%)は九州地域に集まっている.九州に関しては,WCS稲の作付面積の74.0%を,熊本県(7,629ha),宮崎県(6,614ha),鹿児島県(3,657ha)の3つの県が有している.ちなみに,これら3つの県の新規需要米

第5章　水田活用の直接支払がもたらした水田利用構造の変化　　　127

表5-1　地域別によって異なる新規需要米への取組み

	主食用米 (ha)		新規需要米 (ha)										
			飼料用米			WCS			その他（米粉、輸出用など）			合計	
		%		%	%		%	%		%	%		%
北海道	98,600	97.0	2,433	79.4	2.7	500	16.3	1.2	130	4.2	1.6	3,063	3.0
東北	334,300	89.7	29,942	77.6	32.7	7,700	20.0	18.0	922	2.4	11.1	38,564	10.3
関東	221,131	87.0	27,433	83.4	30.0	4,117	12.5	9.6	1,352	4.1	16.2	32,902	13.0
北陸	180,100	93.8	7,284	61.1	8.0	999	8.4	2.3	3,630	30.5	43.5	11,913	6.2
東山	57,680	93.6	3,384	85.6	3.7	488	12.3	1.1	83	2.1	1.0	3,955	6.4
東海	69,000	92.1	4,862	82.2	5.3	846	14.3	2.0	204	3.5	2.4	5,912	7.9
近畿	99,490	96.4	1,544	41.3	1.7	1,201	32.2	2.8	990	26.5	11.9	3,735	3.6
中国	101,100	92.8	5,197	66.6	5.7	2,155	27.6	5.0	450	5.8	5.4	7,802	7.2
四国	49,500	94.1	2,358	76.1	2.6	693	22.4	1.6	46	1.5	0.6	3,097	5.9
九州	158,800	83.3	7,073	22.2	7.7	24,192	76.1	56.4	532	1.7	6.4	31,797	16.7
熊本	32,200	77.6	1,402	15.1	1.5	7,629	82.0	17.8	277	3.0	3.3	9,308	22.4
宮崎	15,000	67.6	528	7.3	0.6	6,614	91.9	15.4	58	0.8	0.7	7,200	32.4
鹿児島	19,600	81.2	866	19.1	0.9	3,657	80.7	8.5	6	0.1	0.1	4,529	18.8
合計	1,369,701	90.6	91,510	64.1	100.0	42,891	30.0	100.0	8,339	5.8	100.0	142,740	9.4

出所：農林水産省「2016年度新規需要米の都道府県別の取組計画認定状況」.

の面積に占める WCS 稲の面積シェアは，各々82.0％，91.9％，80.7％であることから，飼料用米の存在は極めて乏しいことがわかる．

　以上のようなブロック別の飼料用米および WCS 稲の作付面積の違いに基づいて言えば，前者は東日本に，後者は，九州地域に各々の面積が集積されていると言って差し支えない．

(2)　WCS 稲の選択を左右する地域内の粗飼料需要

　WCS 稲をはじめ牧草，稲わらなどの粗飼料を給餌している畜産部門[6]は，肉用牛部門の繁殖経営と酪農部門であるほか，粗飼料は，容積を消耗する荷姿により相対的に高くつく輸送コストや長距離輸送による品質低下への懸念もあって広域流通が困難である（小野2010）．従って，各々の地域における生産牛および乳用牛の飼育頭数は，当該地域の粗飼料の総需要量を表しているといってよい．

　そこで，各々の県における生産牛および乳用牛の飼育頭数と WCS 稲の作付

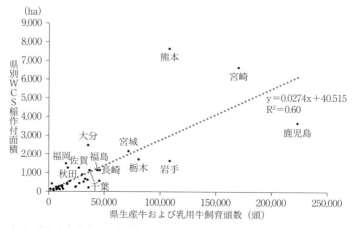

出所：農林水産省「2016年度新規需要米の都道府県別の取組計画認定状況」及び同「畜産統計」2016年度.
注：北海道はじめ WCS 稲の作付実績のない一部の県は除外している．

図 5-1　粗飼料需要と WCS 稲面積

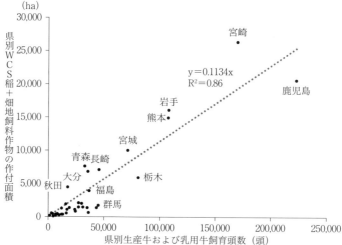

出所：図 5-1 に同じ．
注：北海道はじめ WCS 稲の作付実績のない一部の県は除外している．

図 5-2　粗飼料需要と粗飼料供給基盤

面積の相関関係を求めた（図 5-1）．図 5-1 からは，これら生産牛と乳用牛の飼育頭数に比例して，WCS 稲の作付面積が大きくなっていく傾向が見て取れる．すなわち，WCS 稲の作付面積は，基本的に当該地域の肉用牛繁殖経営および酪農経営からなる粗飼料の需要を反映している．

ところが，図 5-1 には，熊本県，宮崎県，鹿児島県，岩手県，大分県などの WCS 稲作付面積は，回帰線を大きく離れていることが目につく．そして，図 5-2 と合わせみれば，その理由には畑地における飼料作物の作付面積が関係していることがわかる．

図 5-2 では，県別の生産牛および乳用牛の飼育頭数と，粗飼料の作付面積の合計（水田の WCS 稲＋畑地飼料作物）との関係を確認した．これにより一部の県における WCS 稲の作付面積と粗飼料需要とのずれが解消され，両者の関係には図 5-1 より強い相関が見られた．すなわち，WCS 稲の作付面積には，地域内の粗飼料需要を反映しているものの，畑地飼料作物の供給量とのバランスが意識されている．ちなみに，最も大きい WCS 稲の作付面積を有する熊本県については，県内の粗飼料需要から見た畑地飼料作物の供給力が相対的に弱かったが故に，より積極的な WCS 稲の拡大が図られたと言える．これに対して，宮崎県と並んで国内最大規模の粗飼料需要を持つ鹿児島県の WCS 稲の作付面積が熊本県のそれを下回っている理由は，比較的に大きい畑地飼料作物の作付面積が WCS 稲の面積拡大制約要因として作用していることが考えられる．

いずれにせよ，水田活用の直接支払への対応において WCS 稲を選択するためには，周辺地域に畜産経営が展開していることが欠かせないことが明らかになった．

2. 鹿児島県における粗飼料生産と水田活用の取り組み

(1) 食用米の減少と粗飼料供給の強化

鹿児島県は，農業産出額（2016 年度，4,435 億円）の 64.1％を畜産部門が占めている，国内有数の畜産県であるが，とりわけ肉用牛部門の産出額シェア（23.9％）は目立って高い．また，農地に関しても，水田面積（22,000ha）より畑（45,000ha）が多いことから南九州畑作地帯とも言われている．なお，米の

産出額は農業産出額合計に占める割合はわずか 4.3％と低く，国内では稀にみる米の移入県である．言い換えれば，関東，東北，北陸と比べ，農業生産における畜産業の有する地位が極めて高く，水田及び米のそれは相対的に低いということである．

現在（2016 年度），鹿児島県の食用米の作付面積（20,200ha）は水稲栽培面積の 82.6％を占めているが，「モデル事業」実施前（2008 年度：24,985ha）と比べ，4,785ha（19.2％）の食用米面積が減少している．この食用米面積の減少分の多くが WCS 稲によって代わられたが，2016 年度の水稲栽培面積の 17.4％（4,255ha）を占める新規需要米の作付面積のうち，WCS 稲（3,399ha）が占める割合は約 80％であり，飼料用米の作付面積は 852ha と比較的少ない．2010 年までは 300ha 程度で推移した WCS 稲の面積が，2011 年度には 1,267ha へと一挙に増え，その後も着実に拡大した結果である．

一方，図 5-3 によれば，鹿児島県では，水田飼料作物や WCS 稲への交付金がスタートする前（1985 年）にも，畑地のみならず水田をも飼料作物の供給基盤として活用してきたことがわかる．とりわけ，2005 年度以降は，畑地飼料作物の栽培面積にさほど大きな変動はない中，水田における飼料栽培面積は依然として拡大しているものの，その内訳をみれば飼料作物の面積が WCS 稲のそれを大きく上回っている．

また，2015 年度の農業センサスによれば，鹿児島県の水田（22,272ha）には，飼料用稲（2,657ha）[7] のほかに稲以外の作物（2,094ha）が栽培されているが，それの多くは飼料作物である[8]．また，畑地（45,297ha）に関しては，飼料作物のみを栽培した 6,597ha に加え，牧草地専用面積（4,935ha）も粗飼料の供給基盤として活用されている．このように，鹿児島県では，水田の約 20％，（牧草地を含む）畑の約 25％が粗飼料生産のために供されているのである．ちなみに，畑地や水田をフルに活用した粗飼料供給への取り組みには，稲わらの粗飼料への活用も加わり，県内の粗飼料自給率（2013 年）を 89.5％にまで引き上げている[9]．

（2）　新規需要米への対応が水田利用にもたらした変化

鹿児島では農業地区を 7 つ（姶良・伊佐，北薩，大隅，南薩，鹿児島，熊毛，

第5章　水田活用の直接支払がもたらした水田利用構造の変化

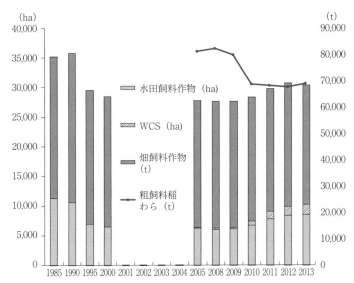

出所：鹿児島県畜産課「飼料生産の動向」2013及び「農業センサス」各年度より．
注：同資料には2001-08年度のデータが揃っていないために，WCS稲の作付面積のみを示している．

図5-3　鹿児島県における粗飼料生産への取り組み

大島）に区分しているが，そのうち，最も畜産に傾斜した農業が展開している地区が大隅地区である．大隅地区においては，肉用牛経営体数（3,421経営体）が最も多く，かつ水田における飼料用米の作付面積（1,352ha）およびそれが地区の水田面積に占める割合（23.3％）は他地区に比べて際立って大きい（図5-4）．

以下には，この大隅地区を中心に，2005年度と2015年度の農業センサスを比較し，水田利用にどのような変化が生じているのかを確認した（図5-4）．なお，その変化を図る指標としては，水田における①水稲作付面積および②水田における稲以外作物の作付面積，③水田二毛作面積，④畑における飼料作物のみ作付面積の4つを用意した．

その結果を大隅地区に限ってみれば，①水稲作付面積（564ha）と③二毛作面積（491ha）は増加したことに対して，②稲以外の作物（△1,004ha）と④

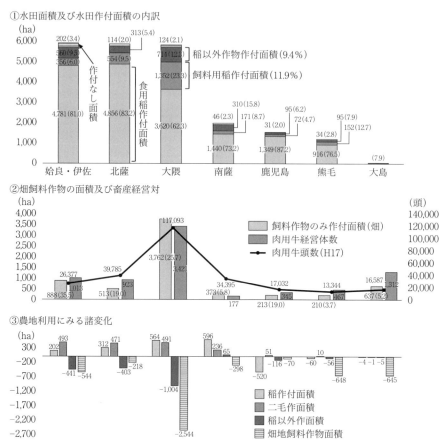

図 5-4 地区別に見た鹿児島県水田利用の実態とその変化

出所:「2005年度農業センサス」及び「2015年度農業センサス」より.
注:1) 上段①において枠外に示した括弧内の数値は鹿児島県全体の面積シェアである.
　　2) 2015年の肉用牛飼育頭数は地区別に確認できなかったために,2005年のそれを用いた.

飼料作物のみ作付けた畑面積(△2,544ha)のそれは大きく減少していることが見て取れる(図5-4).なお,姶良・伊佐地区および北薩地区においても,大隅地区ほどではないものの,食用米の作付面積が減少している中,水稲作付面積とともに水田二毛作面積の増加が見られた.このような変化が生じた理由については,以下のK地区の水田利用実態に関する事例分析から推測するこ

第 5 章 水田活用の直接支払がもたらした水田利用構造の変化　　　133

とができる.

3.　K 地区における水田利用構造とその変化

(1)　K 地区における水田利用の実態：2001 年度 vs 2016 年度

　K 地区は，県内最大の畜産地帯である大隅地区の肝付町[10] にある，6 つの集落の 228 世帯に人口 452 名が居住する行政地区である．同地区は，畑はわずか 3ha しか持たず，57 戸の農家が約 60ha の水田のみを耕している．以下には，K 地区の農地台帳[11] を用いて，2001 年度の水田に栽培した作物および作物別の作付面積が，2016 年度においてどのように変化したかを確認した（表 5-2）.

　まず 2001 年度の表作においては，当時の水田面積（62.7ha）の 50.1％を食用米（32ha）が占めている中で，すでに約 25ha（39.4％）において飼料作物が栽培されていた．そして，一部の水田（約 27ha）には，裏作として稲以外の作物を栽培していたが，その大部分（約 26ha）は飼料作物であった．なお，裏作の飼料作物は，食用米の栽培の後に約 17ha，飼料作物の後に約 9ha が栽培された.

　2016 年度の表作のうち水稲を栽培した面積は，食用米が 13.4ha，WCS 稲が 17.1ha，飼料用米が 94a，加工用米が 42a となっている．食用米面積は，2001 年度より 18.5ha が減少したが，そのほとんどが WCS 稲の栽培に供されたということである．また，表作の飼料作物の面積は 27.7ha であるが，2001 年度より 3ha の増加に止まっている.

　一方，2016 年度の水田裏作の飼料作物の面積（約 42.8ha）は，2001 年度（約 26.1ha）より大幅に拡大している．飼料作物を栽培した面積の 80％（22.2ha）に，水稲を栽培した面積の 64.4％（20.5ha）に各々飼料作物が裏作として選択されている.

(2)　水田活用の直接支払への対応

　こうした変化は，K 地区の水田耕作者が受け取る水田活用の直接支払交付金の内訳を示した表 5-3 をみる限り，WCS 稲はじめ加工用米や飼料用米といった戦略作物への交付金制度に加え，二毛作への加算金制度がもたらした結果

134

表 5-2　K 地区における水田作物

表作 / 裏作		水稲作付面積						飼料作物	
		2001 (食用米のみ)	2016					2001	2016
			合計	食用米	飼料用米	加工用米	WCS		
飼料 作物	イタリアン	1,689	2,052	749	43	14	1,246	902	2,223
	その他	22	184	11	0	14	159	0	207
その他作物		28	401	157	0	14	230	0	71
なし		1,454	550	424	52	0	75	1,569	270
不明（2001）		0	0	0	0	0	0	0	0
合計		3,193	3,186	1,340	94	42	1,710	2,471	2,771
	%	50.9	46.4	19.5	1.4	0.6	24.9	39.4	40.4

出所：肝付町「農地台帳（K 地区のみ）」各年度より．

表 5-3　K 地区の水田及び農家が受け取る水田交付金の内訳

	米の直接支払	WCS 交付金	飼料米	飼料作物		加工米	
				基幹	二毛作	基幹	二毛作
支払単価 （円/10a）	7,500	80,000	81,179 81,183	35,000	15,000	20,000	15,000
交付面積（a）	1,017	1,142	69	1,255	3,208	10	13
%	18.9	21.3	1.3	23.4	59.7	0.2	0.2
受給農家数	37	11	2	26	30	1	1
%	77.1	22.9	4.2	54.2	62.5	2.1	2.1
交付額（円）	762,750	9,136,000	560,154	4,392,500	4,812,000	200,000	19,500
%	3.4	40.5	2.5	19.4	21.3	0.9	0.1

出所：肝付町の業務資料により．

にほかならない．

　K 地区では，2016 年度に WCS 稲の作付（11.4ha）により 11 戸の農家が 913 万 6,000 円の交付金を受け取っている．また，飼料作物の基幹作物（表作，12.6ha）により 26 戸の農家が 439 万 2,500 円を，WCS 稲や表作の飼料作物と組み合わせた二毛作（32.1ha）により 481 万 2,000 円を各々受給しているほか，野菜や果樹，景観作物を水田に作付けた 25 戸の農家に産地交付金の約 270 万円が支払われた．なお，戦略作物としての飼料用米（69a）への交付金は 2 戸の農家に 56 万円が，加工用米（2.1ha）のそれは 1 戸の農家に約 40 万円が

の変化（2001 年度 vs 2016 年度）

その他作物		果樹		自己管理		不明 (2001)	合計			
2001	2016	2001	2016	2001	2016		2001	%	2016	%
20	7	0	0	0	0	0	2,611	41.6	4,281	62.4
0	0	0	0	0	0	0	22	0.4	391	5.7
60	32	0	0	0	0	0	88	1.4	504	7.3
288	611	115	204	56	54	25	3,507	55.9	1,688	24.6
0	0	0	0	0	0	45	45	0.7	0	0.0
368	650	115	204	56	54	70	6,274	100.0	6,865	100.0
5.9	9.5	1.8	3.0	0.9	0.8	1.1	100.0	1.6	100.0	

産地交付金	合計
—	—
—	5,373
—	100.0
25	48
52.1	100.0
2,701,100	22,584,004
12.0	100.0

各々支払われている.

　こうしてみれば，K 地区の水田栽培作物の組み合わせに現れた変化は，食用米面積を大幅に減らす代わりに，交付金単価が比較的に高い WCS 稲を積極的に導入したほか，二毛作加算金に触発された飼料作物面積の拡大が水田をフルに活用して急速に進んできた結果であるといって差し支えない.

(3)　水田経営の担い手としての繁殖経営

農家が受け取る水田交付金の格差

　　　ところが，交付金の種類別に見た 10a 当たりの受取交付金においては，農家によって大きな格差が生じているが，必ずしも高い交付金を優先して作物を選んでいるわけではないことを物語っている.

　K 地区において水田活用の直接支払交付金を受給している全ての農家（47 戸）について，その受給額合計およびカテゴリ別の受給額を確認し，農地台帳上にみる各々の需給農家の経営面積を活用して 10a 当たりの受取交付金を推測してみた（図 5-5）. 一方，図 5-6 は，WCS 稲の耕作者と契約供給先との対応関係を示したものである. これら図 5-5 と図 5-6 を合わせみれば，水田活用の直接支払交付金への対応をめぐる農家間の関係性が浮き彫りになる.

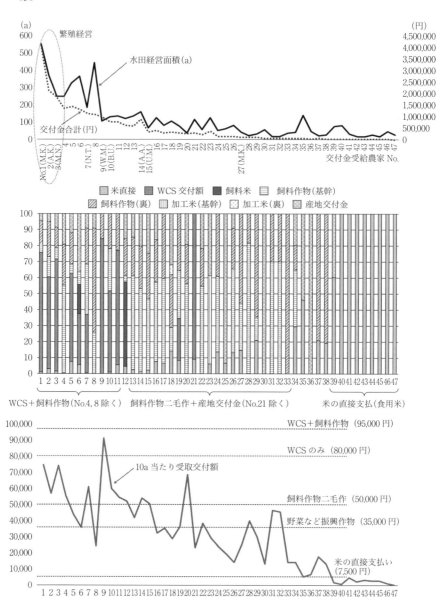

出所：表5-3に同じ．
注：農家番号及び氏名のイニシャルは図5-6のWCS稲の生産農家及び契約供給先と一致している．

図5-5　K地区の農家別の水田交付金の受給実態（2016年度）

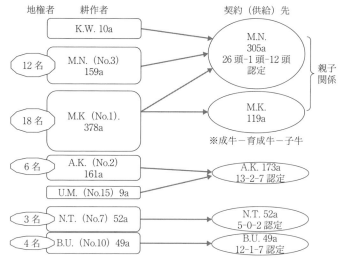

出所：肝付町の業務資料及び農地台帳より確認.

図 5-6 WCS 稲の耕作者及び契約供給先

　WCS 稲の生産により交付金を受け取っている 11 戸のうち 5 戸は地区内で肉用牛繁殖経営を営みながら水田借地をも行っている比較的に水田経営面積規模の大きい農家，2 戸は 10a 程度の零細な水田面積を持って WCS 稲を契約先農家に提供しているものの，実質的な生産プロセスは契約先の繁殖経営によって担われているケースであり，残りの 4 戸については契約供給先が地区外の繁殖経営となっている．

　このように K 地区の WCS 稲作付面積のほとんどは，地区内の肉用牛繁殖経営が有する水田面積であるが，その面積の多くは 43 名の地権者から借り受けた水田である．K 地区における WCS 稲生産は，水田借地を集積した肉用牛繁殖経営により担われている中で，彼らは WCS 稲に裏作の飼料作物を組み合わせた水田利用により最も高い交付金を得ているほか，その粗飼料を自らの繁殖経営に供給しているということである．裏を返せば，WCS 稲は，地区内の繁殖経営は自らの粗飼料需要に応じてその生産・供給プロセスを経営内部に完結しているために，繁殖経営以外の農家には WCS 稲の導入が容易ではないとい

表 5-4　K 地区における水田経営面積規模別の農家数及び面積の変化

	2001 年度						2016 年度				
	耕作者数（人）		面積（a）		1 戸当たり		耕作者数（人）		面積（a）		1 戸当たり
		%		%				%		%	
50a 未満	79	63.7	1,630	23.3	20.6	50a 未満	25	43.9	670	11.3	26.8
～1ha	26	21.0	1,700	24.3	65.4	～1ha	11	19.3	808	13.6	73.5
～2ha	13	10.5	1,750	25.0	134.6	～2ha	12	21.1	1,572	26.5	131.0
～3ha	3	2.4	640	9.2	213.3	～3ha	2	3.5	489	8.2	244.3
～4ha	2	1.6	670	9.6	335.0	～4ha	4	7.0	1,410	23.7	352.4
～5ha	0	0.0	0	0.0	0.0	～5ha	2	3.5	444	7.5	222.0
～6ha	1	0.8	600	8.6	600.0	～6ha	1	1.8	548	9.2	548.5
合計	124	100.0	6,990	100.0	56.4	合計	57	100	5,941	100	104.2

出所：表 5-2 に同じ．

うことを意味する．

　一方，WCS 稲の交付金を受給していない 36 戸の農家は，飼料用米と加工用米に取り組んでいるわずか 2 戸を除けば，飼料作物の二毛作と産地交付金の組み合わせを選択した農家，米の直接支払（7,500 円/10a）しか受給していない農家に大別できる．なお，これらの農家の大部分は 1ha 未満の零細農家であるが，とりわけ後者のほとんどは 50a 未満の水田面積を有する極めて零細な農家である．

　このように，50a 未満の水田農家が交付金を狙った飼料作物さえ選択できない理由は，飼料作物は，WCS 稲と同様に，生産および供給をロール・ラップサイレージ化のための専用機械を持つ繁殖経営に依存せざるを得ないが故に，その圃場の選択が繁殖経営に委ねられている状況の下で，繁殖経営が地区内に分散した小地片からなる零細農家の水田には飼料作物の作付を好まないからである．

　表 5-4 と図 5-5 と合わせみれば，現在（2016 年度），K 地区において水田経営面積規模で測った上位 3 位の農家はいずれも 4ha 以上を有する繁殖経営であり，図 5-6 の No.4，5，6，8 の農家を除けば上位 10 位内にランクしている 6 戸の農家はいずれも繁殖経営を営んでいる．ちなみに，2016 年度においては，これら 6 戸の繁殖経営が有する水田経営面積が地区水田面積合計に占める割合は 26.7％である．

第5章　水田活用の直接支払がもたらした水田利用構造の変化　　　139

水田経営面積規模別に見た水田の担い手

　一方，2001 年度の農地台帳には水田経営面積規模の大きい 2ha 以上の 6 戸
の農家に繁殖経営は見当たらなかった．また，2001 年度の水田耕作者数は，
2016 年度において 124 戸から 57 戸へと半数以上が減少しており，とりわけ
50a 未満の零細農家数が 79 戸から 25 戸に減った代わりに，3ha 以上層が 6 戸
へと増加している．このことは，K 地区では，農家の高齢化や米価の下落が
止まらない中で，多くの零細農家が水田利用権を手放すことになったが，その
借地となった水田の大部分が繁殖経営によって集積されたということである．
なお，その背景には，K 地区では WCS 稲に支払われる高い交付金は，自らが
需要を持つ繁殖経営にとって水田借地への強いインセンティブとして働いたと
推測する．

繁殖経営における水田利用の実態

　M.N 氏は，水田利用面積（5ha）とともに生産牛 26 頭からなる繁殖経営の
規模が最も大きく，かつ年齢（24 歳）が地区では最も若い．M.N 氏は，親の
M.K 氏と合わせて，WCS 稲への交付金 428 万 8,000 円を受給したが，これが
K 地区全体に支払われた同交付金に占める割合は 47％である．ちなみに M.N
氏は，牧草専用のハーベスター，ロールベラー，ラッピングマシーンの飼料作
物の生産・給餌に必要な専用機械を一式揃えている．

　M.N 氏は，高校を卒業した後，5 年前に就農した．当初は 11 頭の生産牛を
購入し繁殖経営からスタートし，現在は，生産牛を 26 頭まで増やしている．
表 5-5 には，M.N 氏の水田利用の実態を示したが，親の M.K 氏の水田も息子
の M.N 氏の営む繁殖経営の飼料需要に合わせた作型を採用しているために，
M.N 氏の水田利用実態をも確認している．

　M.N 氏が給餌する粗飼料には，WCS 稲をはじめイタリアン，ローズグラス，
えん麦，スーダングラス，青刈りとうもろこし，ソルガムなどに加え，稲わら
および畦草が含まれる．生産牛の分娩を前後にしては，発酵粗飼料を控え青草
と稲わらを中心とした給餌を行っており，普段の飼育においてはサイレージ化
した発酵粗飼料が給餌されている．ちなみに，配合飼料の給餌量は TDN ベー
スで，生産牛に関しては 10％，子牛に関しては 30％に止まっている．

表5-5　繁殖経営における水田利用の実態

作型			作物別延べ面積	
表作	裏作	面積（a）	作物	面積（a）
	イタリアン	249.7	WCS	547.6
WCS	えん麦	19.8	イタリアン	464.2
	ごぼう	108.7	ごぼう	163.4
	その他飼料作物	10.7	ローズグラス	60.6
食用米	イタリアン	31.8	食用米	52.6
ソルガム	イタリアン	6.7	えん麦	30.1
ローズグラス	イタリアン	51.1	葉大根	25.7
その他野菜		19.9	その他	23.2
合計		498.4	スーダングラス	16.2
	イタリアン	104.1	その他飼料	10.7
WCS	ごぼう	54.7	青刈りトウモロコシ	10.3
食用米	イタリアン	20.8	ソルガム	6.7
スーダングラス	葉大根	16.2	その他野菜	5.6
ローズグラス	葉大根	9.5	合計	1,416.8
青刈りトウモロコシ	えん麦	10.3		
その他		8.9		
合計		224.4		
A＋B		713.9		

出所：表5-2に同じ.

注：表中、M.K.行はA、M.N行はB。

　M.N 氏と M.K 氏が粗飼料自給の基盤とする水田面積は合計約 7ha であるが、そのうち所有地は 36a のみであり、残りは借地となっている。表5-5 に見る飼料作物ごとの作付面積は、基本的に独自の飼料設計に基づく作付計画の結果である。総じて言えば、表作を WCS 稲と裏作をイタリアンライグラスとする作付体系を根幹としながら、表作には食用米、ローズグラス、ソルガム、スーダングラスを、裏作には、ごぼうや葉大根を加えた輪作体系を持って、数年に一度くらい圃場ごとの作物に変化を与えている。

　一方、M.N 氏が関与している WCS 稲の生産は利用権を持つ水田のみで行われている。その背景には、1つに、自らの粗飼料需要を基本に圃場の生産性に配慮した輪作体系を維持するためには利用権による意思決定権の担保が欠かせないほか、2つに、繁殖経営部門の飼養管理に加え、WCS 稲はじめ水田飼料作物の管理に求められる作業への対応は、現況の労働力配分からして限界に達

しているという事情が働いている.

　飼料作物に関しては，収穫作業の受託を引き受けているが，稲の収穫期とずらした収穫ができるために労働力需要のピークが避けられるほか，粗飼料のロール販売が一定の収入をもたらすからである．なお，M.N 氏は約（延べ）30ha の飼料作物の作業受託を行っているが，収穫したロールを M.N 氏が受託料金の代わりに処分権を取得する仕組みとなっている．ただし，飼料作物の作業受託においては，圃場の条件が悪く，機械作業に非効率が生じうる水田は引き受けないという．ちなみに，M.N 氏への聞き取り調査によれば，飼料作物のロール販売収入（約 100 万円）は，子牛販売収益（約 1,000 万円）に諸々の水田交付金（約 400 万円）が加わった販売額からみれば僅かな金額である.

4.　考察

　以上のような K 地区の水田利用の実態を戦略作物への交付金が支払われる前と比較し，水田利用構造に生じた変化を捉えれば，以下の 4 つが特徴として浮かび上がる.

　1 つ目は，WCS 稲への交付金は，水田の食用米の面積を大幅に後退させたものの，制度実施前にすでに飼料作物を生産していた圃場にも WCS 稲を作付けることにより水稲栽培面積は拡大しているということである.

　2 つ目は，水田活用の直接支払が用意する産地交付金および二毛作加算金は，WCS 稲の後作として飼料作物の積極的な栽培へと導いたほか，何らかの理由とりわけ WCS 稲の契約供給先の確保が困難な農家にして水田における飼料作物の二毛作が次善の策として選択されているということである.

　さて，2 つの傾向すなわち水稲栽培面積および水田二毛作面積の拡大は，前節の鹿児島県の農業センサス分析からも確認できたことから，大隅地区はじめ県内の多くの地域において WCS 稲への交付金とともに水田二毛作加算金を目当てにした，水田作物の組み合わせの変更が進んできている様子が窺われる.

　3 つ目は，K 地区においては，WCS 稲および飼料作物からなる水田交付金への積極的な対応は繁殖経営のみに見られており，そのほかの農家は，繁殖経営の協力なしでは WCS 稲や飼料作物の選択が困難な状況にあるということで

ある.

4つ目は，繁殖経営の水田利用の実態をみれば，（一部，粗飼料の販売はあるにせよ）自らの粗飼料需要及び飼料効率を前提とした，水田面積や作付体系を選択している中で，連作障害を意識した輪作や大型機械及び労働力配分の効率化が図られているということである.

言い換えれば，上の2つの特徴は，K地区における水田活用の直接支払への対応は，稲作農家と畜産農家の連携をベースとしたものではなく，地域水田利用の主体が稲作農家から畜産農家に取って代わられる形で進んできたということを意味する.

おわりに

K地区におけるWCS稲及び飼料作物の拡大は，食用米の供給過剰の解消に寄与するほか，水田に稲の生産基盤を維持しつつ飼料自給率の向上をも期待できることから，それ自体が何らかの問題を呈しているものではないと考える.

K地区の水田利用に関して最も注目すべき点は，水田活用の直接支払交付金が稲作農家の水田利用への積極的な関与を弱めてきたということである. このことが，K地区に限らず，水田活用の直接支払交付金への対応の結果，稲作経営に代わって繁殖経営が水田活用に関する意思決定を主導している地域においては，繁殖経営の飼料供給を前提とした水田利用と住み分けを図った上で，耕種部門の農家が積極的に関与しうる水田活用の新たな方策が望まれていると考える理由である. 稲作農家が米作りへの意欲を失っている鹿児島県の畜産地帯においては，WCS稲への交付金や水田二毛作加算金制度は，繁殖経営に強く依存した水田の活用を強いられ，稲作農家は益々その存在が希薄になりつつある. こうした中で，牛肉価格と連動するビープサイクルの働きにより子牛価格が低下する事態，またはWCS稲や飼料作物に対する水田交付金の単価の引き下げなどにより，繁殖経営の水田利用への関与が急激に弱まれば，これらの地域において水田利用の担い手は途絶えてしまうことが懸念されるからである.

最後に，WCS稲の拡大により畑における飼料作物の作付面積が減少するメカニズムは，K地区の分析では十分に解明することができなかった. しかし，

WCS 稲の作付面積には基本的に畑地飼料作物からなる粗飼料の供給力（前掲図 5-1 及び図 5-2）が関係していることから，WCS 稲の面積拡大は畑地飼料作物の作付面積の減少をもたらしていることが考えらえる．この点，飼料用米と違って，WCS 稲への政策的な誘導は，水田のみならず畑の利用構造にも変化を与えるものであるという認識を促している．今後の研究においては，WCS 稲の面積拡大が畑地の利用構造にどのような変化を与えたのか注意して観察して見たい．

注

1) 主食用米の需給に影響を及ぼさない米穀（稲を含む）のことであるが，表 5-1 に示した飼料用米，WCS 稲，その他米粉，輸出用米等を，2008 年産米穀の生産調整実施要領において新規需要米と称したのである．詳しくは安藤（2106）及び藤野（2014）を参照されたい．

2) 水田フル活用政策の一環として WCS 稲を含む飼料作物への助成がスタートした事業である．当初は 5.5 万円/10a が支払われたが，「モデル事業」において 8 万円/10a に引き上げられた．

3) 藤野（2014：4）は，この数量払いの導入を「飼料米の増産ドライブ」と記している．

4) 主として交付金の単価及び単収から見た飼料用米の収益性が食用米へのリバウンドを阻止し，米価の下落に歯止めをかけるほどのインセンティブとなっているかを検討している．

5) WCS 稲への取り組み実態に関する研究（例えば小野 2010，恒川 2010）には，水田利用構造の変化にはあまり関心が示されていないほか，九州地域の水田を取り上げた研究は見当たらない．

6) 農林水産省（2018a）によれば，TDN ベースの飼料供給量に占める濃厚飼料のシェアは，養豚・養鶏に関しては 100%，肉用牛肥育においては約 90% である．これに対して，肉用牛繁殖部門では 60.6% が，また乳用牛に関しては北海道では 56.1% が，都府県では 37.7% が各々粗飼料によって給餌されている．

7) 農業センサスでは，それが WCS 稲か飼料用米かを区分できないため，飼料用米が含まれた面積であることに注意が必要である．

8) 都道府県別のセンサスには稲以外の作物を特定することができないが，集落カードを分析した李（2007）によれば，2000 年度農業センサスに見る水田の稲以外作物の作付面積のうち 67.6% は飼料作物である．

9) 鹿児島県畜産課（「飼料生産の動向」2013 年度）によれば，県内の粗飼料需要（215,219TDNt）のうち，194,076TDNt（89.5%）は県内で生産した WCS 稲を含む飼料作物や稲わらなどによって供給されているという．

10) 「2016 年農業産出額及び生産農業所得（都道府県別）」によれば，2014 年度の肝付

町の農業産出額（59億6,000万）のうち，約70%（41億1,000万円）が畜産部門によって得られている中で，畜産部門の生産額の約57%（23億4,000万円）を肉用牛部門，約43%（17億7,000万円）を養豚部門が各々占めていることから，畜産に大きく傾斜した農業が展開している地域といえる．

11) 農地台帳は，当該地区の世帯が耕作者となっている農地に関して，筆ごとに面積や利用者を特定し，作付作物を記入している．そのために，必ずしも実作付面積と一致せずに，後掲の表5-3の交付金対象面積は農地台帳から確認した面積を下回っていることに注意が必要である．したがって，ここでは水田の作型の変化を傾向的に捉える程度にとどめておきたい．

引用文献

安藤光義（2016）「水田農業政策の展開過程」『農業経済研究』88-1，pp.26-39.

李哉法（2007）「南九州における農地利用の実態と担い手の存在態様」『農業構造改革の現段階（日本農業年報23）』農林統計協会，pp.204-218.

小野洋（2010）「稲発酵粗飼料生産の現状と耕畜産連携システムの課題」『農業および園芸』85-7，pp.701-707.

小池恒男（2011）「飼料用稲は経営安定対策の救世主になるか」『農業と経済』80-11，pp.16-28.

千田雅之・恒川磯雄（2015）「水田飼料作経営成立の可能性と条件」『農業経営研究』52-4，pp.1-16.

恒川磯雄（2016）「飼料用米の流通・利用の実態とコスト低減の可能性」『農業経営研究』53-4，pp.6-16.

恒川磯雄（2010）「飼料イネの生産・利用による広域連携型耕畜連携の形成条件」『農業および園芸』85-7，pp.695-700.

藤野信之（2014）「2014年農政改革と水田農業の課題」『農林金融』4月号，pp.2-23.

星勉ほか（2016）『水田利用の実態－我が国の水田農業を考える（JC総研ブックレット）』筑波書房.

農林水産省（2010）「戸別所得補償制度及び米の需給調整について」.

農林水産省（2016）「新規需要米の都道府県別の取組計画認定状況」.

農林水産省（2018a）「飼料をめぐる情勢」.

農林水産省（2018b）「米をめぐる関係資料」.

万木孝雄・宮田剛志（2013）「農業者戸別所得補償下での単収低下に関する一考察」『2013年度日本農業経営在学会論文集』pp.9-14.

第 II 部　世界の水田農業の諸相

第6章
カリフォルニアにおける水稲作経営の展望

八木洋憲

　カリフォルニア州（CA州）における水稲作は，同州の基幹的作物の1つであり，セントラルバレーを中心として立地している．表6-1にCA州の水稲作の規模別分布の推移を示した．過去15年の間に大規模経営の数は，それほど増えていないが，面積シェアでみると徐々に大規模経営の比率が高まっていることが分かる．こうした経営規模の拡大により，一般的には法人化の傾向が強まることが予想されている（O'Donoghue et al. 2011）．

　家族経営の定義には定まったものがないが，資本，労働，土地といった経営資源が，経営者の家族（経営者本人含む）によって提供される程度によって家族経営としての性質が高まるものとして理解される．近年では，土地や労働は，

表6-1　CA州水稲作経営の規模別分布の推移

収穫面積規模別の経営体数	1997年	2002年	2007年	2012年
～250acre	844	700	518	666
250～500	457	481	433	366
500～1,000	192	207	267	257
1,000～2,000	62	71	69	69
2,000～3,000	11	10	11	23
3,000～5,000	1	4	6	11
経営体数計	1,567	1,473	1,304	1,392
収穫面積（acre）	553,838	577,225	587,288	617,488
面積シェア				
500acre以上	48%	52%	60%	64%
1,000acre以上	22%	26%	26%	33%
2,000acre以上	6%	7%	9%	16%

出所：Quick StatによりUSDA農業センサスを集計した．

家族外から調達することも増えており，経営者家族による出資およびそれによる経営のガバナンスという視点で家族経営を捉えることが一般的となりつつある[1]．

直近の統計によると，CA州の水稲経営の法人形態（課税単位）は，個人事業主が56％（500エーカー以上層では31％）であり，法人化している経営も少なくない．しかし，資本と経営権からみた分類では，家族経営（過半を経営者本人または血縁，婚姻，養子関係者が出資）の割合は87％（同78％）に達し，大半を占めている（2012年USDA農業センサス）．こうした経営組織形態の動向について展望することは，農業経営学における重要な課題の1つである．

Allen and Lueck（1998）は，農業における季節的作業の存在が家族経営の優位性に繋がっているとし，穀作経営において家族経営が有利であることを示した．また，Campbell and Dinar（1993）はCA州の農業経営において，シンプルな組織構造の経営が収益性において優位であることを示している．

気候ショックによる影響も，家族農業経営の優位性を検討するうえで重要な論点である．近年のコメ価格の漸進的な上昇により，同州の水稲作付面積は増加傾向にあったが，2014-15年の干ばつで減産を余儀なくされ，2014年に2013年比で79％，2015年には75％まで減少した．その後，2016年に同99％

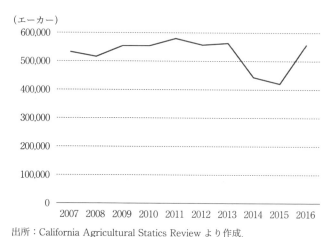

出所：California Agricultural Statics Review より作成．

図6-1　CA州の水稲作付面積の推移

まで回復している（図6-1）.

　一般に，予期しない面積規模の縮小は，サンクコストの増大につながるため，所有機械・設備あるいは常時雇用者の多い経営ほど影響が深刻と考えられる.しかしながら，これまでCA州における水稲作の家族経営の優位性の要因について，気候ショックの影響を含めて，実態に基づいて明らかにした研究はみられない.そこで本稿は，同州の水稲作における家族経営の優位性の要因とその展望について，干ばつへの対応を含めて，具体的実態をもとに検討する.

　家族経営は，経営者本人および家族による資本出資を基本とするため[2]，一般に，資本規模，従業員規模が小さいことが明らかにされている（Allen and Lueck 1998, Moreno-Pérez and Lobley 2015）.そこで，本稿ではまず，少人数・少機械ユニットの経営という視点から，経営の優位性について理論的考察を行う[3].とくに，水稲作は季節に応じた多段階の作業工程が特徴的であるため，それらの垂直的な分離・統合の決定についても検討する.

　次に，CA州の稲作を対象とした近年の生産費調査をもとに，収益性について整理する.日本の米生産費調査と異なり，水稲作に関する費用の統計は限られるため，利用可能な統計を比較する.

　さらに規模の異なる家族経営へのヒアリング調査により，最も作業の集中する収穫作業の効率について比較する.とくに干ばつ年の機械の稼働および，複数の機械ユニットでの作業において生じる非効率について着目する.

1.　規模と垂直統合の理論的前提

　まず，水稲作における作業工程の規模と垂直統合の程度を規定する理論的前提について整理する.

　CA州水稲作では，圃場準備，播種，栽培管理，収穫，乾燥といった作業工程が採られる（University of California Cooperative Extension 2012）.作業工程ごとの（長期）平均費用は，作業規模の拡大に伴い，分割不可能な固定的要素に係る固定費の削減や学習効果によって低下すると考えられる（技術的規模の経済性）.

　いま，作業工程a（たとえば収穫）がいくつかの作業ユニットで行われる時，

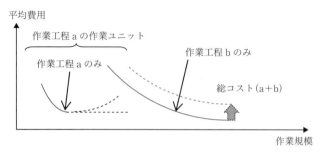

図 6-2　作業工程の規模と平均費用の概念図

規模の経済が発揮される規模では，平均費用が逓減するが，それ以上の規模では逓減しない（図 6-2 参照）．このとき，規模の不経済が存在しなければ，平均費用は規模によらず一定（いわゆる L 字型）となるが，作業ユニットが多くなると，組織管理コストや自然環境による攪乱，物理的規模の限界によって，平均費用が逓増する（U 字型）．

作業工程 b は，上記 a よりも規模の経済性が発揮されやすい作業（たとえば空散播種や乾燥）とすると，上記 a の規模の不経済性が強い（U 字型）ほど，作業工程 b は外部化されやすい．ただし，作業の季節性や順序依存性が大きいほど，a と b の垂直統合による範囲の経済性が強くなるため，外部化されにくい．他にも，外部化しないメリットとして，生産物の統一的管理による差別化（たとえば農場ブランドでの販売）が挙げられる．

表 6-2 に，米国における水稲生産の地域比較を示した．CA 州の水稲作の規模は他地域に比べて小さく，空散による播種（多くは作業委託），乾燥の作業委託が広く行われており，垂直統合の程度が低い．

以上から，同州の水稲作経営は，相対的に規模が小さく，圃場での作業に専門化していると整理することができる．したがって，圃場作業の中でも，固定資本および労働を多く投下する収穫作業における気候ショックへの対応や複数機械での作業効率を明らかにすることにより，家族経営の優位性の要因に迫ることができると考えられる．

表 6-2 米国における水稲生産の地域比較 (2000 年)

	CA 州	アーカンソー州 (デルタ外)	ミシシッピ・ デルタ	メキシコ湾岸
平均収穫規模 (acre)	500	1,266	2,463	1,135
短・中粒種の比率 (%)	100	18	0	4
水稲の連作率 (%)	93	19	43	33
空散による播種 (%)	95	3	4	69
乾燥作業委託 (%)	84	68	46	60
エーカー当たり労働収入 (hour)	4.7	4.3	3.1	4.6

出所：Livezey and Foreman (2004) をもとに作成. 2000 年に実施された USDA ARMS (Agricultural Resource Management Survey) の結果を再集計したもの. 607 の水稲作経営を対象としたサンプリング調査.

2. CA 州のコメ産業

以下では CA 州における米の収穫後における流通および管理の実態についてヒアリング調査および現地資料等をもとに整理する.

(1) 米の加工・出荷過程

コンバインで収穫された生籾は，乾燥機で乾燥され，乾燥籾として貯蔵される. その後，精米され，玄米，白米，あるいはクズ米等として国内小売業者や海外向け輸出，あるいは加工業者に出荷される. CA 州においては，以下のようないくつかの経路で収穫後の管理がなされる (表 6-3).

(i) 垂直的分業：前述のように約 1,300 ある農業経営のうち，多くは乾燥・貯蔵施設を保有しておらず，専門の乾燥・貯蔵業者に生籾を持ち込む. 乾燥・貯蔵業者 (warehouse) は，70 社程度が存在し，ほぼ例外なく乾燥とその後の籾貯蔵を行っている. 生産者からのコメの売り渡しは，精米業者に引き渡された時に成立するので，それまでの籾貯蔵を生産者が乾燥・貯蔵業者に委託していることになる. これとは別に，約 30 社の仲介販売業者 (handler) があり，彼らは乾燥・貯蔵・精米の施設をもたず，生産者と契約して，乾燥・貯蔵業者および精米業者への加工委託と販売受託を手がける.

州内には，14 社の精米施設 (mill) があり，このうち 1 社は水稲生産者であ

表6-3 CA州における米の加工・出荷における物流の整理

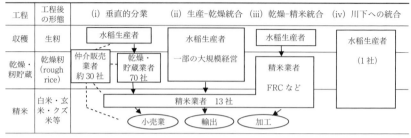

出所：八木（2014）より．元となる情報はヒアリングによる．

る．精米業者は，乾燥・貯蔵業者や仲介販売業者，あるいは生産者から乾燥籾を引き受け，玄米，白米，あるいはクズ米等に精米して出荷する．このとき，国内向けに白米や玄米として出荷されるものの多くは，店頭向けにパッキングされる．堀田（1991）によると，1986年時点で全米に39の精米業者があり，物量ベースで40.9%が精米業者ブランドで卸売を通じて出荷しており，他に精米業者による直売が11.3%，小売等ブランドが22.1%であった．

(ii) 生産-乾燥の統合：また，大規模な経営の中には，乾燥施設を共同所有しているケースもみられる．

(iii) 乾燥-精米統合：Farmers' Rice Cooperative（FRC）などの大規模精米業者の中には乾燥施設を持つものがあり，乾燥から精米，小売りまでを手掛ける．

(iv) 川下への統合：州内の精米施設のうち1社は水稲生産者が保有しているものであり，近隣の契約農場からも籾を引き受けて販売している．

(2) 各工程における品質検査

　CA州における米の等級検査は，USDA基準に基づき任意で行われている．最大の検査機関であるCalifornia Agri Inspection（以下Cal Agri）は2005年6月に設立され，それまで州が行っていた検査業務と検査員を引き継いでいる．社長は，OMIC出身で，州全体に従業員60名をかかえる．Imperialカウンティを除くCA州全域を対象としており，乾燥後の段階におけるUSDA等級検査シェアは100%である．中心的な顧客は乾燥・貯蔵業者であり，全体の半分を占める．また，生産者や精米業者，輸出業者からの依頼もある．保有設備は

事務所と，検査器具，サンプル採取用のベルトコンベアで，港湾施設は所有していない．

収穫後の籾は，乾燥施設，精米施設に持ち込まれるときに，それぞれ Cal Agri によって USDA 等級と精米歩合 (head and total score (Jongkaewwattana and Geng 2002)) が検査される．たとえば，55％の完全 (whole) 粒かつ

写真6-1　Cal Agri のサンプリング用設備

65％の破砕粒を含む米粒を含み，それ以外はぬか，もみがらなどの場合，「USDA No.1，55，65」のように表記される．

乾燥籾は，乾燥・貯蔵施設で他の生産者と混ぜられるが，ロット別の数値は，精米業者に伝えられる．もちろん，乾燥過程で品質が下がるものもある．CA州の米は9割以上が USDA No.1 の等級であり，主に精米歩合によって生産者への支払いが決まってくるため，生産者はこの値への関心が高いという．なお，八木（1992）による1990年頃の FRC の調査結果では，荷受け時に採取したサンプルによって USDA 等級と精米歩合に基づいた代金支払いが行われており，この手順は20年を経た2010年でも同様である．

また，FRC の精米後の品質検査は，顧客の要望に応じて行われている．国内の顧客の多くは USDA 等級検査を要求せず，まれにシリアル向けで要求される程度であるという．むしろ，多くの顧客が USDA 基準よりも厳しい独自基準を要求し，とくに被害（damaged）粒や着色（color）粒の有無が重視されるという．一方，ほとんどの海外顧客は USDA 等級を要求する．日本，韓国，ジョージア，トルコ向けなどは精米後段階での USDA 等級検査（Cal Agri による）を受ける．日本向けでは，サタケの食味計で食味検査をすることもあるが，それほど重視されないという．USDA 基準では，1/4が欠けた粒でも完全粒（whole kernel）に区分される（八木 2010）が，この点については日本向け輸出でも問題にはされていないという．

(3) FRCによる米の流通

FRCは水稲生産者による協同組合で，CA州最大の精米業者でもある．精米と米の販売以外に乾燥と種子の販売も行っている．乾燥は20万t程度，うち4〜5万tは非組合員の受託乾燥（他の精米業者へ販売）であるが，乾燥事業の利益はほとんどない．

組合員数は2004年には約1,200名であったが現在は約900名となっている．CA州全体では米の生産量（乾燥籾）は133万t（1988年）から194万t（2009年）に増えているが，FRCのCA州内シェア（乾燥籾ベース）は，1988年に42%（八木1992），2004年に約25%（東京穀物商品取引所2004）であったが，2010年に22%（筆者ヒアリング）となっている．取扱い数量は乾燥籾ベースで，1988年に56万t（八木1992）であったが，2010年には45万t程度になっている（すべて組合員の出荷米）．

これらの乾燥籾の販路について図6-3に示した．八木（1992）による1980年代後半から1990年ごろにかけてのFRCの実態報告によると，FRCの出荷の85%が国内向けであり，直接消費用精米，シリアル，パッケージミックス，ビール醸造等に向けられていた．近年では輸出の割合が増え，国内向けは

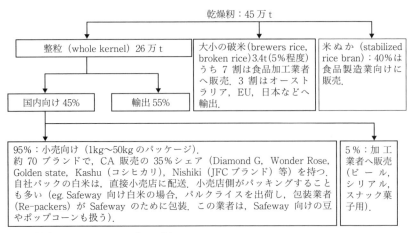

出所：筆者ヒアリングによる（2010年）．

図6-3　FRCの販路

第6章　カリフォルニアにおける水稲作経営の展望　　155

45％に減少している（2009年）．そのうち95％は小売り向けであり，自社パックまたは小売店によるパッキングを経て，店頭に並べられる．これらは70ブランドあり，CA州内の35％のシェアを占めている．

　出荷する組合員への支払いは，最も多いCalrose Class（6〜8品種，M104，M202〜208など）については品種によらず同一価格である．品種によって栽培期間は異なるが，食味や粒の物理特性は育種の段階で均一化されていると認識されている．一方，M401やM402といったプレミアム中粒種は，一般Calroseとは区分されて集荷され，「Nishiki」などのブランド米に利用される．農家受取りは10〜15％高く設定される．また，モチ米や，コシヒカリ，あきたこまち，ひとめぼれといった日本品種も区分集荷される．さらに，有機米（organic rice）はロットごとに区分集荷されている．

　販売において，一部の顧客はUSDAのGradeのみを品質基準として要求するが，多くの顧客は，それぞれ基準を設けており，輸出先の各国ごと，国内の企業ごとの基準がある．たとえば，USDAの基準を組み合わせたもの，食味値（taste score），白色度（whiteness score），遊離脂肪酸値（free fatty acid），ぬか（bran）の量などが参照される．ほぼすべての精米業者が食味計を持っている．USDA以外の指標を検査している機関としてはOMICがある．

3.　CA州の水稲作生産費

　表6-4に，CA州における水稲作生産費について整理した．水稲の生産費に関する統計は2種あり，1つはUSDA ERSが毎年産地別に公表（5年程度ごとに基礎調査を実施し，それ以外の年は価格や収量のみ調整）している．なお，同調査にもとづいて政府機関によって組替集計された報告（Livezey and Foreman 2004）もあるが，全米全体の集計のため規模間比較に問題がある．もう1つは，大学付属の普及機関が数年ごとに公表する経営モデルごとの生産費（Cost Study）（University of California Cooperative Extension 2012, University of California Cooperative Extension 2016）である．

　まず，営業利益は，2013，2014年のERS調査は黒字であるが，同調査の2015，2016年は赤字であり，Cost Studyは2012，2015年とも赤字である．と

表 6-4　CA 州水稲作の生産費

調査年	ERS 稲作生産費				Cost Study	
	2013	2014	2015	2016	2012	2015
作付規模（acre）	520	520	520	520	800	800
粗収益（$/acre）	**1,818**	**1,698**	**920**	**755**	**1,547**	**1,760**
収量（乾燥籾）（cwt/acre）	87	88	78	74	83	85
単価（ 〃 ）（$/cwt）	21	19	12	10	17	21
費用計（$/acre）	**1,279**	**1,308**	**1,262**	**1,225**	**1,583**	**1,831**
物材費（減価償却除く）	439	445	408	387	392	401
労働費	112	114	118	123	169	193
うち家族労働費*	77	79	82	84	49	82
減価償却費・固定資本利子	90	93	95	95	57	62
作業委託費	223	227	200	195	329	366
うち乾燥	97	97	65	58	91	93
運搬・貯蔵	－	－	－	－	108	115
水利費	49	51	53	54	108	161
その他（租税公課等）	61	62	65	65	75	131
地代	306	317	324	306	350	425
営業利益（$/acre）	**539**	**391**	**−342**	**−470**	**−36**	**−71**
農業所得（自作）*（$/acre）	**922**	**786**	**63**	**−80**	**363**	**436**
〃 （一部自作）*	**726**	**584**	**−144**	**−275**	**139**	**164**
粗収益に占める比率						
作業委託費	12%	13%	22%	26%	21%	21%
減価償却費	5%	5%	10%	13%	4%	4%
計	17%	19%	32%	38%	25%	24%

出所：ERS による生産費および UC Davis Cost Study（University of California Cooperative Extension
　　（2012），University of California Cooperative Extension（2016））をもとに算出．労働費は自家
　　労賃を，地代は自作地地代を含めて計算した．＊印について，Cost Study は家族労働費を表出
　　しないため ERS の同年値を用いた．農業所得（一部自作）は，2012 年センサスより同州
　　500acre 以上の自作地割合を 36% と算出して用いた．
注：2014，2015 年は干ばつ年．1acre は約 0.405ha，cwt は 100 ポンド≒45.4kg.

　くに，2015 年は干ばつ年であるにもかかわらず，国際的な米価下落によって
ERS 調査の粗収益が減少している[4]．
　農業所得でみると，たとえば 4 人家族の貧困ラインは 24,340 ドル（US 統計
局，2016 年）とされており，500 エーカー規模で 50 ドル/acre 弱が目安であ
るが，ERS の 2016 年と 2015 年（一部自作）以外はこの水準をクリアしてい
る．したがって，規模拡大によって機械ユニット数が増え，固定費が逓減しな

ければ，雇用労賃と借地地代の支払いが不要な分，自作の家族経営が有利となる．

　費用のうち，固定費的性質を持つものとして減価償却費（および資本利子）が挙げられるが，規模の大きさを反映して多くてもエーカー当たり100ドル弱である．また，作業委託は機械・設備を持たず，外部委託を行うことによる固定的要素の外部化という性質を持つ．とくに乾燥（および運搬・貯蔵）工程を委託するケースが多い[5]．以上を合計すると，近年では粗収益の1/4から1/3をこれらの固定費的経費が占めている．

4.　収穫作業の実態

(1)　調査概要および対象経営の概況

　収穫作業の実態を明らかにするため，2016年11月に水稲作経営3戸にヒアリング調査を行った．対象の選定においては，普及機関の協力を得て，作付規模，機械台数の異なる3戸に調査を行った．

　表6-5に対象経営の経営概況を示した．いずれの経営者も大卒以上であり，100％家族が出資する家族経営である．経営Aは自作農家であり，他は借地によっている．

　いずれも常時従事者のうち家族が半数を占めているが，臨時雇の数は，規模およびユニット数に応じて多くなっている．収穫作業はコンバインとバンクアウトワゴン（写真6-2）との組作業で行われ，経営Aは，常雇1名，収穫期は1名を雇い3名で収穫作業を行う．経営Bは，父とのパートナーシップで，常雇2名，臨時雇2名で，コンバイン2台を用いる．経営Cは，常雇1，臨時雇5名で3台のコンバインを用いる．

　両経営とも播種，施肥，防除などの空散および乾燥は委託しており，販売はFRC（生産者農協）が中心である．経営Aを除き，作付は水稲作のみであり，経営Cは干ばつ年の作付減少を補うために作業受託を行っている．同経営は，2016年には多雨により収穫作業が間に合わず，350エーカーを作業委託している．

表 6-5 対象経営の経営概況

	経営 A	経営 B	経営 C
経営者の経歴	修士修了後，行政機関を経て 35 歳の時に就農．(57)	大卒後に就農 (50)	大卒後に就農 (50)
経営形態	家族経営(100％家族)	家族経営(100％家族)	家族経営(100％家族)
立地（カウンティ） 圃場分散	Colusa 1 か所に 1 マイル以内	Yuba 8 か所 4 マイル以内	Yolo 2 か所 10 マイル以内 （2015 年は 5 か所）
農業従事者（人数）	経営者，常雇 1，臨雇 1	経営者，経営者家族 1，常雇 2，臨時雇 2	経営者，常雇 1，臨時雇 5
経営耕地面積（うち水稲），作業受委託面積 2016 年 2015 年 2014 年	(acre) 1,200 (600), 0 1,000 (400), 0 1,090 (490), 0	(acre) 1,100 (〃), 0 950 (〃), 0 950 (〃), 0	(acre) 1,800 (〃), −350 1,100 (〃), +240 1,200 (〃), +240
コメ売上高（概算）	100 万ドル	200 万ドル	300 万ドル
売上高に占めるコメの割合	半分以上 3/4 以下（他にひまわり）	100％	100％
水稲品種	Calrose 中粒（M206, M290）	Calrose 中粒（M206, M401, もち米, その他）	Calrose 中粒（M206），もち米
販路	FRC のみ	FRC のみ	FRC，精米業者 2 社
支払い地代 （$/acer, 2015 年）	(400, 自作地の周辺地代)	350	350

出所：ヒアリング調査（2016 年 11 月実施）による．

写真 6-2 コンバインとバンクアウトワゴンによる収穫作業

(2) 収穫作業の実態と課題

表 6-6 に収穫作業の実態および作業上の問題点に関するヒアリング結果を整理した．会計上のコンバインの耐用年数は 7 年（Cost Study）であるが，いずれの経営も 10 年以上利用すると回答している．ヒアリングの結果からは，1日 1 台あたりの作業効率は

第6章　カリフォルニアにおける水稲作経営の展望　　159

表6-6　収穫作業の実態と作業上の問題点

	経営A	経営B	経営C
コンバイン台数	1台	2台	3台
ヘッダーのサイズ	24ft	25ft	21ft
更新年数	10年以上	10年以上	10年以上
1日1台当たり作業面積	35エーカー	30エーカー	20エーカー
渇水年の対応	水利権を販売し規模縮小	比較的伝統のある水利組織のため水に不便しない	水利権のある圃場を別途借地
収穫期間	9/20〜10/15	9/9〜10/23	9月上旬〜11月中旬
収穫における重点	速度よりも収量	速度よりも収量	速度よりも収量
装備　収量モニタ	あり	あり	あり
水分モニタ	あり	あり	あるが不使用
収量マップ	あり	あり	なし
収穫作業における問題			
a 機械同士の連携不足	–	■	–
b 段取りの非効率	–	–	■■
c 水分が適切でない	■	■■■	■■
d 作業中の故障	■	–	■
e 圃場や品種の混同	–	■	–
f 倒伏や生育のむら	■	–	■■
g 予期せぬ労働力不足	–	■	■■
h 天候による作業遅れ	■	■■■	■■■
適期収穫のための対応策	適期を逃さないように同規模の3戸で共同作業する取決め	品種，圃場ごとに播種日（空散委託）を変えることにより，収穫期を調整する．可変施肥により生育ムラをなくす．	多雨の場合，作業委託するが，200-250ドル/acreかかり，利益が出ない．

出所：ヒアリング調査（2016年11月実施）による．
凡例：■の数0：まったくない（never），1：まれに（occasionally），2：時々（sometimes），3：しばしば（fairly often），4：よくある（often）.

Aが最も高く，次いでB，Cの順である．

　いずれの経営も，収穫作業においては作業速度よりも収量を重視すると述べている．ただし，収量の向上には適期収穫が重要であり，そのためAは同規模の3経営で作業を融通している．またCは適期収穫のために作業を委託している（ただし，収益面ではマイナス）．Bは，適期収穫のため，圃場，品種ごとに空散播種の日程を変えている．

また，収穫作業上の問題点を8項目挙げ，それぞれ5段階で頻度を質問した．その結果，最も指摘項目が少ないのはAであり4項目について，まれにあると回答している．1ユニットで作業するAは類似規模の3戸により，適期を逃さないように，共同作業を行う取り決めをしており，これにより作業遅れを回避できるという．

2ユニットで作業するBは，圃場・品種の混同以外の全ての項目を指摘しており，とくに，不適切な水分や，天候による作業遅れが，しばしばあると回答している．また，3ユニットのCは段取りの非効率，不適切な水分，倒伏や生育むらの3項目について，時々あるとし，天候による作業遅れは，しばしばあると回答している．実際，2016年の収穫では降雨のため適期に間に合わず，採算割れでも収穫作業を委託している（写真6-3）．

次に，コンバイン1台あたりの作業面積（すなわち1台あたり稼働効率）を計算し，図6-4に示した．Aは，最も稼働効率が高いが，渇水年には水利権を売却し，利益を得ている[6]．一方，B，Cはもともと1台当たりの稼働効率がAに比べ低いが，渇水によりさらに低下している．とくにCは，中心となる圃場の水利権が得られなかったため，他のカウンティにまで土地を求め，さらに作業受託を行って，機械の稼働率を確保している．

以上の差が生じる要因として，圃場分散（Aは圃場1か所，Bは8か所，Cは2か所）による移動時間や機械の作業速度の差もあると考えられるが，これらは事前に計算することができるため，籾水分，予期せぬ労働力不足，天候による作業遅れといった課題に直接影響しているとは考えにくい．むしろ，雇用を用いた複数ユニットの作業を，その年の気候に応じて臨機応変に融通することが難しいと考えることができよう．渇水への対応においては，

写真6-3　降雨により作業困難となった圃場

第6章　カリフォルニアにおける水稲作経営の展望　　　161

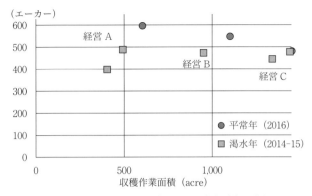

注：経営Aは渇水年に水利権を販売したため作業面積が減少した．

図6-4　コンバイン1台当たり作業面積の比較

有利な水利権を持つかどうかが重要となっている．多くの雇用，機械を抱える場合，水利権が弱いと，Cのような対応を迫られることになる．

5.　まとめ

　本稿では，CA州の水稲作における家族経営の優位性の要因について，とくに少数ユニットという特徴に焦点をあてて，ヒアリング調査をもとに接近した．垂直的な分離が進行している同州の水稲経営において，機械のユニット数を増加させることのメリットは限られる．機械のユニット数を増やすことは，ユニット間相互の調整の必要性を増やし，気候に応じた調整も必要となる．また，借地や雇用労働の割合が低く，農業経営費が抑えられることも少数ユニットの優位性として認められた．

　以上の分析結果から帰結される今後の展望として，機械の性能向上や，GPSレベラーによる圃場均平技術の向上により，漸進的な規模の経済性の向上は予想されるものの，少数ユニット経営の優位性については，大きく変わらないと考えられる．すなわち，1ユニット500エーカー程度という規模が徐々に拡大するものの，飛躍的な拡大傾向には繋がりにくいと考えられる．

　本稿の分析は，家族経営の血縁による紐帯という視点からの分析は行ってお

らず，少数ユニットという視点からの分析に留まる．また，より大規模な経営との比較分析についても課題として残る．

［追記］本稿は，八木（2010, 2014, 2018）をもとに未発表の情報を加え再構成した．

注

1) たとえば澤田（2014）は，家族経営の定義が定まらないことを論じた上で，農林業センサスを用いて動向を整理している．農林業センサスの家族経営体の定義は，1世帯（雇用者の有無は問わない）で事業を行う経営であるが，同様の定義は，USDA農業センサスでも見られ，2012年より，後述の資本と経営権からみた分類（type of organization）の項目が追加された．

2) 日本の大規模経営における組織形態による効率差については，たとえば，秋山（2012），八木・藤井（2016）が分析を行っている．

3) 家族経営の優位性として，血縁に基づく紐帯という視点もあるが，本稿では対象としない．

4) ERS調査の粗収益は，政府による補填を含まず，統計価格による算出を行っており，Cost Studyと異なる．たとえば，2014年農業法によりPLCを選択した場合，参照価格（16.1ドル）以下の場合は，基本面積の85％まで，かつ，経営あたり125,000ドルまで，参照価格との価格差分を補填される．2014年農業法については，Farm Service Agency（2014）および吉井（2014）に詳しい．

5) 両統計の値の差は，ERSの値が調査サンプルの平均をとるのに対し，Cost Studyはモデル経営の試算という特徴によると考えられる．

6) 水利権の販売価格は，2014年300ドル/acre-feet，2015年600ドル/acre-feet（A経営への聞取りより）であり，他の研究（Howitt et al. 2015）に見られる価格と同水準である．水稲作に使用する水利権は4feet/acre程度なので，200エーカーの水利権販売により，それぞれ24万ドル，48万ドルの収入を得ている．なお，水利権の販売は2008年以降，全体の20％の面積に制限されている（Chaudhry et al. 2015）．

引用文献

秋山満（2012）「水田作における規模問題」『農業経営研究』49(4)，pp.6-20.

Allen,W.D. and Lueck, D.L.（1998）The nature of the farm, *Journal of Law and Economics* 41(2), pp.343-386.

Campbell, M.B. and A. Dinar（1993）Farm Organization and Resource Use, *Agribusiness* 9(5), pp.465-480.

Chaudhry, A. M., D.H.K. Fairbanks and A. Caldwell（2015）Determinants of Water Sales During Droughts：Evidence from Farm-Level Data in California, Selected Paper prepared for Agricultural & Applied Economics Association and Western Agricultural Economics Association Annual Meeting, San Francisco, CA, July 26-

28, 2015, pp.1-32.

Farm Service Agency (2014) 2014 Farm Bill Fact Sheet, United States Department of Agriculture, Farm Service Agency.

堀田忠夫 (1991)「米市場構造の変化と展望」，亀谷昰・堀田忠夫編『米産業の国際比較』養賢堂，pp.84-114.

Howitt R., D. MacEwan, J. Medellin-Azuara, J. Lund and D. Sumner (2015) Economic Analysis of the 2015 Drought for California Agriculture, Center for Watershed Sciences, University of California, Davis.

Jongkaewwattana, S. and S. Geng (2002) Non-Uniformity of Grain Characteristics and Milling Quality of California Rice, *Journal of Agronomy & Crop Science* 188(3), pp.161-167.

Livezey J. and L. Foreman (2004) Characteristics and Production Costs of U.S. Rice Farms, United States Department of Agriculture.

Moreno-Pérez O. M. and M. Lobley (2015), The Morphology of Multiple Household Family Farms, *Sociologia Ruralis* 55(2), pp.125-149.

O'Donoghue E.J., Hoppe R.A., Banker D.E., Ebel R., Fuglie K., Korb P., Livingston M., Nickerson C. and Sandretto C. (2011) The Changing Organization of U.S. Farming, United States Department of Agriculture.

澤田守 (2014)「日本における家族農業経営の変容と展望」『農業経営研究』51(4), pp.8-20.

東京穀物商品取引所 (2004) コメ研究会報告書.

University of California Cooperative Extension (2012) Sample Costs to Produce Rice 2012.

University of California Cooperative Extension (2016) Sample Costs to Produce Rice, 2015 Amended-June 2016.

八木宏典 (1992)『カリフォルニアの米産業』東京大学出版会.

八木洋憲 (2010)「カリフォルニアにおける大規模水稲作をとりまく状況と農業経営の対応」『共済総合研究』58, pp.42-74.

八木洋憲 (2014)「米国カリフォルニア稲作経営における情報管理と経営組織」，南石晃明・飯國芳明・土田志郎編『農業革新と人材育成システム－国際比較と次世代日本農業への含意－』農林統計出版，pp.321-334.

八木洋憲 (2018)「カリフォルニア州水稲作における家族経営優位の要因－気候条件に応じた収穫作業の効率に着目して－」『農業経営研究』56(2), pp.63-68.

八木洋憲・藤井吉隆 (2016)「水田経営におけるユニット数と規模の経済－作業の季節性と組織形態の視点から－」『農業経営研究』54(1), pp.105-116.

吉井邦恒 (2014)「アメリカ2014年農業法の概要について－農業経営安定対策を中心に－」『農林水産政策研究所プロジェクト研究（主要国農業戦略）研究資料』3, pp.1-14.

第7章
イタリア水稲生産の省力化の背景とその方法

笹 原 和 哉

1. 序

(1) 背景および目的

　近年日本では，本州でも北陸などで50ha近い規模の常勤職員を雇用する稲作中心の法人経営が少数ながら出現しつつある．また，日本産の米の輸出が開始される中，国際競争力をつけるために，経営者は今後さらなる生産費低下への努力が必要だろう．その方法として，省力化による労働費低下は1つの重要な手段といえる．

　欧州最大の水稲生産地で生産量の2/3をEU内に移出し，国際競争力のあるイタリアは，水稲の作付面積が24万haに達し，平均経営規模が50ha程度である．1960年代に田植から直播へ転換し，日本型直播とは異なる展開が技術研究において注目されている．田坂（2009）は，大型機械の普及，基盤となる大区画圃場の整備による走行可能性の確保，直播用品種の開発を通じて日本よりはるかに高能率・低コストの稲作が行われているイタリアについて，日本の稲作の将来の姿の1つの候補と指摘した．イタリア品種の特徴について古畑（2013）は，日本のものより全般に苗立ち率が高く，特に無代かき条件で安定した苗立ちを示すことを指摘した．つまり，イタリアは日本における直播普及の壁となっている苗立ちの安定を克服している．イタリアでの稲作の生産構造に関する研究として，Giovanni and Antonio（2010）は50haの経営にて，補助作業を含めたあらゆる労働の時給を12ユーロ（1,564円）/1時間[1]と設定して生産費を計算し，水稲1作の労働費を約7,000円/10aとしており，費用の2割を占めている．一方，農林水産省（2009）によると，日本では都府県の平均

第7章　イタリア水稲生産の省力化の背景とその方法　　　165

表7-1　日本とイタリアの生産費比較

（円/10a）	日本 平均	日本 15ha以上	イタリア C経営	イタリア G経営
種苗費	3,547	1,865	1,783	1,505
肥料費	10,310	8,070	3,963	3,344
農業薬剤費	7,216	5,094	3,086	4,406
光熱動力費	3,804	3,004	3,844	2,772
その他諸材料費	2,002	1,544	261	220
土地改良及び水利費	5,126	5,520	1,955	1,650
賃借料及び料金	11,650	5,877	1,277	5,500
物件税及び公課諸負担	2,447	1,193	2,046	1,760
建物費	7,010	3,430	3,590	1,394
農機具費	30,595	18,227	6,021	2,348
生産管理費	390	450	2,737	2,310
労働費	37,456	19,900	8,586	6,844
費用合計① （円/10a）	121,553	74,174	39,150	34,053
籾収量 （kg/10a）	－	－	756	717
玄米収量② （kg/10a）	214	503	605	573
①/② （円/kg）；（比率）	236；（3.6）	147；（2.3）	65；（1.0）	59；（0.9）

出所：日本は農林水産省（2009），イタリアは著者作成．
注：労働時間は表7-3に提示．

で水稲作の労働費は37,000円/10aであり，省力化が進みつつある15ha以上の
類型において，20,000円/10aである．また，労働費は費用合計の約3割を占
める（表7-1）．また，稲作の規模と費用の関係について，日本では全算入生
産費が10haを超えると11,000円/60kg（単収530kg/10aとして97,166円
/10a）前後からほとんど低下しない．以上から，イタリアの直播稲作技術は省
力化による低コスト化により日本における貢献が期待できる．
　一方，日本の農業経済学分野におけるイタリア稲作に関する先行研究は少な
く，工藤（1991）以来文献がなかったが，笹原・吉永（2014）は農業経済学関
連の学会誌にイタリアの稲作について初めて報告した．玄米1kgあたりの費
用合計について，イタリアの平均的経営であるC経営（43ha）を1とすると，

イタリアで大規模経営である G 経営（250ha）は 0.9 で，日本の平均的経営の比率は 3.6，15ha 以上規模では 2.3 であることを示した（表 7-1 最下段）．さらに，イタリアの湛水直播は，表面播種で苗立ちが安定し，密播にて稈長が低下し倒伏しにくいことを示した．その結果，労働時間が 4 時間/10a 以下であるが，省力化の理由について，圃場一筆平均が 2ha ということ以外にあまり触れないため，日本において省力化にどう活用できるかが，わかりにくかった．

そこで本報告は，国産米の生産費の低下のために，日本より雇用労賃が高く，平均 50ha 程度のイタリア水稲作において，作業時間が日本の同様の規模の経営に比べ相当短い理由を解明する．

その際日本の同一規模の経営（T 経営 44ha）と経営規模が平均であるイタリアの水稲生産における作業時間に着目する．

(2) 分析方法と手順

2012 年 4-6 月，9-10 月に，C および G 経営にて農作業実態調査を実施し，耕起から収穫に至る各作業の効率を把握した．比較する日本については T 経営には 2013 年田植，収穫，について作業実態調査を行った．補足的に日本，イタリアの農業経営者に対する聴取調査を行い，作業効率，農機具の価格等を把握した．生産費調査（農林水産省 2009）のデータを用いている．

2 節では省力化する理由について制度や構造的背景を整理する．さらに，3 節は主要な各作業について作業時間の違いが，作業様式の違いによるものか，あるいは機械の作業幅や速度，圃場の大きさ，圃場までの移動距離によるものなのか，主な理由を指摘する．最後に日本の水稲生産の省力化に向けた取り組むべき方向を示す．

(3) 各事例の位置づけと概況

対象事例は 2012 年時点で Vercelli 県[2] 内の平均的な稲作経営である C 経営と，イタリアでも 250ha の大規模な農地と比較的新しい農業機械を保有する G 経営である．また，比較対象としての日本経営のデータについては農林水産省（2009）の 15ha 以上類型のデータを用いるが，具体例をもって比較する場合，C 経営に近い規模の北陸地方の水田作経営である T 経営（44ha）のデータを

第7章　イタリア水稲生産の省力化の背景とその方法　　167

表7-2　各経営の特徴と主要農機具の構成[3]

	T経営	C経営	G経営
経営面積	44ha（稲33ha）	43ha	250ha
労働力	経営主夫婦 後継者 常勤2人 後継者妻（0.5） 計5.5人	経営主 常勤1人 非常勤1人（0.5） 計2.5人	経営主 常勤4人 計5人
トラクタ馬力と 台数	40～76ps 4台	72～160ps 4台	100～160ps 5台
コンバイン刈幅と 能力	1.8m（6条） 120ps	3.9m幅 85ps	5.6m幅 466ps
技術的特徴	田植機使用	すべて無代かき湛水直播	
		農機具旧式	農機具最新式
上記農機取得価格 （万円）	3,756	1,965	6,087
償却額 （円/10a）	8,147	3,739	1,992

出所：著者作成.
注：C経営コンバインは33年間使用のため中古価格を使用．T経営の償却額は
　　トラクタは耕地面積44haにて按分し，田植機，コンバインは稲作の33ha
　　にて按分.

用いる．C経営はイタリアでは平均的規模である．G経営はイタリアにおける
大規模経営といえる．T経営は北陸地域ではトップクラスの大規模経営であ
り，一部水稲直播を導入している．以下では田植作業におけるデータを示す．
　表7-2からイタリアではトラクタの馬力が大きいことが判る．イタリアでは
100馬力程度を播種・施肥に用い，160馬力など比較的大型のものを耕起，均
平に用いる．収穫に専ら汎用コンバインが使用されて，刈幅が広い．取得額は
高い順からG経営，T経営，C経営の順であるが，経営規模で割った償却額
はT経営が最も高く，次にC経営が低く，G経営が最も低い．規模の優位性
からG経営はかなり償却額が低い構造になっている．

2. 両国の稲作における与件の相違

(1) イタリア稲作の農地に関する基本状況

まず，イタリアの稲作においては労働者，経営者，地主が分離していることが多い．地主自身が経営者となる場合もあるが，各地主は数十〜数百ヘクタールを保有して，水田，水路と，機械庫，乾燥調製施設，事務所のセットを経営者に貸す．経営者は地主と契約を結び，所有する機械，自らと雇用した労働力を用いて営農する．

(2) 労働事情

OECD（2012）によると，イタリアでは税や社会保険の制度により，労働者の手取り賃金に対して，経営者が支払う額は1.9倍に達する．具体的に，ある稲作経営の42歳の労働者は1時間の労働に対して手取額が6.8ユーロである．その際経営者は労働費として12.7ユーロを支払う．この点，日本は1.45倍となっており，イタリアのほうが経営者にとっての負担感が強い．さらに，制度上雇用は定年まで常勤となっており，解雇は困難である．水稲単作地帯の現地においても冬季も給与を支払い続ける．ゆえに経営者は雇用の負担を最小化するために，自ら作業し，かつ作業ピーク時における雇用を減らすための省力化を重視する．

(3) 圃場における作業単位の差

イタリアでは日本と異なり，第二次大戦後の農地解放がなく，地主制が温存された．また，畦に囲まれた圃場1筆（1camera）が日本より広げられており，平均2ha程度である．面積の拡大にはレーザーレベラーが貢献している．さらに，耕起，播種，追肥の作業手順について，イタリアでは塗った畦を超えて，通常 campo[4] 単位で一度に作業を行う（図7-1）．日本でも数筆が連続して同じ所有者であれば可能だが，現状はそのような状況が多くないため困難である．

第7章　イタリア水稲生産の省力化の背景とその方法　　　　　　　　　169

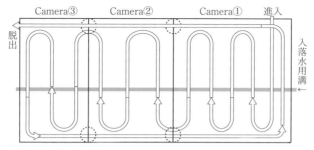

出所：図は著者が作成．
注：点線の丸印の箇所において，畦を乗り越え進む．

図 7-1　1Campo 内の作業手順例

出所：Dott. G. Sarasso 作成に著者加筆
注：円は中心が事務所，機械庫，乾燥調製施設，半径 1km

図 7-2　C 経営の圃場分散状況（太線枠内）

(4) 圃場分散度合いの違い

　地図上にて，C 経営と T 経営の圃場の位置関係を比較する（図 7-2，図 7-3）．C 経営は拠点から東西南に 1km 以上離れた 13 の campo が点在し，土地が分散している経営だと自己評価している．拠点からの距離で比較すると，T

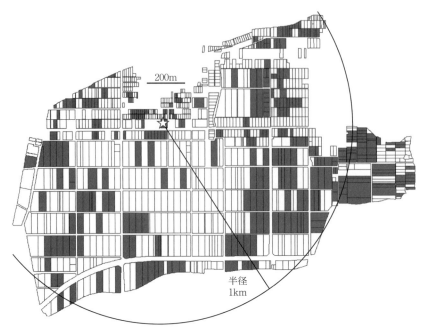

出所：図はT経営より提供されたものを著者加筆．

図7-3　T経営の圃場（濃色部分）

経営は機械庫等のある拠点から大半が半径1km以内と，日本の大規模経営では農地が集中している方といえる[5]．しかし，C経営は道路を経由することなく13のcampo（平均3.3ha）にてまとめて作業を行えるが，T経営は作業単位が数十にのぼる．campo単位，あるいは農場全体が纏まっているイタリアと比べ，日本では作業効率において不利と考えられる．

G経営の圃場はイタリアの基準でも，圃場がまとまった例といえる．図7-4のすべてがG経営の圃場であり，全圃場の半分がここに集中している．

また，G経営は各cameraについても，省力化するため合筆を徐々に進めており，図7-4中央の白四角の斜め下に位置する1cameraは10haに達する．

第7章　イタリア水稲生産の省力化の背景とその方法　　　171

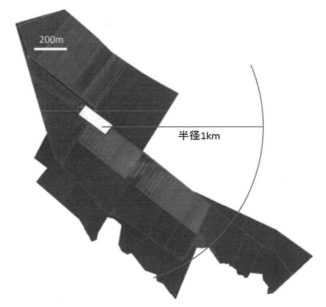

出所：著者作成．

図7-4　G経営の農地（120ha）のまとまり

3. 作業効率の比較分析

(1) 全体の比較

　まず，表7-3から，補助者を含めた作業全体の労働時間がC経営では10aあたり3.7時間/10a，G経営では2.6時間/10aである．作業効率はイタリアでは10aあたり2時間台から3時間台であることが作業実態調査から確認できた．日本の15ha以上の類型に比較して，C経営は約3倍，G経営は約5倍の効率であることが確認された．単なる大規模化以上に省力化の理由があると考えられる．以下では，主な作業について，どのような特徴があり，省力化に至るかを指摘する．

　CとG経営は，拠点からの距離と，ブームスプレーヤ，ブロードキャスタ，コンバインの作業幅の差，乾燥機の性能差等の農機具の差により，作業効率に

172

表7-3 日本とイタリア作業時間の差とその内訳

（単位：時間 /10a）

		日本	日本 15ha 以上	イタリア C 経営	イタリア G 経営
	合計	25.68	13.15	3.72	2.61
種子予措		0.32	0.20	―	―
育苗		3.21	2.32	―	―
耕起整地		3.65	1.89	0.50	0.39
施肥		1.19	0.57	0.27	0.03
播種または田植		3.41	2.04	0.16	0.04
除草＋防除		1.94	0.94	0.14	0.07
（うち播種前除草）				0.06	0.02
水管理，畦畔除草，機械修理 （イタリアはその他含む）		6.48	2.33	1.36	1.83
刈取脱穀		3.67	1.76	0.62	0.1
乾燥		1.29	0.68	0.56	0.07
生産管理		0.52	0.33	0.06	0.06

出所：日本は農林水産省（2009），イタリアは著者作成．

差が発生する．G 経営は 0.1 時間/10a という効率で，1 日 10ha の収穫が可能である．

（2）　各作業における効率の差の要因

　C 経営と T 経営との主要作業について，各作業に要した労働時間と作業者数を表 7-4 に示した．

　第 1 に種子予措から育苗までについて，直播のイタリアでは作業様式が異なり，コーティング等がなく，乾籾を散布して種子予措となる作業がない．また，育苗過程がなく，2 時間/10a 差がつく．

　第 2 に耕起整地について，圃場 1 筆の広さ，機械の能力，作業様式の違いが影響すると考えられる．T 経営ではロータリー耕と代かきの作業時間（計 0.83 時間/10a）が該当し，イタリアではプラウ，ハロー耕，レーザーレベラーによる均平の作業が含まれ，合計 0.5 時間/10a となる．なお，イタリアでは通常無代かきである．T 経営と C 経営については作業様式の差が，C 経営が 0.3 時間/10a 短い理由となる．

　第 3 に直播と田植について，主な作業のうち T 経営と C 経営の差が最大なのがこの項目である．イタリアでは半数以上がブロードキャスタを用いた湛水

第7章　イタリア水稲生産の省力化の背景とその方法　　　173

表7-4　事例における主要作業効率差の要因分析

(単位：時間/10a)

	T経営		C経営		時間差	差の理由（Cの立場から説明）
	労働時間	人数	労働時間	人数		
種子予措	*0.1*	－			0.1	☆浸種，コーティングなし
育苗	*2*	－			2	☆全て直播で育苗なし
耕起整地（合計）	*0.83*		0.50		0.33	
内ロータリー（T）	*0.44*	1	0.21	1		★☆◎作業様式・トラクタ馬力
プラウ（C）						
ハロー耕（C）	－		0.14	1		☆プラウ後均平のために砕土
代かき（T）	*0.38*	1	0.15	1		☆代かきか，レベラーによる均平
均平（C）						
田植え（T）直播（C）	1.04	3	0.16	2	0.88	☆★幅10mの散播直播と田植機の差
施肥	*0.10*	1	0.27	2	-0.17	緩効性肥料がないため3回，Tは1回
除草＋防除薬剤散布	*0.28*	1	0.21	2	0.07	☆播種前除草あり，スプレーヤ使用
収穫（T自脱・C普通）	0.88	2	0.62	1	0.26	★3.9m幅古く遅いためTとの差が小さい
					3.47	⇒時間差の計

《効率の差が生じる理由の分類》
☆栽培方法の差
★農機の幅，馬力による作業速度の差
◎圃場の広さの差
表示した労働時間＝圃場への移動等を含めた作業時間×右列の従事作業者数
斜字：聞き取りによる作業時間，それ以外は作業実態調査に基づく

散播直播を行っている．C経営では播種幅が10m程度あるため作業時間は10分/10a，T経営の移植と1時間近い差がつく．C経営とT経営の圃場まで往復する距離の影響もあるが，機械の性能による差の効果が大きい．

　第4に除草について作業様式の差がある．イタリアでは播種前除草を行う．2週間から1カ月湛水し，雑草イネとヒエといったイネ科の雑草の発芽を促し，そこに除草剤を投入する独特の除草を行う．播種後は通常2回除草剤投入を行う．イタリアでは，通常トラクタが鉄車輪[6]をはめて，ブームスプレーヤを装着して除草と防除を行う．日本ならばここで苗を極力踏み潰さないように緻密に行動するが，イタリアでは一部のイネを踏み，潰しながら散布する[7]．作業

174

時間の差はあまりない.

　第5に施肥についてイタリアでは作業効率を最大化しようとする. ブロード キャスタを播種と施肥で汎用利用するため, 作業効率は播種に近い. 追肥でも 鉄車輪による踏み潰しがある. Ｃ経営の作業では資材補給の移動の際も踏み潰 していた. ただし, 一発施肥はないため, 散布回数が多く, 施肥作業全体とし てはＴ経営の方がＣ経営よりやや労働時間が短くなる.

　第6に収穫に関して, イタリアでは汎用コンバインが使用されている. Ｃ経 営は老朽化した1979年製の3.9m幅機械を2012年まで使用し続け, 労働時間 はＴ経営とあまり変わらない. Ｔ経営は補助員込みで1時間/10a を切ってお り日本の大規模層の中でも, 高効率である. つまり, 農機の幅と速度が重要な 収穫においては, 日本でもイタリア並みの効率に至ることは可能である.

　比較した範囲ではＴ経営よりＣ経営が3.5時間/10a 労働時間が短縮されて おり, 多くは春作業の作業様式の違いに基づく. 施肥, 除草, 収穫では大きな 差は現れない. 同一規模では, イタリアの方が省力化されているのは, 作業様 式の差が重要な要因であることが示唆される.

4.　まとめ

　本稿では, イタリアの稲作について経営者は省力化を重視することを明らか にした. その背景として, 労働者の手取り賃金に対して経営者が支払う額が日 本より高いこと, かつ常勤を義務付ける雇用の制度が影響する. 次に, 彼らの campo という作業単位によって畦を超えつつ作業することを背景に, イタリ アの基準では分散している経営でも効率は日本の場合よりも一定確保されやす いことが示唆される. イタリアでは水稲生産にかかる作業時間が2〜3時間 /10a 台であり, 日本の 15ha 以上の類型に比較して, 3〜5倍の効率である.

　省力化の方法を明らかにするために, 主要な作業の差について, ほぼ同規模 のＣ経営とＴ経営を比較した. 表面散播に適した品種特性が省力化に生きる よう, ブロードキャスタの湛水直播は作業幅が広く高速な作業によって, 省力 化に貢献する. なお, 鉄車輪を用いたトラクタとアタッチメントによる追肥と 除草剤散布においては, 一部の個体の犠牲を伴って省力化するという特徴があ

る．農機の速度に依存する収穫作業では，日本は同一規模でイタリア並みに高効率に至ることが可能である．また，規模よりも作業様式の違いによる省力化が，耕起整地や乾籾の散播直播に表れ，技術導入により日本に省力化をもたらすと示唆される．

　最後に，水稲生産の省力化に向けた日本における取り組み可能な点，不可能な点について若干考察しておく．可能なこととしては，50ha 程度への規模拡大，より省力化する農機具の導入，ブロードキャスタによる播種・施肥汎用利用は，期待できる．そこで，圃場表面への散播を安定させるという技術的課題について，取り組む必要がある．さらに，群落管理の発想を取り入れた作業の合理性についても，実証が望まれる．

　ただし，圃場が小さい限りは，技術的に可能でもレーザーレベラー均平に基づく無代かきの効果は薄いだろう．ブロードキャスタによる播種・施肥は多数の籾や肥料が圃場外にまき散らされてしまうだろう．campo のような土地利用，所有へ至ると初めて，効果的と考えられる．日本では農地解放後に地主が細分化され，分散錯圃となったことを背景として，個々の経営による campo のような土地利用方式，圃場1筆の拡大，は困難である．日本では，今後も担い手への農地集中が見込まれる．T経営のような経営には，経営間の換地が campo のような利用を実現する場合，補助金が多額になるように配慮する．こうすれば，日本の大規模経営へ更にコストダウンの余地が見込まれる．

[付記] 本章は以下の論文を原著としている．
笹原和哉（2015）「イタリア水稲生産の省力化の背景とその方法」『農業経営研究』52（4），pp.19-24.

　注
1)　本報告では1ユーロ＝130.34円として計算する．2011年の日本銀行金融市場局が発表する東京外為市場における取引状況に基づく．
2)　Vercelli 県は北西部 Piemonte 州の平野部にあり，水稲産地における中心である．緯度は北海道だが，温度分布は東北地方に近い．
3)　Giovanni and Antonio（2010）よりイタリアでは農機具は新品の取得価額に対して，償却額は11年償却，残存価額1割として計算する．この方式を踏襲する．修理費は含まない．なお，主要機械のみであるため，表7-1と合致しない．また，T経営に

ついても，償却額は同様に処理した．

4) camera はイタリア語で 1 筆のこと，campo は「連坦団地」の概念に近いが，日本の団地の概念が幅広いため campo のまま記す．campo は経営者が同一となる団地である．複数の camera を含み，使用品種と水系は同一である．

5) 梅本（1993）は日本の大規模水田作経営の圃場の状況について 15ha 以上の経営では 1 割以上の圃場が 10km を超えている表を示している．

6) 10 から 20cm 幅の車輪が大きな鉄の歯車のような形をしている．追肥，除草剤散布の際，幅が狭いため，タイヤより倒伏する本数が少ない．

7) この違いについて田中（2011）は，日本の作業の発想を「個体管理」，ヨーロッパの管理の発想を「群落管理」と位置づけている．

引用文献

梅本雅（1993）「大規模水田作経営の展開方向」『農業経営研究』第 31 巻第 2 号（通巻 76 号），pp.12-21.

工藤壽郎（1991）「イタリアにおける水稲作業様式の経営経済的研究」『鹿兒島大學農學部學術報告』第 41 号，pp.113-118.

笹原和哉，吉永悟志（2014）「イタリア水稲生産における特徴と低生産費化へのポイント」『2013 年度日本農業経済学会論文集』pp.289-296.

田坂幸平他（2009）「イタリアの水稲直播」『農作業研究』44 別号 1，pp.63-64.

田中耕司（2011）「日本人にとってのイネと稲作」『日本学術会議シンポジウム「水田稲作を中心とした日本農業の展望と作物生産科学の果たすべき役割」』pp.3-8.

古畑昌巳（2013）「イタリア型湛水直播栽培技術の評価－異なる品種と栽培型における出芽・苗立ちの解析－」『日本作物学会紀事』82（別 1），pp.20-21.

農林水産省（2009）「平成 21 年産米及び麦類の生産費」，http://www.e-stat.go.jp/SG1/estat/List.do?lid=000001108727.

Giovanni, C. V. and Antonio, F.（2010）「Il BILANCIO ECONOMICO dell' AZIE- NDA RISICOLA」，pp.1-26.

OECD（2012），"Tax burden on labourincome in 2012 and recent trends"，http://www.oe cd.org/ctp/taxpolicy/taxingwages.htm # TW_A.

第**8**章

韓国における水田農業の現状と課題
―米の需給状況と稲作農家の動向―

李　　　裕　敬

1.　米の需給動向

　近年，韓国では米の過剰状態が続いている．2017年には米の供給量が632万6千t（うち生産量419万7千t）であったのに対して，需要量は443万9千t（うち食糧用319万9千t）で，需給ギャップである在庫量が188万7千tとなり，2010年以来の最高値を記録した．こうした米の過剰状態の大きな要因は，生産量の減少を上回る消費量の減少である．韓国の年間1人当たり米消費量は1990年には119.6kgであったが，2000年には93.6kg，2010年には72.8kg，2017年には61.8kgとなり，この27年間で57.8kg減少した．これを年率にすると1.8%となる．一方，米の生産面積は1990年の124万4千haから2017年には75万4千haとなり，この27年間で49万ha減少した．年平均では1.5%の減少である．しかし，生産量は年平均1.1%の減少にとどまっており，生産量の減少よりも消費量の減少の方が大きく，この分が在庫量として積み上がることになる．

　これに加えて，2015年から関税割当（TRQ）により年間40万8,700トンの米の輸入が義務づけられている．韓国では1995年から2014年までの20年間，米の関税化猶予の代わりにミニマムアクセス（MA）を受け入れてきた．MA米は1995年の国内消費量の1.0%から始まり，2014年には7.96%にまで拡大されてきた．2015年から関税化に移行することになり，米は関税率513%で自由に輸入されることになったが，猶予期間中に増量されたミニマムアクセスの40万8,700トンは，引き続き毎年5%の定率関税（Tariff Rate Quota：TRQ）として輸入されることが義務づけられた．表8-1の輸入はこうしたMA米

表8-1 米の需給動向と年間消費量の推移

（単位：千トン，千 ha，kg）

	1990 年	1995 年	2000 年	2005 年	2010 年	2017 年
供給量（A）	7,470	6,216	6,092	6,042	6,216	6,326
前年繰り越し	1,572	1,156	722	850	993	1,747
生産	5,898	5,060	5,263	5,000	4,916	4,197
輸入	—	—	107	192	307	382
需要量（B）	5,444	5,557	5,114	5,210	4,707	4,439
食糧用	5,127	4,777	4,425	3,815	3,678	3,199
加工用	80	228	175	324	549	708
飼料用	—	—	—	—	—	378
その他	237	698	534	1,071	480	154
在庫量（A−B）	2,026	659	978	832	1,509	1,887
米生産面積（ha）	1,244	1,056	1,072	980	892	754
単収（kg）	451	445	497	490	482	527
1 人当たり消費量（kg）	119.6	106.5	93.6	80.7	72.8	61.8

出所：農林畜産食品部『糧政資料』，各年度.
注：その他には，種子用，減耗，北朝鮮食糧支援向けなどが含まれている.

（2017 年の数値は 10 月 31 日までの数量）であり，米過剰を強める 1 つの要因になっている.

　こうした米の過剰状態を改善するためには，生産量を減少させるか，または消費量を拡大することが必要である．国内市場では食用米の需要は一貫して減少傾向にあり，加工用米の需要が増加傾向にあるものの，需要量の 16％ に過ぎない．したがって，必然的に求められるのは生産量の減少であり，現在，農政においては米の生産調整制度の本格的な導入が検討されている.

2.　近年における米の生産調整

　1970 年から 2018 年までの長きにわたり米の生産調整を実施してきた日本とは異なり，韓国ではこれまで一時的かつ限定的に 2 度ほど生産調整事業がモデル事業として施行され，また 2018 年から 3 度目の生産調整事業が取り組まれている.

1度目は，米生産調整事業として2003年から2005年まで施行された．この時は，当時の水田面積の2.7%に当たる2万7,500haの米生産面積の減反を目標に，水田の休耕地[1]に対して1ha当たり300万ウォンの所得補填額を支給した．事業の成果としては，年2万5,000haの栽培面積を減少させ，短期的な米生産の減少効果が得られた．しかし，2005年に北朝鮮に対して米50万t（うち，国産40万t）を食糧支援[2]したことが相まって国内の米在庫量が減少し，以降の在庫不足が懸念され，3年で事業が打ち切られた．この事業に対してキムほか（2005）は，生産調整事業に申請した農地のほとんどは生産性が低く，耕作条件が不利な限界農地であって，経営主年齢が60歳以上の高齢農家が半数以上を占めるなど，自然減少の可能性が高い農地であったことから，実際の生産量減少効果は限定的であったと指摘している．

2度目は，2011年から2013年に行われた水田所得基盤多様化事業である．事業導入の背景には，2008年，2009年と連続した豊作（2008年の米単収

表8-2 米生産調整の関連事業

区　　分	米生産調整制度	水田所得基盤多様化事業	水田他作物栽培支援事業
施行期間	2003-05 年	2011-13 年	2018-19 年
目標面積	年間 27,500ha	年間 4 万 ha	2018 年 5 万 ha 2019 年 10 万 ha
補填額	300 万ウォン/ha	300 万ウォン/ha	・平均 340 万ウォン/ha ※粗飼料 400 万ウォン/ha, 　飼料作物 340 万ウォン/ha, 　豆類 280 万ウォン/ha
事業対象	水田を休耕またはその他商業的に作物を栽培しない農家	水田に米以外の作物を栽培する農家	水田に米以外の作物を栽培する農家
事業成果	・3 年間の年平均栽培面積 25,000ha 減少 ・短期的な米生産減少効果，在庫累積問題の解消	・事業実施面積：52,552ha（初年度 37,197ha，2 年目は作況不振により 7,465ha，3 年目は 7,890ha） ・短期的な生産減少効果	―
廃止理由	在庫量の減少（北朝鮮支援など）により 3 年後廃止	作況不振により事業廃止	―

出所：関連政策資料を基に作成．

518kg/10a，2009 年の米単収 534kg/10a と史上最高値を更新）による米価下落がある．このため，3 年間で年平均 4 万 ha の米栽培面積を減らすことを目標に，米の代わりに他作物を栽培する場合，1ha 当たり 300 万ウォンの転作補償金を支給した．事業初年度には 3 万 7,197ha が申請され，米生産量減少（前年対比 1.7％減）および米価上昇（前年対比 20.3％増）の効果が得られたが，2 年目と 3 年目には単収の低下（2010 年 483kg/10a，2011 年 496kg/10a）と在庫量の減少が予想以上に進み，また，国際米価の上昇などの影響もあって，3 年で事業が廃止された．

　この事業により転作された作物としては，大豆，飼料用作物，加工用米，唐辛子，トウモロコシ，露地白菜，露地ネギ，露地ジャガイモなどがあり，うち大豆が全体の 3 割以上を占めていた．しかし，こうした転作作物の栽培面積が増加したことにより，該当作物の生産量が増え，一部の品目では価格下落（露地白菜 71％減，露地ネギ 36％減，豆 21％減）を招く結果となった．

　以上，2 度にわたる生産調整事業の経験を踏まえ，米の供給過剰による米価下落と，米所得補償および在庫管理費用の増加など財政負担の問題を解決するため，2018 年から水田の転作作物の栽培を促す水田他作物栽培支援事業に取り組んでいる．従来との相違点は，転作作物[3]の品目別に補助金額に差を設け，飼料用作物の生産を促している点であり，2019 年までに 10 万 ha の米栽培面積の削減を目標にしている．

3.　米生産による農業所得の現状

　韓国では 2005 年に米の買い上げ制度が廃止され，米所得補塡直接支払制度が導入された．これにより稲作農家に対する所得補償は，それまでの価格支持制度から，下落した米価の一定分を補塡する農家の所得安定制度に転換した．従来の政府買い上げは公共備蓄米（制度）のみとなり，米価の市場機能の強化をはかったものである．

　韓国における現在の米所得補塡直接支払制度[4]は，水田面積を基準に固定的に支払われる固定払いと，米の目標価格と収穫期平均価格の差額の 85％を補塡する変動払いという，2 段階の仕組みによって米農家の所得を一定水準で守

表 8-3 米の年度別目標価格と農家受取
価格

（単位：ウォン/80kg，％）

区　　　分	2005 年	2010 年	2015 年	2017 年
目標価格（A）	170,083	170,083	188,000	188,000
米価（B）	140,028	138,231	129,711	154,603
固定支払（C）	9,386	11,475	15,873	15,873
変動支払（D）	15,711	15,599	33,499	12,514
農家受取価格（E）	165,574	165,305	179,083	182,990
目標価格対比（E/A）	97.3	97.2	97.0	97.3
米価対比（E/B）	118.2	119.6	121.2	118.4

出所：農林畜産食品部『糧政資料』各年度．

り，経営の安定を図っている（表 8-3）．目標価格は国会で決定され，5 年ごと（制度導入当時は 3 年）に変更されている．制度導入当初の 2005 年産米に対する目標価格は 17 万 83 ウォン/80kg であったが，物価上昇に合わせ 2013 年産から 2017 年産までは 18 万 8,000 ウォン/80kg へ上昇した．2018 年産から 2022 年産までは 19 万 6,000 ウォン〜24 万ウォンで議論されている[5]．

こうした米所得補填直接支払制度により，表 8-3 にみられるように，2004 年以降は米価の下落にもかかわらず，農家の受取価格は目標価格の 97％，米価に対しては 118％〜121％を上回っており，米価下落による農家の所得減少を補填することで農家経営の安定をはかっていることがわかる．しかし，こうした米に対する所得補償は，農家所得の安定をはかる一方で，作物転換に対するモチベーションを引き下げ，米農家の構造変化の足かせになっているという側面もある．

なお，米生産費調査結果によると，2017 年の 10a 当たり粗収益は 97 万 4,553 ウォンと前年に比べて 13.8％増加した．増加した理由は 2017 年の米生産量減少による米価の上昇である．2017 年の米所得は 10a 当たり 54 万 1,450 ウォンになるが，10 年前の 62 万 3,742 ウォンなどに比べると 13％減少している．しかも，物価上昇率を加味した実質所得でみると，27％の減少率となり，実質では米所得がより大幅に減少していることが分かる（表 8-4）．

一般に，米所得を減少させる要因としては，粗収益の減少要因となる米生産量の減少や米価下落のほかに，生産費や経営費の増加などがある．しかし，図

表 8-4 米所得の推移（2008-17 年）

(単位：ウォン/10a)

区 分	2008 年	2010 年	2015 年	2017 年	2008-2017 減少率
米所得	623,742	434,161	560,967	541,450	13.2
実質所得[1]	724,607	476,838	560,967	526,037	27.4

出所：統計庁「米生産費調査」各年度.
注：1) 実質所得は消費者物価指数でデフレートした値である（2015 = 100）.

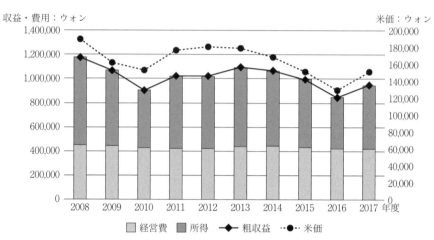

出所：表 8-4 と同じ.
注：粗収益，経営費，所得，米価は消費者物価指数でデフレートした値である（2015 = 100）.

図 8-1 韓国の米所得と米価，経営費の動向（2008-17 年）

8-1 にみられるように，経営費は 2008 年から 2017 年の間は約 42 万ウォンとほぼ横ばいで推移している．米価の上昇と下落に合わせて粗収益と所得が連動していることから，米所得の安定には米価の安定がまず必要で，それに加えて米価が下落した場合には，下落した分の補塡がきわめて重要であることがわかる．

　しかし，米所得は他の作物と比べると 10a 当たりで計算した農業所得は低い（表 8-5）．例えば，にんにくは 5.4 倍，玉ねぎは 5.1 倍，唐辛子は 4.4 倍と米より高い農業所得が得られる．一方で，これらの作物は労働時間が米より 10～15 倍も多くかかっており，労働時間当たりで計算した農業所得は，米の方が

第 8 章　韓国における水田農業の現状と課題　　　　183

表 8-5　作物別の農業所得と労働時間当たり農業所得
（2017 年）

（単位：ウォン／10a）

区　　　分		米	にんにく	玉ねぎ	唐辛子
農業所得	金額	541,450	2,930,682	2,770,648	2,371,302
	対米比率	1.0	5.4	5.1	4.4
労働時間当たり農業所得	金額	53,135	23,483	27,624	16,354
	対米比率	1.0	0.4	0.5	0.3

出所：農林畜産食品部『2018 年度糧政資料』．

　他の作物より 5 倍から 7 倍ほど高くなる．こうしたことから農村に在住する専業農家のほとんどは，農業所得を確保するため，米のほかに，自家労働力で賄える規模のにんにくや玉ねぎ，唐辛子など複合作物の栽培に取り組んでいる．
　水田面積別にみた米のコストの状況を検討するために，水田面積規模別米生産費を示したものが表 8-6 である．生産費合計は 2008 年から 2017 年までの 10 年間で 9.8％増加している．特に労働費，種苗費，肥料費，その他材料費など直接生産費が 24.9％の増加と著しい．一方で，土地用役費や資本用役費など間接生産費は 10.1％減少した．水田面積規模別にこうした費目を比較してみると，種苗費と労働費では 0.5ha 未満階層と 0.5〜1ha 階層が 10ha 以上階層より 1.3〜1.8 倍も高い一方で，肥料費，農薬費，その他資材費，水道光熱費，農具費などはむしろ 0.4〜0.8 倍ほど低い．農作業委託など委託営農費では規模階層別の差が大きく，0.5ha 未満や 0.5ha〜1ha 階層などは 10ha 以上階層に比べて 8.9〜10.1 倍も高くなっている．この結果，直接生産費は水田面積規模が大きくなるにしたがって低減しており，0.5ha 未満階層が 10ha 以上階層に比べると 1.7 倍ほど高くなっている．しかし，間接生産費は 0.5ha 未満階層の方が低くなっているために，生産費合計でみた 0.5ha 未満階層と 10ha 以上階層の格差は 1.3 倍に縮まっている．しかも 1.0〜1.5ha 階層と 10ha 以上階層の生産費合計の差も 1.1 倍にすぎないことから，規模の経済が発現しにくい状況にあることがわかる．なお，規模が小さいほど委託営農費が高いことから，零細な規模の農家では自ら農業機械を保有せず，作業の全部または一部を委託することによって稲作を営んでいることがうかがえる．

表 8-6　水田面積規模別

区　　　分	2008 年	2017 年	10 年間増減率	0.5ha 未満	0.5〜1.0ha	1.0〜1.5ha
生産費合計	629,677	691,374	9.8	1.3	1.2	1.1
直接生産費	358,618	447,775	24.9	1.7	1.6	1.4
種苗費	11,722	15,435	31.7	1.8	1.6	1.1
肥料費	44,134	51,034	15.6	0.8	0.8	0.9
農薬費	26,283	27,908	6.2	0.8	0.8	0.8
その他材料費	10,956	13,086	19.4	0.8	0.9	1.3
水道光熱費	5,435	5,659	4.1	0.4	0.4	0.5
農具費	46,773	42,877	−8.3	0.8	0.8	1.0
営農施設費	1,192	1,102	−7.6	1.3	1.1	1.0
労働費	92,720	167,910	81.1	1.5	1.3	1.2
委託営農費	113,320	108,039	−4.7	10.1	8.9	6.8
その他費用	6,081	14,724	142.1	1.6	1.5	1.4
間接生産費	271,059	243,598	−10.1	0.7	0.7	0.8
土地用役費	242,167	235,411	−2.8	0.7	0.7	0.8
資本用役費	28,892	8,188	−71.7	1.1	1.0	1.1

出所：統計庁「米生産費調査」各年度.
注：1）本表のうち，規模階層別生産費は 10ha 以上を基準に算出した指数である（10.0ha 以上＝ 1）.
　　2）その他費用には，生産管理費と自動車管理費も含まれている.

4.　稲作における農作業委託の動向

　韓国においては，小規模経営を中心に稲作の主要作業（育苗，代掻き，田植え，農薬散布，収穫）の作業委託が盛んに行われている（表 8-7）.2015 年の米収穫農家のうち，育苗作業を他の農家（または業者）に作業を全部委託した農家は，専業農家が 43％，兼業農家が 41％であるが，代掻き，田植え，収穫作業といった部分的な委託に関しても専業と兼業ともに作業委託率が 50％を超えている.専業，兼業別には作業委託率に大きな違いがないことがわかる.

　これを経営主年齢別にみると，すべての作業において年齢層が高いほど作業委託率が高く，特に，代掻き，田植え，収穫作業において著しい.一方，育苗と農薬散布に関しては，80 代以上の農家においても作業委託率がそれぞれ 59％と 58％で，約 4 割の農家が自家営農で対応していることがわかる.

　水田の面積規模別にみると，1ha 未満階層の作業別の委託率が，育苗 50％，

の 10a 当たり米生産費

(単位：ウォン，%)

1.5〜2.0ha	2.0〜2.5ha	2.5〜3.0ha	3.0〜5.0ha	5.0〜7.0ha	7.0〜10.0ha	10.0ha 以上
1.1	1.1	1.1	1.0	1.0	1.0	1
1.3	1.4	1.3	1.1	1.1	1.1	1
1.5	1.1	1.3	1.3	1.1	1.0	1
0.9	0.9	0.9	0.8	0.9	0.9	1
0.8	0.8	0.9	0.8	0.9	0.7	1
1.1	1.1	1.4	1.0	1.2	1.2	1
0.4	0.5	0.5	0.6	0.9	0.9	1
0.9	1.0	1.3	1.2	1.4	1.1	1
1.0	0.8	0.9	1.0	0.9	0.8	1
1.0	1.1	1.1	1.0	1.1	1.1	1
6.8	7.0	4.8	3.6	2.3	1.5	1
1.4	1.0	1.0	1.0	1.0	0.9	1
0.8	0.8	0.8	0.8	0.8	1.0	1
0.8	0.8	0.8	0.8	0.8	1.0	1
1.0	1.0	1.1	0.9	1.0	0.8	1

表 8-7　米収穫農家の農作業別委託率（2015 年）

(単位：戸，%)

区　　分		農家数	育苗	代掻き	田植え	農薬散布	収穫
専業兼業別	専業	365,150	43	59	65	42	80
	兼業	270,214	41	52	58	36	73
経営主年齢別	20 代	355	34	33	46	32	58
	30 代	6,373	35	38	45	29	60
	40 代	42,560	38	43	50	31	66
	50 代	132,398	36	41	50	30	66
	60 代	194,914	38	51	58	35	75
	70 代	201,854	46	68	71	46	85
	80 代以上	56,910	59	79	80	58	89
面積規模別	1ha 未満	467,856	50	66	71	45	84
	1〜3ha	118,423	25	36	47	29	69
	3〜5ha	26,170	11	13	22	15	42
	5〜10ha	17,195	7	6	11	10	24
	10ha 以上	5,720	5	4	6	8	12

出所：統計庁「2015 年度農業センサス」.
注：作業委託は全部委託のみ示したものである.

代掻き66％, 田植え71％, 農薬散布45％, 収穫84％となっており, 他の規模階層に比べて高い. その一方で, 10ha以上階層では, 収穫作業を除き, 10％以下の委託率となっており, ほとんどの作業を自ら行っていることがわかる.

こうした農作業委託率の違いは, 農業機械保有率に関係している. 韓国では稲作作業の機械化率はほぼ100％に達している. しかし, 主要作業である代掻き, 田植え, 収穫に使われるトラクター, 田植機, コンバインは高額であるために, 農家の保有率は高くはない. 2015年においてトラクターを保有している農家は全体の31％, 田植機は26％, コンバインはわずか11％である（表8-8）. コンバインの保有率が最も低い理由は, それが高額の割には, 年間で利用する期間が収穫期のみと短いためである. 田植機に関しても同様であるが, 価格がコンバインよりは安いために農家保有率がやや高い. このことは, 収穫作業はコンバインを保有している1割の農家が水田全体の作業を行っており, 田植えも3割弱の農家が行っていることを意味している. なお, 農業機械保有率は水田面積規模と比例しており, トラクターは3ha以上, 田植機は10ha以上, コンバインは5ha以上の農家において8割以上の保有率となっている.

韓国では稲作の農作業受委託は1990年半ばから盛んに行われるようになり, 現在ではそれが一般的なものとなっている. 受託側は農業機械を保有している農家で, 自らの耕作面積が農業機械の損益分岐点に至らない場合, 農業機械の稼働率を高めるために, 他人の農作業を代行することになる. 委託側は農業機械の未保有や労働力不足, 兼業, 高齢などの農家で, 他の農業機械を保有して

表8-8 水稲作収穫農家の面積規模別の
農業機械保有率（2015年）

（単位：％）

	トラクター	田植機	コンバイン
収穫農家全体	31	26	11
1ha 未満	19	4	15
1〜3ha	57	20	47
3〜5ha	84	48	77
5〜10ha	92	69	88
10ha 以上	95	83	93

出所：統計庁「2015年度農業センサス」.
注：2015年水稲作収穫農家635,364戸を対象とした数値である.

いる農家による農作業代行を希望している．こうした両者のニーズがマッチして，稲作では農作業受委託市場が広範に形成されている．

農業機械を保有しない零細規模農家にとっては，農作業受託農家が自らの営農維持に欠かせない存在であり，農作業受託農家にとっては，農業機械の採算をとるために委託希望農家が欠かせない存在となる．近年では，高齢化した在村農家の中で農業所得源である農地を手放さず，主な農作業は作業代行によって行い，水管理や畦畔管理など管理作業のみ自ら行う農家が増えている．こうした作業受託農家（または業者）は零細規模農家にとっては営農維持に欠かせない存在である．しかし一方で，農作業代行は，在村する高齢農家や兼業農家，複合農家等の農地流動化を遅らせることになり，農地の賃貸借とは競合関係にある．安定した農作業受委託の存在は，その一方で，農地の賃貸借による流動化の足かせになっているという側面もある．

以上，韓国における米需給の不均衡の拡大と是正のための生産調整，稲作所得の現状と所得補償施策の動向，農業機械化と農作業受委託の現状等について概観してきた．以下では，韓国の水田農業をめぐる農家の動向とその特徴について，農業センサス等の関連統計を使って分析するとともに，今後の課題について検討したい．

5. 水田保有農家と稲作農家の動向

2005年に水田を保有している農家は93万8,136戸で総農家数の73.7％を占めていたが，2010年には66.6％，2015年には59.1％へと減少し，水田を保有する農家の数はこの10年間で31％減少した（表8-9）．この減少率は総農家数の減少率14％の2倍以上となっている．その一方で，水田を保有しない農家は増加しており，2015年現在で4割を占めている．これらの過半数以上が野菜や食糧作物（いも類）を栽培する農家で，水田離れをする農家の動きが顕著になりつつある．農家経済調査をみると，農業粗収益に占める米穀収入が2000年の46％から2017年には26％へと低下し，野菜や果樹など米穀以外の収入が74％へ増加しているが，こうした収入構成の大きな変化がその背景にある．

表 8-9　水田面積規模別の農家数（2005-15 年）

(単位：戸，%)

区　分	2005 年		2010 年		2015 年		10 年間増減
	農家数	割合	農家数	割合	農家数	割合	
全体農家	1,272,908	100	1,177,318	100	1,088,518	100	−14
水田非保有農家	334,772	26.3	393,473	33.4	445,646	40.9	33
水田保有農家	938,136	73.7	783,845	66.6	642,872	59.1	−31
1ha 未満	682,572	72.8	575,188	73.4	473,419	73.6	−31
1〜3ha	204,506	21.8	157,811	20.1	119,865	18.6	−41
3〜5ha	32,614	3.5	28,908	3.7	26,444	4.1	−19
5〜10ha	15,311	1.6	16,908	2.2	17,344	2.7	13
10ha 以上	3,133	0.3	5,030	0.6	5,800	0.9	85

出所：統計庁「農業センサス」各年度.

　水田面積規模別の水田保有農家数を見ると，1ha 未満階層は 2005 年から 2015 年の 10 年間で 31％，1〜3ha 階層は 41％減少しているが，1ha 未満階層の水田保有総農家数に占める構成割合は 73％前後で変化がなく，1〜3ha 階層と合わせた構成割合も 9 割以上となっている．水田非保有農家への転換を含む農家の激しい減少が進んでいる中で，依然として水田保有農家の 9 割以上が 3ha 未満の零細農家であることがわかる．

　しかしその一方で，5ha 以上の規模階層の動きをみると，5〜10ha 階層が 2005 年の 15,311 戸（1.6％）から 2015 年の 17,344 戸（2.7％）へ緩やかではあるが増加している．また，10ha 以上階層も 2005 年の 3,133 戸（0.3％）から 2015 年の 5,800 戸（0.9％）へ農家数が 2 倍近く増加した．すなわち，水田を保有している農家は，水田面積 3ha 以下の零細農家 9 割と 10 ha 以上の大規模農家 1 割で構成されており，キムほか（2004）が指摘したことと同じように，この 10 年間においても農家の両極化が進んでいることがわかる．

　また表 8-10 によると，2015 年の水田保有農家のうち，農業粗収益の最も高い部門が稲作である農家は 70.6％で，水田面積全体の 78.6％を担っている．残りの 3 割の農家は，水田は保有しているものの，稲作以外の野菜や果樹，食糧作物など米以外の作物を主作物としながら稲作に取り組んでいる．1990 年代半ば以降から米の収益性低下に対処するため，水田で施設園芸や野菜など畑作の栽培が拡大されてきた．キムほか（2014）によると，水田は畑よりも耕地整

第 8 章　韓国における水田農業の現状と課題　　　　189

表 8-10　水田保有農家の営農形態別・水田規模別の農家数
（2015 年）

（単位：戸，%，ha）

区　　分		水田規模階層						水田面積	所有地
		計	～1ha	1～3ha	3～5ha	5～10ha	10ha～		
水田保有農家数	農家数	642,872	473,419	119,865	26,444	17,344	5,800	737,415	427,163
	割合	100	73.6	18.6	4.1	2.7	0.9	100.0	57.9
営農形態 稲作	農家数	453,830	322,018	90,603	21,090	14,861	5,258	579,473	335,206
	割合	70.6	71.0	75.6	79.8	85.7	90.7	78.6	57.8
野菜	農家数	71,330	56,835	11,682	1,892	787	134	13,467	8,767
	割合	11.1	12.0	9.7	7.2	4.5	2.3	1.8	65.1
果樹	農家数	50,914	43,107	6,496	908	338	65	58,561	32,679
	割合	7.9	9.1	5.4	3.4	1.9	1.1	7.9	55.8
食糧作物	農家数	23,923	21,415	1,959	346	158	45	5,794	3,630
	割合	3.7	4.5	1.6	1.3	0.9	0.8	0.8	62.7
畜産	農家数	27,657	16,948	7,390	1,950	1,095	274	35,074	22,018
	割合	4.3	3.6	6.2	7.4	6.3	4.7	4.8	62.8
特用作物	農家数	9,030	7,758	1,034	158	68	12	1,266	813
	割合	1.4	1.6	0.9	0.6	0.4	0.2	0.2	64.2
薬用作物	農家数	2,154	1,883	234	25	12	0	1,465	927
	割合	0.3	0.4	0.2	0.1	0.1	0.0	0.2	63.3
花き	農家数	2,089	1,752	274	46	11	6	1,238	695
	割合	0.3	0.4	0.2	0.2	0.1	0.1	0.2	56.1
その他	農家数	1,945	1,703	193	29	14	6	41,077	22,427
	割合	0.3	0.4	0.2	0.1	0.1	0.1	5.6	54.6

出所：統計庁「農業センサス」2015 年度．

　理条件が良好な農地が多く，灌漑と排水施設などインフラ整備の条件も整っており，施設園芸の設備設置が容易である．そのため，水田に米より収益性が高い施設野菜や果樹などの作物生産に取り組む農家が増加してきた．

　こうした傾向は，現在でも続いており，2018 年の野菜栽培面積のうち14.5％が水田で栽培されたもので，特用作物は 5.0％，その他作物は 48.7％も占めるなど，水田での米以外の作物の栽培が進んでいる（表 8-11）．なお，その他作物の内訳はその 9 割近くを占める飼料作物のほか，高麗人参，たばこ，花きなどである．

　なお，前掲表 8-10 によって水田保有農家の所有地の割合をみると，水田保

表 8-11　米以外作物の水田栽培面積の動向（2000-18 年）

(単位：%，ha)

区　　分		2000 年	2005 年	2010 年	2015 年	2018 年
野菜	畑（%）	88.3	88.0	86.4	86.1	85.5
	水田（%）	11.7	12.0	13.6	13.9	14.5
	水田面積（ha）	34,602	28,655	28,659	27,618	31,723
特用作物	畑（%）	97.2	96.2	95.1	95.0	95.0
	水田（%）	2.8	3.8	4.9	5.0	5.0
	水田面積（ha）	2,222	2,480	3,648	3,849	3,417
その他	畑（%）	76.7	68.8	53.1	57.6	51.3
	水田（%）	23.3	31.2	46.9	42.4	48.7
	水田面積（ha）	21,720	28,172	63,421	47,818	69,790

出所：統計庁「農業面積調査」各年度.
注：各作物の栽培面積のうち，水田と畑の割合と水田面積のみ示したものである.

有農家全体では 57.9% が所有地であり，残りの 43.1% は借地である．営農形態別に見た所有地の割合は，稲作が 57.8%，野菜 65.1%，果樹 55.8%，食糧作物 62.7%，畜産 62.8% などとなっており，営農形態にかかわらず水田保有農家はおおよそ 3 割程度の借地を確保していることが分かる．

　水田規模階層別に営農形態をみると，どの規模階層においても稲作の営農形態が 70% 以上を占めているが，5〜10ha 階層では 85.7%，10ha 以上階層では 90.7% と面積規模が大きいほど稲作農家の割合が高くなっている．しかし，畜産農家や野菜農家などでも，水田面積が 5ha 以上の農家割合が僅かながら高くなっていることから，稲作との複合経営に取り組んでいる規模の大きな農家も存在していることがわかる．

　水田保有農家の経営主年齢階層別にみた水田面積を 2005 年と 2015 年のデータによって比較すると，全体としては 10 年間で 22% の水田面積が減少する中で，年齢階層別には 20 代から 40 代の階層で 56〜65% の減少率となっており，他の階層に比べると著しく高くなっている．また，50〜60 代では減少率が 15〜21% に低下し，70 代以上の階層ではむしろ水田面積が増加し，増加率も 80 代では 200% を超えている（表 8-12）．全体として若い世代が耕作する水田面積が減少して，70 代以上の高齢層が耕作する面積が増える傾向がみられる．

　次に，稲作農家の経営特性別に 2005 年から 2015 年まで 10 年間の動向について示したものが表 8-13 である．まず，経営主年齢別には，若年層の急減と

第 8 章　韓国における水田農業の現状と課題　　　191

表 8-12　経営主年齢階層別の水田面積の動向（2005-15 年）(単位：ha，%)

区　分	2005 年		2015 年		10 年間増減
	水田面積	割合	水田面積	割合	
全体	948,345	100	737,415	100	−22.2
20 代	1,902	0.2	832	0.1	−56.3
30 代	33,333	3.5	12,195	1.7	−63.4
40 代	181,703	19.2	64,506	8.7	−64.5
50 代	269,646	28.4	214,023	29.0	−20.6
60 代	147,065	15.5	125,689	17.0	−14.5
70 代	143,084	15.1	165,782	22.5	15.9
80 代以上	11,981	1.3	37,635	5.1	214.1

出所：統計庁「農業センサス」各年度.

表 8-13　稲作農家の経営特性別の動向（2005-15 年）(単位：戸，%)

区　分		2005 年		2010 年		2015 年		10 年間増減
		農家数	割合	農家数	割合	農家数	割合	
稲作農家全体		648,299	100	523,153	100	453,896	100	−30.0
経営主年齢	20 代	1,067	0.2	607	0.1	246	0.1	−76.9
	30 代	17,583	2.7	12,577	2.4	4,555	1.0	−74.1
	40 代	81,493	12.6	54,527	10.4	30,258	6.7	−62.9
	50 代	140,903	21.7	110,298	21.1	88,195	19.4	−37.4
	60 代	232,428	35.9	157,182	30.0	132,689	29.2	−42.9
	70 代	157,151	24.2	162,698	31.1	151,805	33.4	−3.4
	80 代以上	17,674	2.7	25,264	4.8	46,148	10.2	161.1
専業兼業	専業	405,544	62.6	275,801	52.7	252,402	55.6	−37.8
	兼業	242,755	37.4	247,352	47.3	201,494	44.4	−17.0
	第 1 種兼業	80,848	12.5	81,405	15.6	76,031	16.8	−6.0
	第 2 種兼業	161,907	25.0	165,947	31.7	125,463	27.6	−22.5
水田面積	1ha 未満	379,835	58.6	370,808	70.9	322,084	71.0	−15.2
	1〜3ha	209,255	32.3	111,401	21.3	90,603	20.0	−56.7
	3〜5ha	36,388	5.6	22,132	4.2	21,090	4.6	−42.0
	5〜10ha	18,540	2.9	14,219	2.7	14,861	3.3	−19.8
	10ha 以上	4,281	0.7	4,593	0.9	5,258	1.2	22.8
売上高	1 千万ウォン未満	497,938	76.8	411,953	78.7	333,371	73.4	−33.0
	1〜3 千万ウォン	116,544	18.0	82,088	15.7	81,281	17.9	−30.3
	3〜5 千万ウォン	21,821	3.4	16,831	3.2	20,540	4.5	−5.9
	5〜1 億ウォン	9,981	1.5	9,617	1.8	14,012	3.1	40.4
	1〜2 億ウォン	1,769	0.3	2,214	0.4	3,954	0.9	123.5
	2 億ウォン以上	246	0.0	450	0.1	738	0.2	200.0

出所：統計庁「農業センサス」各年度.

高齢層の急増が見られる．2005年では最も農家数の多い階層が60代であったのに対して，2010年と2015年ではそれが70代となっている．また，20代の階層は2005年の1,067戸から2015年の246戸へと4分の1に，そして30代の階層は17,583戸から4,555戸へと3分の1になるなど，若年層の減少が著しい．その一方で，80代以上の階層は2005年の17,674戸から2015年の46,148戸へと約2.5倍も増加しており，2005年には60代以上の高齢農家が全体で62.8%であったのに対し，2015年には72.8%に増加するなど，稲作農家の高齢化がより深刻化していることがわかる．

専業・兼業別にみると，専業農家は2005年の405,544戸（62.6%）から2015年の252,402戸（55.6%）へと大きく減少した．この結果，専業農家率は63%から56%へと7ポイント低下した．この間の専業農家の減少率は38%で，兼業農家の17%よりも高くなっている．このように，近年は農業のみの専業農家が大きく減少しており，農業以外に所得源を有する兼業農家の割合が増えてきている．

水田面積規模別には，1ha未満の農家が2005年には59%を占めていたが，2015年には71%とさらに増加している．その一方で，10ha以上階層でも農家数および割合がともに増加した．しかし1〜3ha階層や3〜5ha階層は農家数と割合ともに減少しており，中間階層の稲作離れがみられる．また，売上高別では1千万ウォン未満が2005年，2015年ともに7割以上を占める傾向は変わらないものの，10年間では3千万ウォン未満の農家数が3割も減少している．その一方で，5千万ウォン以上の農家は実数と割合ともに増加している．特に，2015年には2億ウォン以上の農家が2005年より3倍も増加しており，ファームサイズとともに，ビジネスサイズの大きい農家が近年は増加する傾向がみられる．

韓国でも農業関連事業に取り組む稲作農家の割合はまだ11%程度ではあるが，近年はその数が増える傾向にある．農業関連事業に取り組んでいる稲作農家は2015年には51,241戸となり，2005年の38,137戸から34%増加した（表8-14）．2015年のデータをみると，事業部門としては農産物直売（78%）が最も多く，次いで農業機械作業代行（15%），農家レストラン（5%），農産物直売場（4%）の順となっている．すなわち，稲作農家の事業多角化は，農産物

第8章　韓国における水田農業の現状と課題　　　193

表 8-14　稲作農家の農業関連事業の動向（2005-15 年）

(単位：戸, %)

区　分	農業関連事業 稲作農家	農産物 直売場	農産物 直売	農家 レストラン	農産物 加工	農業機械 作業代行	農村観光 事業
2005 年	38,137	90.1	一注	4.6	4.3	一	3.1
2010 年	49,289	19.9	43.3	6.2	3.9	29.5	2.2
2015 年	51,241	3.7	78.3	4.7	2.7	14.8	2.9

出所：統計庁「農業センサス」各年度.
注：1) 2005 年の統計データでは，農産物直売場と直売を区分せず把握された数値である.
　　2) 農業関連事業を行う農家数は複数応答による値である.

の直売が 8 割以上を占めており，農産物加工や農家レストランなど農産物加工
品の製造・販売事業に取り組むケースはまだ少ないのが現状である.

6.　10ha 以上の大規模水田農家の動向

　2015 年の農業センサスでは，水田面積 10ha 以上の農家は韓国全土で 5,800
戸が確認されている. これに該当する農家の特性を整理して表 8-15 に示した.
経営主の営農従事年数別では，30〜40 年が 34.9％で最も多く，次いで 40〜50
年が 23.2％，20〜30 年が 21.3％で，8 割が 20 年以上の営農従事歴を有してい
る.

　営農形態別には，91％が稲作であり，畜産が 274 戸で 5％を占めている. ま
た，野菜が 134 戸，果樹が 65 戸で，畜産や野菜，果樹などを主作物としなが
ら稲作も行う 10ha 以上の大規模農家が 550 戸ほど存在している. 専業・兼業
別では，専業農家が 47％，第 1 種兼業農家が 50％で，第 2 種兼業農家 3％と
合わせると 53％が兼業農家で，後者の方が若干多くなっている.

　地域別には，全羅北道が 1,681 戸（29％）で最も多く分布しており，次いで
全羅南道が 1,498 戸（26％），忠清南道が 973 戸（17％）で，他の地域に比べ
ると多い. これらの地域は[6] 韓国の西部に位置し，国内でも水田面積のトップ
3 を占める有数の平地水田地帯である. 売上高別では 5 千万〜1 億ウォン階層
が 35％，1〜2 億ウォン階層が 34％で，合わせて 7 割を占めているが，その一
方で，5 千万ウォン未満の農家が 3 割存在している. 販売先別では，農協・農
業法人が 67％で最も多く，次いで政府機関が 11％，集荷業者 7％，加工業者

表8-15　水田面積10ha以上農家の特性（2015年）

(単位：戸，％)

区　分		農家数	割合	区　分		農家数	割合
経営主営農従事年数	10年未満	151	2.6	10ha以上農家全体		5,800	100
	10～20年	590	10.2	専業兼業	専業	2,746	47.3
	20～30年	1,236	21.3		第1種兼業	2,873	49.5
	30～40年	2,022	34.9		第2種兼業	181	3.1
	40～50年	1,343	23.2	地域	広域市等	197	3.4
	50年以上	458	7.9		京畿道	487	8.4
営農形態	稲作	5,258	90.7		江原道	171	2.9
	食糧作物	45	0.8		忠清北道	155	2.7
	野菜	134	2.3		忠清南道	973	16.8
	特用作物	12	0.2		全羅北道	1,681	29.0
	果樹	65	1.1		全羅南道	1,498	25.8
	薬用作物	0	0.0		慶尚北道	392	6.8
	花卉	6	0.1		慶尚南道	246	4.2
	その他	6	0.1	販売先	農協・農業法人	3,859	66.5
	畜産	274	4.7		政府機関	618	10.7
売上高	500万未満	47	0.8		収集商人	412	7.1
	500～1千万	79	1.4		加工業者	334	5.8
	1千万～3千万	423	7.3		直接販売	146	2.5
	3千万～5千万	613	10.6		卸売市場	132	2.3
	5千万～1億	2,015	34.7		産地共販場	114	2.0
	1億～2億	1,980	34.1		親環境専門業者	90	1.6
	2億～5億以上	585	10.1		その他	49	0.8
	5億以上	58	1.0		小売業者	46	0.8

出所：2015年農業センサス個票データの再集計により作成.

6％，直接販売3％などの順となっており，販売においては自らの手間が比較的少ない大量需要先（大口販売先）に販売する農家が多い.

　次に，10ha以上農家の面積規模別の動向についてみると（表8-16），まず，水田面積が10ha以上の農家数は，2005年の3,133戸から2010年の5,030戸，2015年の5,800戸へと増加傾向にある．また，これらの農家が担っている水田面積も，2005年の49,898haから2010年の89,492ha，2015年の103,705haへと10年間で2倍に増加した．規模階層別では，2005年には10～20ha階層が2,722戸から2015年の4,858戸へ約2倍増加しているが，そのシェアはむしろ87％から84％へ減少している．それは20～30ha階層から100ha以上階層までの上位階層における農家数の増加が著しいためである．特に上層ほど増加傾向

第 8 章　韓国における水田農業の現状と課題　　　　195

表 8-16　10ha 以上農家の面積規模別動向
（2005-15 年）

（単位：戸，％，ha）

区　　分	2005 年			2010 年			2015 年		
	農家数	割合	水田面積	農家数	割合	水田面積	農家数	割合	水田面積
10〜20ha	2,722	86.9	36,787	4,147	82.4	55,279	4,850	83.6	66,488
20〜30ha	277	8.8	6,720	501	10.0	12,099	598	10.3	14,447
30〜50ha	105	3.4	3,943	234	4.7	8,707	230	4.0	8,577
50〜100ha	23	0.7	1,510	124	2.5	8,354	85	1.5	5,726
100ha 以上	6	0.2	939	24	0.5	5,054	37	0.6	8,467
合計	3,133	100	49,898	5,030	100	89,492	5,800	100	103,705

出所：2015 年農業センサス個票データの再集計により作成．

が強く，そのシェアはまだ小さいものの，50〜100ha 階層では 3 倍，100ha 以上階層では 9 倍の増加となっている．ちなみに 100ha 以上階層の農家数は 37 戸でその水田面積は 8,467ha である．1 戸当たり水田面積を計算すると平均 229ha となる[7]．

　こうした農家の面積拡大は，主に借地によるものである．2015 年の水田面積 103,705ha のうち，所有地は 37,468ha（36％），借地は 66,238ha（64％）で，借地が 6 割以上を占めている．借地面積比率を規模階層別にみると，どの階層においても借地面積比率は 59％から 67％と高い水準にある（表 8-17）．借地率別に農家を分類してみると，借地率がゼロの農家が 633 戸，0〜50％の農家が 828 戸存在している．しかし，それらの農家が占める割合はそれぞれ 1 割程度である．借地率が 50〜100％未満の農家が 3,919 戸で最も多く 68％を占めており，農地全てが借地の農家も 420 戸でその割合は 7％である．すべての規模階層において借地率が 50％以上の農家数割合が 5 割を超えており，借地の確保が規模拡大のための不可欠な条件になっていることがわかる．

　最後に，10ha 以上の農家の作業委託状況についてみると，主要な農作業を自家営農で行っている農家は 9 割である（表 8-18）．しかし，前掲表 8-8 で示されているように，10ha 以上農家の農業機械保有率はトラクター 95％，田植機 83％，コンバイン 93％である．すなわち，10ha 以上の比較的規模の大きい農家の中でも，農業機械を保有せず，もっぱら作業委託によって営農する農家が一定数存在していることがうかがわれる．例えば，2015 年の個票データで

196

表 8-17 10ha 以上農家の面積規模別の借地面積比率（2015 年）

区　　分	2015 年			10～20ha		20～30ha		30～50ha	
	農家数	割合	平均面積	農家数	割合	農家数	割合	農家数	割合
10ha 以上農家	5,800	100	15.9	4,850	83.6	598	10.3	230	4.0
借地率＝0%	633	10.9	16.7	505	10.4	58	9.7	43	18.7
0～50%未満	828	14.3	20.2	696	14.4	84	14.0	36	15.7
50～100%未満	3,919	67.6	18.6	3,306	68.2	415	69.4	132	57.4
借地率＝100%	420	7.2	17.6	343	7.1	41	6.9	19	8.3
水田面積	103,706	100		66,488	64.1	14,447	13.9	8,577	8.3
所有地	37,468	36.1		23,704	35.7	4,830	33.4	3,534	41.2
借地	66,238	63.9		42,784	64.3	9,617	66.6	5,043	58.8

出所：2015 年農業センサス個票データの再集計により作成.

表 8-18 10ha 以上農家の農作業委託状況（2015 年）

（単位：戸，%）

区　　分	育苗	代掻き	田植え	農薬散布	収穫
自家営農	91.3	93.9	89.9	86.1	84.1
完全委託	5.1	3.5	6.5	8.2	12.5
部分委託	3.2	2.3	3.2	3.8	3.1
しない	0.2	0.0	0.2	1.7	0.0
無応答	0.3	0.3	0.3	0.3	0.3

出所：韓国統計庁「2015 年農業センサス」.
注：10ha 以上の農家 5,800 戸を対象とした結果である.

収穫作業を全部委託している 10ha 以上農家（727 戸）の特徴を確認したところ，コンバインを保有していない農家が 709 戸あった．したがって，作業委託の有無の要因は，農業機械の有無によるものと考えられる（表 8-19）.

そこで農業機械を保有しない理由を把握するために農家の特性をみると，水田面積規模では，8 割以上が 10～20ha であった．また，営農形態は 85％が稲作農家で，残りの 15％は稲作以外の営農形態である．専業・兼業別では，専業が 54％，兼業が 46％であった．経営主営農従事年数別では，30～40 年と 40～50 年，50 年以上の年齢層の高い農家が 66％を占めている．すなわち，10～20ha 規模の営農年数の長い高齢農家で農業機械の更新をしなくなった農家や，兼業農家や稲作以外の経営形態の農家で農業機械を保有しない農家が，10ha 以上の水田規模でも作業委託をしていると考えられる.

(単位：戸，％，ha)

	50〜100ha		100ha 以上	
	農家数	割合	農家数	割合
	85	1.5	37	0.6
	16	18.8	11	29.7
	7	8.2	5	13.5
	53	62.4	13	35.1
	9	10.6	8	21.6
	5,726	5.5	8,467	8.2
	2,027	35.4	3,373	39.8
	3,699	64.6	5,095	60.2

7. 水田農業における今後の課題

　以上のように，今日における韓国の水田農業が抱えている課題は，米需給バランスの是正と適正米価による農家所得の安定化，大規模稲作農家の育成とその経営の安定化である．

　まず，近年において米の過剰供給状態が続くなか，米需給バランスの是正と農家所得の安定化を図るためには，水田の本格的な生産調整が不可欠である．しかし，水田に米以外の作物を導入する農家は従来から存在している．これまでも米より収益性の高い作物を導入し，農業所得を高めることを目的に取り組まれており，近年もその傾向が続いている．しかも，2度にわたり行われた生産調整事業の施行により，転作作物の生産過剰と価格下落を招いたこともある．韓国における水田農業は，水田面積が3ha 未満の零細農家9割と，1割の10ha 以上の大規模農家で構成されている．

表8-19　収穫作業を委託する10ha 以上農家の特徴（2015 年）

区　分		農家数	割合	区　分		農家数	割合
収穫作業委託農家		727	100	専業兼業	専業	392	53.9
コンバイン	保有	18	2.5		兼業	335	46.1
	非保有	709	97.5	従事主営農年数経営	10 年未満	30	4.1
水田面積規模	10〜20ha	591	81.3		10〜20 年	85	11.7
	20〜30ha	61	8.4		20〜30 年	131	18.0
	30〜50ha	32	4.4		30〜40 年	194	26.7
	50〜100ha	28	3.9		40〜50 年	182	25.0
	100ha 以上	15	2.1		50 年以上	105	14.4
営農形態	稲作	618	85.0	営農形態	食糧作物	10	1.4
	畜産	47	6.5		特用作物	2	0.3
	野菜	35	4.8		花卉	2	0.3
	果樹	13	1.8				

出所：2015 年農業センサス個票データの再集計により作成．
注：10ha 以上の農家のうち，収穫作業を全部委託している727 農家を対象とした結果である．

すなわち，転作作物の生産面積も1戸当たり面積にすれば零細規模となり，その生産量も少ない．そのため，個別農家の生産コストは高くなる反面，販路の安定確保や新たな販路の開拓が難しいなかで，多くが卸売市場に販売することとなり，やがて需給状況により大幅に変動する市場価格の影響を大きく受けることになる．こうした状況を回避し，農業所得の安定化をはかりつつ，生産調整事業によって転作作物の生産を促すためには，農地の団地化と農家の組織化を推進し，転作作物の販路についても既存の市場とは異なる新たな安定的な需要を開拓し，それを持続させる仕組みづくりが重要である．

　次に，大規模稲作農家の育成と経営の安定化をはかるためには，農地流動化とその集約化が求められる．近年，経営主の高齢化が深刻化している一方で，流動化する農地は限られている．その要因の1つとして水田における作業受委託市場の拡大がある．また，近年の稲作農家の動向としては若年層の急減と高齢層の急増がある．従来は70代で引退する農家が多かったが，近年は70代でも営農活動を継続している．農業機械を保有しない零細規模農家にとっては農作業受託農家が営農維持に欠かせない存在であるが，農作業受託農家にとっても，農業機械の採算をとるために多くの委託農家の存在が必要である．そのため，高齢農家が部分的または全ての作業を委託することによって，農業機械を持たずに経費や身体的負担を軽減しながら，営農を継続するケースが増えつつある．こうした作業受委託事業の農地保全や地域農業の維持に果たす役割を重視しながら，離農した小規模農家の農地流動化と集約化の受け皿である大規模稲作農家の育成と経営安定化をはかる施策の推進が必要とされる．

　注
1)　3年間継続に生産調整制度に加入することを前提に，休耕による水田の荒廃を防ぐための飼料用作物の栽培は認められた．
2)　北朝鮮に対する食糧支援は1995年に米15万tを無償支援して以来，2000年から借款方式で行われた．2000年にはタイ米30万tと中国産とうもろこし20万tを支援したが，2002年と2003年に国産米40万tを支援した．2004年には米を40万t（うち国産10万t），2005年には50万t（国産40万t）を支援した．2006年に北朝鮮の長距離ミサイル発射と核実験などの影響により一時的に支援が中断されたものの，2007年に再び米40万t（うち国産15万t）の食糧支援が行われた．2008年の政権交代後からは中断されている．

3) 需給変動が激しい作物である，大根，白菜，唐辛子，ネギ，高麗人参は事業対象外としている．

4) 2012年から畑農業直接支払制度が導入されたのに合わせて「農業所得の保全に関する法律」が制定され，米所得保全直接支払は農業所得保全直接支払へ名称が変更された．また，固定払いは，水田に米または米以外の作物を生産し，または休耕するなど，米価に関わらず水田の形状と機能を維持する場合，平均100万ウォン/haの補助金が支払われる．変動支払いは，米収穫期（10月から翌年の1月まで）の平均米価が目標価格（188,000ウォン/80kg）に至らない場合，差額の85％のうち既に支払われた固定払いを除いて支払われる補助金である．

5) 韓国農業新聞2018年11月15日付．米の目標価格は通常，米収穫年度の翌年2月下旬から3月中旬までに国会で決定されてきたが，2018年産から2022年産までの目標価格は，2019年5月現在においても国会の都合にともない決まっていない．

6) 2017年耕地面積調査結果（統計庁）によると，韓国の総水田面積は864,865haで，地域別には全羅南道が177,753ha（21％）で最も広く，次いで忠清南道が148,558ha（17％），全羅北道が130,322ha（15％）の順となっている．

7) 2015年農業センサスで，水田面積が最も大きい農家は，忠清南道に所在する水田面積660haの農家である．

参考文献

李裕敬（2012）『韓国水田農業の競争・協調戦略』日本経済評論社．

キム ジョンイン・パック ドンギュ・キム ジョンジン・チョ ナナムク・チェ ジュホ（2017）『米生産調整制の導入方案に関する研究』農林畜産食品部，pp.23-33．

キム ジョンホ・イビョンフン（2004）『米農業の構造変化動向と展望』韓国農村経済研究院．

キム ホンサン・チェ グァンソック（2014）『畑作農業の基盤整備の拡充方案』韓国農村経済研究院．

キム ミョンファン・キム テゴン・キム ベソン・キム ヘヨン・サゴンヨン（2005）『米生産調整制の評価および改編方向』韓国農村経済研究院．

農林畜産食品部『糧政資料』1990年～2018年．

ホ ヨンジュン（2018）「最近米需給動向と政策課題」『農漁村と環境』Vol（138）pp.5-16．

第9章

中国における食糧政策の変遷と米生産の動向

劉　　徳娟

　中国は世界で最大の米の生産国であり，かつ最大の消費国である．中国の米
産業は，国内だけでなく，世界にとっても非常に重要な役割を果たしている．
中国における米を中心とする食糧政策は，常に国内の経済構造の変化に適応し
てきた．政府は異なる経済段階における食糧政策の目的に応じて，さまざまな
食糧管理政策を採用し，食糧生産，流通および消費を含む一連の施策を実行し
てきた．本章では，まず，中国における米をめぐる食糧政策の変遷と現状を整
理し，次に米の生産量と消費量，価格等に関する動向を統計データによって分
析し，最後に大規模稲作経営の新しい動きを紹介する．

1.　米をめぐる食糧政策の変遷と現状

(1)　米をめぐる食糧管理政策
1949-52 年：基本的に無統制の時期
　この時期における食糧政策の中心は，主に食糧生産を増やし，食糧流通を保
障する政策であり，食糧の価格を安定させ，都市住民の食糧消費を充足させる
ことで，経済を回復させ，新政権を強化することが目的であった．その背景と
しては，中華人民共和国成立後の複雑な環境の中で，まず中国人民の生活を保
障することが，最も重要な課題であったからである．当時はまだ新しい計画経
済体制が確立されておらず，米を含む食糧管理政策はまだ混乱状態にあった．
そのため農業生産面では，全国規模で土地改革が立案・実行された．一方で，
農民の生産意欲を刺激するために食糧価格を高める政策がとられた．

　流通面においては，食糧管理システムが創設され，1952 年には中国糧食会
社と糧食管理総局が国家糧食部に統一された．同時に政府は，食糧の備蓄を非

常に重視した．また，消費面では，凶作などによる食糧の供給不足時には，国家備蓄庫から市場に食糧を提供することにより，都市住民の食糧の安定供給を確保する政策をとった．その効果としては，食糧の価格を安定させたこと，国民の食糧の供給を確保したこと，そして国民経済を回復するための必要な基盤を整備したことなどがある．

1953-57 年：統制を強化する時期

1953 年から中国における大規模社会主義建設が始められ，計画経済体制が実行された．「統購統銷」という統一買付と統一販売をする政策が推進され，また，優先的に工業を発展させる戦略がとられた．さらに，食糧産業は計画経済の中で最も重要な地位を占めているため，この時期には本格的な食糧統制が強化された．

1949-52 年の時期に比較して，食糧の生産，流通，消費などの面において強い統制が実施されるようになった．この時期は計画経済体制のもとで，主要農産物の全量を定価格で政府に売り渡す政策がとられ，その結果，工業生産量が増加するとともに，食糧生産量も年々増加した．

1958-77 年：全面的な統制の時期

1958 年に生産力の飛躍的発展により社会主義建設の加速化を目指すという「大躍進」政策がスタートした．その後，1959 年から 3 年間の自然災害時期と「文化大革命（1966-76 年）」を経て，78 年の第 11 期中央委員会第 3 回総会までの期間は，食糧に対する全面的な統制の時期である．それは中国農村経済建設の過程において，労働意欲を低下させ，生産性を低下させることによって，食糧の生産量が減少し，国家糧食備蓄量を急激に下落させ，食糧の供給を大きく逼迫したことによる．食糧市場への供給は社会の安定に繋がっているために，政府は食糧の生産，流通，消費を安定させるために，食糧の生産を促進し，食糧の安全を保障する一連の措置をとった．

具体的には，まず生産面においては，1958-66 年に食糧の買入価格を 5 回ほど引き上げ，農民の生産意欲を刺激した．流通面では，統一買上，統一販売，統一調整と統一在庫という「四統一」の食糧管理体制が創設された．また分配

面では，政府は買上価格を引き上げる一方で，都市市民への供給価格を引き下げた．これを担当した国有糧食企業は行政部門の機能を持つ一方で，食糧の流通活動を行う主体でもあった．

1978-2003 年：食糧統制の緩和時期

1978 年 12 月の第 11 期中央委員会第 3 回総会は中国の経済体制改革の序幕を開いた．当時，農村経済体制の核心は食糧経済体制であった．特に，米の需給関係や価格動向は，国家の流通政策によって大きな影響を受けていた．

生産面では，1979 年に食糧の統一買上価格を 20％引き上げた．また，超過生産した食糧の販売価格をさらに 50％引き上げ，農民の食糧増産を刺激した．84 年まで政府は生産者からの統一買付価格を引き上げてきた．この結果，食糧増産が達成された一方で，「食管赤字」の問題が発生した．それを削減するために 1985 年に統一買上制度を廃棄し，「契約買付」制と超過分に対する「協議買付（市場価格）」制が実施された．この制度は食糧の買上価格を高めたために，90 年代からは特別備蓄制度が設けられた．さらに政府は 1994 年および 96 年にそれぞれ食糧の買上価格を 30％と 40％引き上げた．

1999 年になると中国の米政策は新たな段階に入り，量的な増産だけではなく，質的な向上と生産構造の調整に転換された．米生産の面においては，2000 年に早インディカ米生産量を減少させるために，早インディカ米を保護価格対象から外す措置をとった．90 年代には早インディカ米の栽培面積は稲作総面積の 25％を占めていた．しかし，中国経済の成長に伴いインディカ米の消費量が減少しつつあり，その対策として早インディカ米を保護対象からはずしたのである．同時に良質米の生産を刺激するために，良質米の価格を引き上げた（李 2002）．

21 世紀に入ると食糧買付市場の自由化政策も進展してくる．まず，北京，上海，広東省などの主要消費地 8 省（市）で食糧買付が自由化され，2002 年には雲南，重慶，青海，広西，貴州などの需給平衡地にも拡大した．そして 03 年には，食糧主産地でも試行的に自由化されてきており，産地の買付市場においては，国有食糧市場以外の民間企業の参入が増えてきている（青柳 2005）．

2004 年以降：新たな食糧政策・市場改革の時期

2004 年になると，新たな食糧政策・市場改革が始められ，目標価格制度が導入された．目標価格制度とは，政府が主要農産品に対して予め目標価格を設定し，市場価格が目標価格より低くなれば農民は政府から補助金をもらい，逆に，市場価格が高騰すれば，低収入者のみに補助をするという農産品価格直接補助制度である．

2015 年までは中国の食糧総生産量は 12 年連続で増加を達成していたが，2016 年の食糧生産量は前年より 0.8％減少した．こうした動きの中で，農村部では人口構造および資源・環境制約がますます大きな問題になってきた．その上，食糧価格支持政策の実施に伴い，国内産の食糧価格が輸入食糧価格を上回るようになってきた．2013 年 4 月には小麦，米，トウモロコシ，大豆の国内価格が国際価格を上回り，その価格差が拡大傾向にある．中国国家糧油情報センターによれば，2015 年 1 月 30 日において国内産の小麦，米，トウモロコシ，大豆などの食糧価格が輸入品価格を，それぞれ 33％，37％，51％，39％といずれも大幅に上回っている．また，米を含む食糧貯蔵費用の高騰と食糧販売難の問題に直面し，食糧生産構造の調整が急務となってきた．

2015 年 12 月 15 日付『人民日報』によれば，新常態（ニューノーマル）に適応し，食糧改革は需要側から供給側を変えなければならない．食糧生産では，量的増加ではなく，質的向上，効率的なものへの転換を促進する必要があり，そうした取り組みの原動力については，将来にわたる科学技術の進歩と労働力の質的向上を強く要請する必要がある．また，食品安全についても，食糧生産の量的側面ではなく，質的な側面と構造面に焦点を当てる必要があるなどと指摘している．これを受けた対策として，土壌有機質改善のための補助政策と農産物トレーサビリティシステムの構築支援政策が実施された．さらに『全国農産品質量安全検験検測システム建設企画（2011-2015 年）』が導入されたが，その総投資額は 4,985 万元である．

(2)　米をめぐる食糧生産政策

2004 年以降，中国政府は，それまでの農民に対する「多く取り，少なく与える」から「多く与え，少なく取り，自由化を進める」という政策に転換し，

農民の所得向上を主要政策の1つにすえた。そして2004年から2018年まで15年間連続して,「中央1号文書」では三農問題をテーマとして取り上げ,米を含む食糧生産と流通政策を重点的に推進した。例えば,2004年より稲作農戸への補助政策として,農戸直接補助,優良品種補助,農業機械購入補助,農業生産資材総合補助ならびに農業保険費補助措置の導入などが盛り込まれた。また,政府は,大規模農家,家庭農場と農民合作社など新型農業経営体に対して支援する補助制度を実施した。農業税は2006年1月1日から廃止され,その一方で,食糧最低買付価格政策,国家臨時備蓄政策,貧困扶助・農村最低生活保障制度などが実施された。2013年の1号文件(中共中央・国務院2013)で打ち出された「新型農業経営体系」の構築や,2014年の「中央1号文書」(中共中央・国務院2014)で打ち出された農地に関する「三権(所有権・請負権・経営権)分離」という制度も実施されている。

稲作農家直接補助実施方法では,農家1戸当たりの作付面積によって補助金を計算する方式がとられている。補助の対象地域に関しては,主に食糧生産省・自治区ではすべての農戸が直接補助の対象となっている。これらの補助金は金融機関に開設した「食糧栽培農民直接補助」特別口座に振り込まれる。しかし実際には,土地を請け負っている農戸に補助金が支給され,借入農家は補助金を受け取ることができないという問題があり,米栽培意欲を刺激する効果を減退させている。

(3) 米をめぐる食糧流通政策

中華人民共和国成立後の食糧流通政策は,次の5つの段階に分けられる。

1949-52年：食糧自由流通

中華人民共和国成立の初期には,食糧生産の状況は大きく後退しており,生産レベルは低く,国内の食糧需給は逼迫し,生産と販売のミスマッチもきわめて大きかった。食糧市場は自由売買となっており,食糧市場での業者の形態も多様であった。食糧品の価格は市場での個別の相対取引によって形成され,食糧市場は混乱と不安定性のもとにあり,そのために国内の食糧価格は激しく変動していた。

1953-77 年：統一買付，統一販売

1953 年に，国家への調整供出制，消費者に対する配給制度，国家による一元管理を内容とする食糧の統一買付・統一販売制度を実施した．また，1961-63 年に食糧の輸入政策が導入され，1962 年には 1,075 万 t の食糧が輸入された．この年は食糧の買付価格も 17.1％引き上げられた．1971-79 年に政府は《関与継続実行糧食買付任務“一定五年”的通知》を出し，統一買付任務達成後の超過買付のプレミアム率を大幅に引き上げた．この段階では，米の流通と生産とはあまり関係がなく，特に 1958 年以降の人民公社制度のもとでは，農戸は糧食の所有権そのものを持っていなかった．食糧価格は市場原理ではなく，制度的に決定されていた．食糧の生産は糧食の生産政策，生産組織の変化や自然環境の変化に大きく影響された．食糧買付価格は 1955 年の 6.73 人民元/50kg から 1976 年の 10.63 人民元/50kg まで上昇し，その上昇率は 58％であった．その一方で，食糧の販売価格（配給）は 1958 年の 11.88 人民元/50kg から 1976 年の 14.10 人民元/50kg にまで引き上げられたが，その上昇率は 18％であり，買付価格上昇率を大幅に下回っていた．その結果，食糧増産と国家買付の増大により，食糧管理財政の赤字に苦しむことになった．1961 年の国家財政補助金額は 18 億 6 千万人民元であったが，1976 年の財政補助金額は 51 億 8 千万人民元に達した．

1978-97 年：計画経済から市場経済への転換

1978 年より，中国の全国各地では人民公社から徐々に農戸請負制に転換した．これにより農民の生産意欲が刺激され，1980 年代前半において 1 億 7 千万 t を超える食糧生産を達成した．しかし，国家の無制限買付制度のもとで，国家在庫が増大したために国家財政補填金額が膨大になり，食糧管理財政の大幅赤字に転落した．1983-84 年には食糧販売難と食糧在庫増が深刻な問題になって，食糧流通改革を不可避とした．

そのため 1985-97 年には，直接統制と市場流通が並存する複線型流通システムが実施された．青柳（2005）によれば，1984 年まで統一買付価格を引き上げ，超過生産は自由市場に販売できたため，農民の食糧増産を刺激した．一方で，食糧管理赤字を削減するため，1985 年に食糧の統一買付を廃棄し，契約

買付と超過分の協議買付（市場価格での買入）を導入した．その後，90 年に
は食糧買付保護価格制度と特別備蓄制度が設けられた．さらに 92 年には，一
部の省における食糧売買価格の自由化，農業の国家への義務供出制度および国
家による消費者への配給制度の廃棄を主要な内容とする食糧管理制度の改革が
行われた．93 年に国務院は《関与加快糧食流通体制改革の通知》を出したが，
これは統一買付・統一販売制度の改革の推進を通知したもので，1993 年末ま
でに食糧価格を自由化した地域は全国の 98％の県（市）に達した（曹 2016）．
しかし 1993-95 年には食糧価格が 120％も上昇したために，食糧需給関係が逼
迫した．そのため 94 年に政府は再び食糧の買付・販売政策を実施している．
また，1995 年には「米袋子（食糧の意味）省長責任制」により，中央および
地方の食糧権益を分離し，地方政府が食糧供給と需要のバランスを担当するこ
とになり，栽培面積や生産量，在庫量を安定化させ，食糧供給と価格安定を確
保するための調整をすることになった．

1998-2003 年：市場化改革試験

1998 年の食糧流通体制改革は，国務院《糧食流通体制改革をさらに深化さ
せることについての決定》に基づく計画経済から市場経済への移行の試みであ
る．この改革では，行政（食糧管理部門）と企業経営（国有糧庫）の分離，さ
らに備蓄業務と販売経営（協議買付対象）の分離などが実行された．しかし，
保護価格が市場価格よりも高く設定されている限り，流通規制による順ざや販
売の実施は多量の売れ残り食糧を発生させるため，国有糧食企業の赤字解消に
は役立たない（河原 2004）．2001 年に国務院から発出された《糧食流通体制改
革をさらに深化させることについての意見》は，さらに食糧流通改革を推進さ
せること，国家のコントロールの下に市場の有する食糧取引および価格形成に
関する役割を十分に発揮させること，ならびに食糧の主産地と消費地の各々の
有利性を十分に発揮させること，などが指示された（河原 2004）．2002 年には，
さらに国有糧食買付企業の改革が実施された．

2004 年以降～：市場化の推進

1998 年以降，中国政府は食糧流通の市場化を進めてきたが，2004 年には

《糧食流通体制改革をさらに深化させることについての決定》及び《糧食流通管理条例》により，食糧の買付・販売市場を全面的に自由化した．これまでの食糧関係の補助金は，主として買付制度や価格保護制度，糧食企業，糧食流通部門などに対するものであったが，この時点を契機に食糧生産者に対する補助金が新しく始められた．2005 年には中国南方の一部の地域で，米の最低買付価格の計画が発表され，2007 年末には黒龍江省におけるジャポニカ米の最低買付価格が実行された．米と小麦の最低買付価格政策により，農民生産の意欲を刺激し，食糧の増収が実現された．このように，食糧生産農戸の所得引き上げを目的として 2004 年から最低買付価格政策への転換が行われたが，さらに2008 年には国家臨時備蓄政策も実施された．国家臨時備蓄政策の買付価格は最低買付政策の買付価格よりも高い水準にある．

(4) 米の買付価格の動向

買付価格の上昇期（1978-89 年）

　1978-89 年の間には中国の米価格は大幅に引き上げられてきた．買付価格は1979 年には前年比 30.2％と高騰し，83 年および 87 年には前年比それぞれ10.2％，13.2％上昇した．さらに 89 年には再び前年比 30.7％と高騰した．この間は農民の生産意欲を大いに刺激し，米生産量は大幅に伸びて 1978 年の 1 億3,693 万 t から 86 年には 1 億 7,222 万 t となり，90 年には 1 億 8,933 万 t に達した．

買付価格の大幅変動期（1990-2000 年）

　1990-92 年になると米の買付価格が下落し続けたために，米の生産量も減少して，93 年には 1 億 7,751 万 t まで低下した．このために米の供給不足が顕在化して，米価は 93 年から再び引き上げられ，対前年比で 93 年は 24.6％，94年は 54.0％，95 年は 20.8％と大きく高騰した．米価の上昇に伴って米の生産量も大幅に増産することになり，97 年には 2 億 73 万 t を達成した．しかし米の過剰問題が発生したために，その後の米価は低下を続け，過去最高であった96 年の米価水準を 100 とした場合，2000 年の米価は 67 にまで低下した（青柳2005）．

買付価格の回復上昇期（2001-15 年）

米価が低下したために，米の生産量は大幅に減少した．国の食糧安全保障を確保するために，2001 年に米価が引き上げられたが，02 年にはわずかに下落，03 年には上昇と繰り返した．こうした動きと連動して米の生産量の方は減り続け，03 年には 1 億 6,066 万 t にまで減少した．2004 年に国家発展改革委員会，財政部など政府部門・機関は共同で《最低買付価格実施予備案》を策定し，米（インディカ米，ジャポニカ米を含む籾）については，その年の最低買付価格とその実施機関などを決定した．2008 年以降になると，米の供給に余剰が出てきたために，市場価格を維持するための米の臨時買付が 3 回実施された．米価格が安定的に上昇するようになった後は，米の臨時買付は実施されていない．

買付価格引き下げ期（2016 年-）

2016 年の米価は対前年比で 0.7％下落した．中国で初めて早インディカ米の最低買付価格が引き下げられ，2017 年にはインディカ米とジャポニカ米の最低買付価格も引き下げられた．2001 年から 17 年まで米の生産量が 2 億 t 前後に達しているためである．

2. 米の生産量，消費量，価格等の動向

(1) 中国米の生産状況

中国米の栽培面積，生産量と単収の推移を示したものが図 9-1 である．米の栽培面積は 1950 年の 2,615 万 ha から 1956 年に 3,312 万 ha に増加した後に減少して，1961 年には 2,628ha にまで低下した．その後は増加傾向に転じ 1976 年までは大きく伸びてきた．しかし，1977 年から 2003 年までは減少に転じ，再び 2,600 万 ha 台にまで落ちている．2004 年以降になると農業保護政策の導入にともない，米の栽培面積は緩やかに増加して 3,000 万 ha を維持している．

一方，米の生産量（籾ベース）は 1950 年の 5,000 万 t から 70 年には 1 億 t に急増している．また 70 年代から 90 年代末にかけては 2 億 t にまで増加している．2000 年以降は，変動しながら 1.8〜2.0 億 t 前後を維持している．80 年

第9章　中国における食糧政策の変遷と米生産の動向　　　209

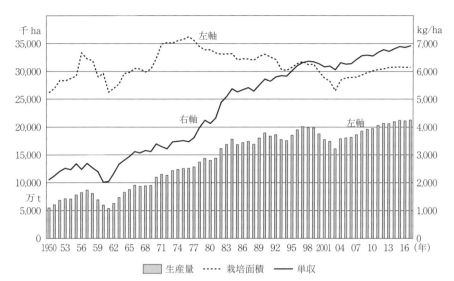

図 9-1　中国米生産の推移（1950-2017）（籾ベース）

代以降の米の栽培面積は減少傾向で推移しているが，それにもかかわらずこの間の生産量が増加している要因は，単収の著しい増加にある．図9-1に示されているように，単収は1950年の2,107kg/haから2016年の6,862kg/haまで3倍以上も増加している．

　なお，中国における主要米産地の生産量（籾ベース）と作付面積の推移を示したものが表9-1である．同表にみられるように，中国米の生産量と作付面積の8割以上は12省に集中していることがわかる．生産量の大きい省をみると，湖南省，黒竜江省，江西省，江蘇省の順になっており，次いで湖北省，四川省，安徽省が続いている．作付面積の順になると若干の違いがあり，湖南省，江西省，黒竜江省，江蘇省が多く，次いで安徽省，湖北省，四川省となっている．このうち，湖南省，江西省，湖北省，四川省の4省は主にインディカ米を生産し，黒竜江省を含む東北3省は主にジャポニカ米を生産している．また，江蘇省，安徽省，浙江省ではインディカ米からジャポニカ米に転換する動きがみられる．

表 9-1　米の主要生産地の生産量と作付面積の推移（籾べ

		1996		2000		2004		2008	
		生産量	作付面積	生産量	作付面積	生産量	作付面積	生産量	作付面積
稲作主産地	湖南省	2449.9	4064.1	2392.5	3896.1	2285.5	3716.8	2528.0	3932.0
	黒竜江省	636.0	1107.5	1042.2	1605.9	1130.0	1587.8	1518.0	2390.7
	江西省	1641.8	3052.6	1491.9	2832.0	1579.4	3029.7	1862.1	3255.5
	江蘇省	1870.2	2335.9	1801.3	2203.5	1673.2	2112.9	1771.9	2232.6
	湖北省	1721.8	2448.6	1497.8	1995.3	1501.7	1989.6	1533.7	1978.9
	四川省	2182.3	3020.1	1634.3	2123.8	1519.7	2063.8	1497.6	2035.9
	安徽省	1327.4	2238.5	1221.6	2236.7	1292.1	2129.7	1383.5	2218.9
	広西自治区	1258.4	2430.8	1226.5	2301.6	1123.4	2356.0	1107.6	2119.2
	広東省	1549.2	2713.4	1423.4	2467.4	1123.1	2139.0	1003.3	1946.9
	雲南省	536.1	939.2	568.2	1073.6	639.4	1086.2	621.0	1017.5
	吉林省	347.4	434.1	374.8	584.8	437.6	600.1	579.0	658.7
	浙江省	1277.3	2138.2	990.2	1598.0	686.9	1028.1	660.4	937.5
	合計	16797.7	26923.0	15664.2	24918.6	14992.1	23839.7	16066.2	24724.4
	全国に占める割合	83.7%	85.7%	88.2%	83.2%	83.0%	84.0%	82.3%	82.0%

出所：図 9-1 に同じ．

　ジャポニカ米の歴史をみると，19 世紀末に朝鮮族が吉林省延辺地区に移住してきた時に，ジャポニカ米の栽培を始めたのが起源といわれている．その後，この地方から水稲の栽培技術が広がった．さらに 90 年代に入ると，日本の技術者によって寒冷地稲作技術が黒竜江省と吉林省に普及され，短期間で保温育苗と田植えが定着し，ジャポニカ米の生産量が大きく増加した．

(2)　主要食糧の生産費と農業所得

　中国では，前述したように，60 年代以降は一貫して米の生産量は増加を続けており，農産物の販売価格も上昇している．表 9-2 は 1978 年から 2016 年までのジャポニカ米，水稲（ジャポニカ米とインディカ米の区分なし）ならびに小麦の生産費と収益の推移を示したものである．費用の内訳をみると，2004-16 年の増加率は，地代＞労働費＞物財費の順に大きくなっており，1978-2016 年の増加率も同様の傾向がみられる．ジャポニカ米の土地純収益に占める地代の割合をみると，80 年代は 10％未満であり，90 年代でも 15％を下回り，それほど高くはない．しかし 2000 年以降になると，地代の割合が急激に増加しつ

ース)

(万t, 千ha)

	2012		2016	
	生産量	作付面積	生産量	作付面積
	2631.6	4095.1	2602.3	4085.5
	2171.2	3069.8	2255.3	3203.3
	1976.0	3328.3	2012.6	3316.3
	1900.1	2254.2	1931.4	2294.8
	1651.4	2017.9	1693.5	2131.0
	1536.1	1997.8	1558.2	1990.0
	1393.5	2215.1	1401.8	2265.5
	1142.0	2057.6	1137.3	1959.8
	1126.6	1949.4	1087.1	1888.6
	644.6	1082.9	671.9	1130.0
	532.0	701.2	654.1	780.7
	608.3	832.6	593.8	818.3
	17313.3	25601.8	17599.2	25863.9
	85.0%	87.6%	84.4%	85.7%

つある．2016年では，地代が純収益の実に57％を占めるようになっている．2004年以降になると，農業増産と農業所得の増加が並行的に進行しているが，これは主に米の価格上昇によるものである．しかし，国内産の米価格が輸入米の価格より高くなってきており，それが米の国際競争力を著しく低下させているために，2008年頃からは米の輸入量が増加している．なお，食糧の収益性を品目別にみると，ジャポニカ稲＞水稲＞小麦の順となっており，2016年には小麦の利潤がマイナスになるなど水稲，とくにジャポニカ米の優位性がみられる．

(3) 中国米の消費状況

中国における米の需給均衡表を示したものが表9-3である．期首の在庫量は1993年の1億1,450万tから2007年の3,670万tにまで減少したが，その後，在庫量は緩やかに増加し続け，2018年には1億3,260万tにまで増加している．この期間の米の生産量が1.7～2.0億tの間で推移してきたためである．その一方で，海外から輸入される米の量も徐々に増加する傾向がみられ，近年はおおよそ300万t前後で推移している．米の輸出量については，1998年に最高の711万tに達した後は減少傾向に転じ，近年はわずかながら増加する傾向にあるものの，2018年の輸出量は150万t程度である．この期間の国内消費量は1.8～2.0億tの間で安定している．国内総消費に対する期末在庫の割合を示す在庫消費割合をみると，1993年から1999年までは60％以上で安定していたが，その後は低下傾向に転じ，2006年には期末在庫量が3,600万t台にまで減少したために19.8％にまで低下した．しかし，2004年から米の生産量が一貫した増加傾向となり，それに連動して国内総供給も2007年より増加傾向に転じたために期末在庫も増加しており，在庫消費割合が大きく上昇してきた．2018

212

表9-2　　　主要食糧の生産費と収益の推移

品目	年	租収益	主産物 単収(kg/ムー)	主産物 価格(元/kg)	総費用	物財費	労働費	地代①	利潤
ジャポニカ稲	1978	38.3	323.6	0.2	73.3	40.4	30.2	2.8	19.3
	1985	74.4	373.9	0.4	97.8	57.3	32.7	7.8	79.5
	1988	113.6	405.8	0.7	140.8	83.7	47.1	9.9	153.6
	1992	157.5	435.3	0.7	233.1	137.6	76.4	19.0	108.8
	1996	379.5	462.6	1.8	530.8	303.0	183.3	44.5	348.8
	2000	571.0	451.1	1.2	406.7	246.7	162.2	56.5	105.6
	2004	891.6	507.0	1.7	501.8	270.5	156.1	75.2	389.8
	2008	1011.9	529.2	1.9	790.5	403.2	210.8	176.6	221.4
	2012	1627.3	547.9	2.9	1223.1	519.3	417.7	286.1	404.2
	2016	1655.0	555.5	2.9	1368.5	530.7	455.8	382.0	286.6
	"16/78"(倍)	43.2	1.7	11.8	18.7	13.1	15.1	138.4	14.9
	"16/04"(倍)	1.9	1.1	1.7	2.7	2.0	2.9	5.1	0.7
水稲	1978	69.0	278.4	0.2	66.0	32.8	30.5	2.7	3.1
	1985	145.4	376.9	0.4	88.3	49.0	32.9	6.5	57.0
	1988	214.7	373.1	0.5	130.8	75.1	46.4	9.2	84.0
	1992	260.0	403.8	0.6	192.3	102.7	75.3	14.4	67.7
	1996	705.7	415.8	1.6	458.3	232.9	184.3	41.1	247.5
	2000	451.7	415.1	1.0	401.7	199.2	152.5	50.0	50.1
	2004	739.7	450.9	1.6	454.6	226.2	171.4	57.0	285.1
	2008	900.7	464.2	1.9	665.1	341.4	214.7	109.0	235.6
	2012	1340.8	478.8	2.8	1055.1	453.5	426.6	175.0	285.7
	2016	1343.8	484.8	2.7	1201.8	484.5	495.3	221.9	142.0
	"16/78"(倍)	19.5	1.7	12.6	18.2	14.8	16.3	82.5	46.4
	"16/04"(倍)	1.8	1.1	1.7	2.6	2.1	2.9	3.9	0.5
小麦	1978	49.2	156.8	0.3	55.5	28.9	24.6	2.1	-6.3
	1985	94.6	198.5	0.4	68.0	41.4	21.8	4.8	26.6
	1988	116.5	197.1	0.5	92.7	57.0	29.7	6.0	23.8
	1992	170.5	233.5	0.7	149.3	90.9	47.6	10.8	21.2
	1996	452.4	260.9	1.6	359.5	203.2	120.3	36.0	92.9
	2000	323.7	289.8	1.1	352.5	229.0	83.1	40.4	-28.8
	2004	525.5	339.8	1.5	355.9	200.3	111.8	43.8	169.6
	2008	663.1	388.3	1.7	498.6	278.7	133.2	86.7	164.5
	2012	851.7	382.8	2.2	830.4	396.7	291.4	142.4	21.3
	2016	930.4	406.3	2.2	1012.5	434.6	371.0	206.9	-82.2
	"16/78"(倍)	18.9	2.6	8.1	18.2	15.0	15.1	100.4	13.0
	"16/04"(倍)	1.8	1.2	1.5	2.8	2.2	3.3	4.7	-0.5

出所：『全国農産品成本収益資料彙編』各年度.
注：15ムー＝1ha.

（人民元）

家族労働費	所得	土地純収益②	①/②%
30.2	52.2	22.0	12.5%
32.7	120.0	87.3	9.0%
47.1	210.6	163.5	6.1%
76.4	204.2	127.8	14.9%
183.3	576.7	393.4	11.3%
140.0	292.1	162.1	34.9%
122.9	574.4	465.0	16.2%
152.9	507.1	398.0	44.4%
310.0	902.1	690.3	41.4%
332.2	844.5	668.6	57.1%
11.0	16.2	153.3	
2.7	1.5	5.8	
30.5	36.2	5.8	46.8%
32.9	96.4	63.5	10.2%
46.4	139.6	93.2	9.9%
75.3	157.3	82.0	17.5%
184.3	472.8	288.5	14.2%
140.0	235.8	100.0	49.9%
150.3	484.7	342.1	16.7%
181.9	509.3	344.7	31.6%
373.1	797.5	460.7	38.0%
433.1	739.6	363.9	61.0%
14.2	20.4	63.3	
2.9	1.5	1.1	
24.6	20.3	-4.3	-48.2%
21.8	53.2	31.5	15.4%
29.7	59.5	29.8	20.2%
47.6	249.1	32.0	33.8%
120.3	249.2	128.9	27.9%
74.0	75.9	11.6	347.3%
109.1	319.0	213.4	20.5%
130.0	376.7	251.2	34.5%
284.2	437.1	163.6	87.0%
358.8	455.6	124.8	165.8%
14.6	22.5	-29.2	
3.3	1.4	0.6	

年には70％近くにまで増加しており，近年はむしろ過剰在庫が大きな政策上の課題になってきている.

中国における米の用途別消費量とその割合の推移を示したものが表9-4である．国内消費量の動きは，前述したように，2006/07年頃をボトムにしたV字型の傾向を示しているが，食用米の消費量は2006/07年をボトムにするものの，より緩やかな傾向を示していることがわかる．米の豊凶にかかわらず食用米仕向けが第一義的に重要であることを示している．これに対して飼料への仕向けは，量は少ないものの変動幅が大きいことから，需給の調節弁的な役割を果たしていることがうかがわれる．用途別消費割合の動きをみると，食用米は2006/07年までは逼迫した需給関係のもとで増加する傾向をみせていたが，生産量が国内消費量を上回るようになるそれ以降は低下に転じ，2016/17年には74％台にまで低下している．また，飼料用の割合についても，消費量はほぼ現状維持であるものの，この間に一貫して低下する傾向をみせている．その一方で，その他消費への仕向けが2006/07年以降は大きく増加する傾向がみられる．

食糧の1人当たり年間消費量とその内訳の推移を示したものが表9-5である．2000/01年から2016/17年までの間は，中国でも食生活の多様化などにともなって，

214

表9-3　1993-2018年の中国米需給均衡表（籾ベース）

(千t, %)

年度	期首の在庫	生産量	輸入	国内総供給	輸出	国内消費	国内総消費	期末の在庫	在庫消費割合
1993	114,500	177,500	535	292,600	4,234	175,700	179,900	112,600	62.6
1994	112,600	175,900	3,900	292,400	156	179,700	179,800	112,500	62.6
1995	112,500	185,200	1,493	299,300	535	183,900	184,400	114,800	62.2
1996	114,800	195,100	1,159	311,000	1,604	187,000	188,600	122,400	64.9
1997	122,400	200,700	584	323,700	6,138	190,700	196,800	126,800	64.4
1998	126,800	198,700	418	325,900	7,110	192,000	199,100	126,800	63.7
1999	126,800	198,400	404	325,700	6,863	193,700	200,500	125,100	62.4
2000	125,100	187,900	610	313,700	4,279	198,600	202,900	110,700	54.6
2001	110,700	177,500	587	288,900	4,066	186,800	190,800	98,060	51.4
2002	98,060	174,500	669	273,200	5,312	184,900	190,200	83,030	43.7
2003	83,030	160,600	1,250	244,900	3,287	188,900	192,200	52,720	27.4
2004	52,720	179,000	1,485	233,300	1,071	187,300	188,400	44,860	23.8
2005	44,860	180,500	1,050	226,400	1,268	185,100	186,400	40,050	21.5
2006	40,050	181,700	765	222,500	1,817	184,000	185,800	36,710	19.8
2007	36,710	186,000	284	223,000	1,309	183,600	184,900	38,050	20.6
2008	38,050	191,800	254	230,200	714	182,100	182,800	47,380	25.9
2009	47,380	195,100	404	242,800	664	183,200	183,900	58,970	32.1
2010	58,970	195,700	647	255,300	479	192,500	192,900	62,400	32.3
2011	62,400	201,000	1,982	265,300	437	195,500	195,900	69,450	35.5
2012	69,450	204,200	2,191	275,800	405	196,000	196,400	79,470	40.5
2013	79,470	203,600	2,357	285,400	294	198,800	199,000	86,350	43.4
2014	86,350	206,500	3,044	295,900	445	199,600	200,000	95,850	47.9
2015	95,850	208,200	3,300	307,400	350	198,500	198,800	108,550	54.6
2016	108,800	207,000	3,950	319,800	1,044	198,000	199,000	120,800	60.7
2017	120,800	208,000	3,500	332,300	1,700	198,000	199,700	132,600	66.4
2018	132,600	203,000	3,000	338,600	1,500	198,000	199,500	139,100	69.8

出所：中国布瑞克農業データベースより.

食糧の1人当たり年間消費量は一貫して減少する傾向に転じており，2000/01年の165.2kgから2016/17年の151.9kgに8.1％ほど減少している．その内訳をみると，いずれの穀物も消費量が減少しているが，その中でも小麦が72.4kgから64.4kgへ11.1％の減少でその割合が最も高い．次いで米が82.8kgから77.9kgへ5.9％の減少，雑穀が10.0kgから9.6kgへ4.0％の減少となっている．その結果，食糧消費に占める米の割合が50.1％から51.3％へシェアを伸ばし，小麦は43.8％から42.4％へシェアを落としている．

第9章　中国における食糧政策の変遷と米生産の動向　　215

表9-4　中国における米の用途別消費割合の推移（2001-17年）

年度	国内消費量（百万t）				割合（％）		
	合計	食用	飼料用	その他	食用	飼料用	その他
2000/01	131.3	105.1	11.2	15.0	80.1	8.5	11.4
2001/02	130.8	103.4	11.0	16.4	79.1	8.4	12.5
2002/03	128.7	102.4	11.0	15.3	79.6	8.6	11.9
2003/04	126.8	102.4	10.5	13.8	80.8	8.3	10.9
2004/05	124.8	102.7	10.4	11.7	82.3	8.3	9.4
2005/06	124.5	102.2	10.3	11.9	82.1	8.3	9.6
2006/07	123.8	101.9	9.5	12.4	82.3	7.7	10.0
2007/08	125.7	102.8	9.4	13.6	81.7	7.5	10.8
2008/09	126.2	103.2	9.2	13.8	81.8	7.3	10.9
2009/10	128.4	103.8	9.0	15.6	80.9	7.0	12.1
2010/11	130.4	104.3	9.2	16.9	80.0	7.1	13.0
2011/12	132.3	104.7	9.5	18.1	79.1	7.2	13.7
2012/13	134.8	105.4	10.0	19.4	78.2	7.4	14.4
2013/14	136.4	105.9	10.4	20.1	77.7	7.6	14.7
2014/15	139.5	106.5	11.0	22.0	76.3	7.9	15.8
2015/16	143.8	107.1	11.2	25.5	74.5	7.8	17.7
2016/17	144.4	107.7	10.9	25.9	74.5	7.5	17.9

出所：楊（2017）pp.175-176.

(4)　中国における米のタイプ別価格の推移

　中国ではジャポニカ米とインディカ米の両タイプの米が栽培されている．しかし，経済成長にともなって近年はインディカ米の消費量が減少し，ジャポニカ米の消費量が増加する傾向がみられ，その上に品質志向も強まっている．こうした消費の変化が米の品種別栽培面積の変化ならびに精米の流通価格にも影響をおよぼしている．1985年にはジャポニカ米の生産割合は10.8％程度であり，その一方で，インディカ米は89.2％（中心は晩インディカ米）を占めていた．ところが，2011年にはジャポニカ米の生産割合が33.3％へと上昇し，インディカ米は66.7％に減少している．ジャポニカ米の主要生産地は東北3省に集中しているが，近年は江蘇省，安徽省，浙江省そして雲南省でも生産量が増えている．

　次に，卸売市場の米価の動きをみると，表9-6に示したように，2016年では二期作の早インディカ米の価格を100とした場合，晩インディカ米の価格は107，ジャポニカ米は126と後2者の価格が高くなっている．2001年から16

表9-5 食糧の1人当たり年間消費量の推移

年度	消費量（kg/人）			
	食糧	米	雑穀	小麦
2000/01	165.2	82.8	10.0	72.4
2001/02	162.9	81.0	9.9	72.0
2002/03	159.8	79.7	10.0	70.1
2003/04	158.9	79.3	9.9	69.7
2004/05	158.0	79.1	9.6	69.3
2005/06	156.5	78.3	10.1	68.2
2006/07	155.1	77.6	10.4	67.0
2007/08	154.7	77.9	10.5	66.3
2008/09	153.9	77.8	10.5	65.6
2009/10	153.4	77.8	10.3	65.2
2010/11	153.0	77.7	10.3	64.9
2011/12	152.2	77.7	10.3	64.2
2012/13	151.9	77.7	10.0	64.2
2013/14	151.6	77.7	9.7	64.2
2014/15	151.7	77.7	9.7	64.3
2015/16	151.8	77.8	9.6	64.3
2016/17	151.9	77.9	9.6	64.4

出所：楊（2017）pp.167-168.

年までの価格差をみると，早インディカ米と晩インディカ米との価格差はおおよそ6％前後で推移している．一方で，早インディカ米とジャポニカ米との価格差は，2001-02年には40％台であったが，その後は縮小する傾向にあり，国際価格が急騰する2008年には10％台にまで縮小した．しかし，その後は価格差が開いてきており，2013年以降は20％台となっている．

前述したように，所得向上に伴う食生活の多様化によって1人当たり米消費量は減少傾向にあるが，この間の米の価格は一貫して上昇しており，2001年から16年までの国際価格が大きな価格変動を経た後でも，直近の価格水準は1.9倍の上昇にとどまっているのに対して，中国では早インディカ米および晩インディカ米は2.7倍の上昇，ジャポニカ米は2.3倍の上昇となっている．なお，縮小していたインディカ米とジャポニカ米の価格差が拡大傾向に転ずる2008年以降の価格動向をみると，インディカ米が1.5倍の価格上昇であったのに対して，ジャポニカ米は1.7倍の上昇となっている．この間に消費者のジャポニカ米への需要が高まっていることをうかがわせる．

(5) 吉林省梅河口市における階層別稲作農家の動向

中国においては稲作農家の規模別データは，これまで統計で把握されていない．このため，吉林省の良質米生産地である梅河口市を取り上げ，同市農業局の関係資料によって，近年における規模別稲作農家の動向を把握してみよう．表9-7は梅河口市農業局の2009年および2017年の資料から，3.3ha（50ムー）

第9章　中国における食糧政策の変遷と米生産の動向　　　217

表 9-6　中国におけるタイプ別米価の推移（卸売市場）

年度	早インディカ米 元/t	晩インディカ米 元/t	ジャポニカ米 元/t	国際価格 ドル/t
1999	1771.3	1883.8		251.7
2000	1348.7	1476.9		206.7
2001	1423.8	1542.2	2124.2	177.4
2002	1433.5	1483.1	2013	196.9
2003	1564.9	1580.3	1907.6	200.9
2004	2315.6	2424.1	2648	244.5
2005	2161.4	2288.9	2785.9	290.5
2006	2181	2302.4	2913.6	311.2
2007	2402	2559	2857.1	334.5
2008	2638.5	2823.5	2963.7	697.5
2009	2751.3	2916.3	3273.6	583.5
2010	2985.9	3166.7	3879.8	520
2011	3590.9	3877.8	4346.4	566.2
2012	3831.5	4145.7	4353.7	590.4
2013	3829.3	4029.9	4598.8	532.7
2014	3876.2	4128.5	4644.3	342.7
2015	3885.2	4202.6	4825.9	326.5
2016	3891.3	4163.6	4911.8	342.4

出所：中華人民共和国農業部『2017 中国農業発展レポート』中国農業出版社.
注：中国における主要糧食卸売市場の平均価格，国際市場はタイバンコク
　　FOB 価格（100％ B 級）.

　以上の稲作農家を抜粋して，規模別に集計して示したものである．2009 年か
ら 2017 年の間に 3.3ha 以上を耕作する稲作農家の数は 440 戸から 809 戸へ 1.8
倍に増加している．言うまでもなくこれらの農家の規模拡大は借地によるもの
である．これを規模別の動きでみると，66.7ha 以上の最上層農家ならびに
3.3～4.0ha の下層農家は減っているものの，その他の階層ではいずれも増加し
ていることがわかる．しかも階層別の増加倍率をみると，13.3～20.0ha 層の
4.3 倍をピークにした山形の傾向を示している．このことは，近年における稲
作規模の動向は，13.3～20.0ha 層へ集中する傾向が強いということを示唆して
いる．とはいえ，6.7～13.3ha 層や 5.3～6.7ha 層でも 4 倍近い増加率を示して
おり戸数の増加数も多い．こうした稲作農家の規模拡大の背景には，近年にお
ける農外出稼ぎによる農地の貸し出し面積の増加や田植えから収穫までの農業
機械化一貫体系の定着がある．

表 9-7 梅河口市における階層別稲作農家の動向

階層別	2017 年農家数（戸）	2009 年農家数（戸）
66.7ha 以上	3	4
33.3〜66.7ha	7	4
20.0〜33.3ha	31	15
13.3〜20.0ha	43	10
6.7〜13.3ha	217	55
5.3〜6.7ha	106	28
4.7〜5.3ha	131	39
4.0〜4.7ha	122	84
3.3〜4.0ha	149	201
3.3ha 以上農家の計	809	440

出所：梅河口市農業局の関係資料による.

3. 大規模稲作経営の事例紹介

中国では，経営面積 10 ムー（67a）未満の農家戸数は 2 億 1 千万戸（2015 年）で，総農家戸数の 79.6％を占めており，未だ零細な農家が主流となっている．しかし一方で，2016 年の農地流動化面積は 4 億 7,100 万ムー（3,140 万 ha）に上り，総農戸請負農地面積の 35.1％を占めるようになった．経済成長にともなう農外労働市場の展開と農業機械の普及を背景にした農地の流動化が大きく進み，その結果，各地で土地利用型農業の大規模化が進んでいる．最後に，まだ点的な存在ではあるが，ジャポニカ米生産地である吉林省，ならびにインディカ米生産地である江西省，湖北省における最先進事例 4 つを取り上げ，大規模稲作経営の展開の態様と特徴について紹介しておこう．

(1) 吉林省永吉県の家庭農場 A

家庭農場 A の経営主は高校を卒業後に就農し，2004 年に農業機械化の補助金を受けトラクターを購入した．しかし，当時は零細分散圃場だったために，農業機械作業の効率は悪かった．大規模圃場にすれば農業機械作業の効率向上ができると認識し，可能な限り圃場の連坦化や区画の拡大を図ってきた．その後，A 氏は自己経営の農地と両親の農地を合わせた 20ha の農地の一括経営を行った．さらに 2013 年には，周辺の貸付農家から水田 53ha を借り入れ，工商局に家庭農場を登録した．しかし，規模拡大しても生産コストが高く，生産量が低下し，品質の優位性がなく，販売チャネルも限られていたため，売れ行きが悪く，大量の籾が倉庫に残されてしまった．A 氏はこうした経営の失敗の原因を分析し，新しい品種と技術を採用することにより，米の収量と品質を

改善することがその解決の鍵であることを認識した．そのため，天津国家ジャポニカ米工程技術研究センターを訪れて相談し，2014年よりＡ氏農場の一部を試験圃場として品種試験を行った．また，全面機械化に取り組むために，トラクター，田植機，コンバインなど多くの農業機械を購入し，栽培面積も5年間かけて50haから330haにまで拡大した．現在は中・大型トラクター10台，田植機7台，コンバイン3台ならびにその他農業機械30台を保有している．育苗ハウスは42棟，合わせて2万4千m²を建て，食糧貯蔵倉庫は2,000tに対応できるものを所有している．周辺農民との契約栽培面積も167haにまで広がった．

　Ａ農場では，従業員に圃場を割り当てて管理している．従業員にそれぞれ担当圃場を持たせ，担当圃場において農場平均より多くを収穫できた場合は，その分を特別ボーナスとしている．また，経営者の息子は大学の電子情報学科を卒業した後，北京にある会社に勤めていたが，その息子がＵターン就農してからは，ICTを活用した圃場の可視化と米トレーサビリティシステムを担当するようになった．ほかの農作業の分担については主に地元の農民を雇用している．

　経営の特徴として，第1は，経営の効率化をはかるために，全面機械化を進めていることである．近年は特に人件費が高騰してきているために，機械を導入して省力化し，面積の拡大とコストの低減を目指している．そのため，播種，育苗栄養土壌調整，耕起，代掻き，田植え，施肥，農薬散布，収穫などの農作業すべてで機械化を推進している．第2は，米トレーサビリティシステムの確立に取り組んでいることである．このシステムでは，消費者はWeChatにより包装上のQRコードをスキャンすることで，水稲品種，栽培場所，施肥回数，農薬回数を含む生産，加工，流通，検査などの各時間，生産者，加工者，品質管理者などの情報を確認することができる．第3は，水稲栽培の可視化に取り組んでいることである．経営主は，これから5年，10年先を考えた時には，安全・安心な米の消費が着実に増えると予想しており，このために吉林市農業技術情報普及システムのプロジェクトを受け，可視化農場の確立に取り組んでいる．ICTを使って圃場特性や作業履歴の記録を収集することにより，消費者は農産物の生産場所，栽培方法，肥料や農薬の施用時期と回数，生態環境な

どを電子データで調べることができる．また，育苗ハウスはすべて数値管理化
していて，ハウス内温度や地温は24時間把握，灌水量はステージに合わせて
数値化し，その日の天候に合わせて変更・指示している．稲の育苗ハウスは
42棟あり，Ａ農場で使用する量の2倍の苗を作り，他の農家にも販売してい
る．第4は，消費者や実需者からのオーダー栽培方式に取り組んでいることで
ある．米トレーサビリティシステムの確立と水稲栽培の可視化の実現に伴い，
播種前に各地の消費者や実需者からオーダーを受けて，それに基づき品種や栽
培方式を選び，収穫した米を納入する方式である．2014年から播種前に保証
金を徴収した上で，特定の品種，圃場，栽培方式の事前のオーダーを受け，収
穫した米を納入する方式を採用した．それらの販売価格は面積単位で計算され
ている．こうした注文方式により，以前に比べて1haあたり年間約1万人民
元の収益が増加したという．2018年には雲南省，広東省や河北省などを含む，
各地からのオーダー栽培面積は53haにまで拡大した．これからもこのような
栽培方式が増える見込みであるという．

(2)　吉林省梅河口市における多角経営の有限会社Ｂ

　吉林省梅河口市は昔から「魚米の郷」と言われ，清朝時代から梅河口産米は
"皇糧御米"として皇室で食べられていた．事例の1つとして取り上げるＢ社
は，2016年に総投資額8億8千万人民元で設立された米の多角経営を行う有
限会社である．Ｂ社の本社は不動産や商業などを行う会社であり，商談会に参
加することをきっかけに，梅河口市政府の支持を受けて，梅河口市に水稲生産，
加工，販売を行うＢ社を新たに設立した．Ｂ社は"龍頭企業＋生産基地＋農
戸"の方式を採用して，大規模化に取り組んでいる．Ｂ社では，ビニールハウ
ス育苗と自動スプリンクラー灌漑を採用し，75haにおいて水稲栽培を行って
いる．そのうちあきたこまちの栽培面積は33haである．また，スイステイラ
ーと日本佐竹の米加工施設を導入した，1日当たり150tの米加工量を有する
吉林省では最も進んだ米加工企業でもある．それに加えて，2017年には2億
人民元を投資して，有機を含む肥料加工工場を設立した．年間の有機肥料生産
量は10万tを超え，有機水稲と緑色水稲の肥料需要に対応している．こうし
た急速な成長の背景には，梅河口市発展改革委員会，ならびに農業，水利，農

地に関わる各担当部局の支援を受けていることがある.

2017年には,育苗ビニールハウス15棟,総面積8,100m²を建て,苗の移植後はビニールハウスに野菜とスイカなどを作付している.トラクター,発芽機,播種機,田植機,コンバインなど27台を所有しているが,その農業機械投資額は289万人民元である.2018年の有機生産面積は66haに達し,有機転換証書も取得している.また,周辺の農戸に対する緑色米の契約面積は2,400haにまで拡大した.そのうち,84%はあきたこまちを作付し,残りは稲花香が200ha,吉紅6号水稲が67ha,吉農大538水稲が60haなどである.B社の契約面積は将来2万haにまで拡大する見込みであるという.

中国でも経済成長にともなって,人々のニーズはお腹いっぱいに食べることから,健康に良いものを食べることへとシフトしている.こうした動きを背景に,農産品の安全・安心,あるいは良質米,機能性米などに取り組み,消費者の多様なニーズに対応する生産,加工への取り組みが一層強まっている.また,契約農戸にとっても,生産資材の共同購入によるコストの削減,安定的な出荷先の確保,情報の提供,生産技術の指導などのメリットがある.例えば,2017年において,B社による農民の水稲生産技術講座は16回開催され,延べ2,200人が参加した.B社の農業技術員は,契約農戸に播種から収穫までの有機水稲,緑色水稲の栽培技術を教えている.収穫した米の契約価格は市場価格より30%ほど高く,1ha当たり収入は6,000人民元を超えている.こうした米の7割がスーパーや直売店に直接販売されている.この地域においては朝鮮族が多く,しかも海外に出稼ぎに出ている者も多いことから,村ごと農地を貸し出す事例もあり,大規模稲作経営の形成には有利な条件がある.また,B社は周辺農家との契約栽培によって,米の流通・販売において重要な役割を担っているほか,契約農家に資材調達,技術指導,情報提供などを行っており,この地域の良質米の産地形成にも大きく貢献している.

(3) 江西省における大規模稲作会社C

C氏は1961年に江西省安義県の農家に生まれ,70年代末に生産隊の一員として海南省にある水稲育種事業に参加した.その経験を契機として,江西農業大学,江蘇省農業科学院,広東省農業科学院などの水稲育種専門家と密接な関

係を持つことができ，それらの大学や研究機関と協力した圃場試験などを通して，新しい品種や技術などを採用してきた．同時に，国家プロジェクトの支援や自己資金によって，農業生産施設を増設してきた．しかし90年代からは，建築資材商店や携帯ショップ，飲食店など農外の経営に手を出してきた．2008年になって農外事業から再び農業に戻り，1,000万人民元を投資して江西省で農業会社Cを設立した．2010年には借地により水稲310haを作付している．政府からの補助や支援を受けながら，引き続き貸付農家から土地を借り入れて規模を拡大してきた．こうした取り組みにより，C氏は中国全土大規模糧食耕種農家として表彰されている．

　会社の経営内容は，稲栽培，加工，販売と農業技術の普及を含む米の多角経営である．精米は中国国内の20都市以上に販売している．2017年には1,000t以上の籾を加工し，ブランド米，緑色食品として市場価格を大幅に上回る価格で販売した．例えば，再生稲は20人民元/kgで販売しているが，これは市場価格の3倍以上である．借地や作業受託面積の拡大によって2010年に初めて経営面積が310ha規模となったが，その年の売上高は約7,800万人民元，純収入は約480万人民元であった．2012年には会社Cを核に農民専業合作社を設立し，2017年頃には作付面積1,200ha規模にまで拡大した．また，2016年の作業受託面積は2,000ha規模に達し，多くの周辺農民の作業受託も行っている．その内容は，耕起，代掻き，移植，収穫，乾燥などの作業のほかに，資材調達も含まれている．

　経営の特徴としては，まず，新しい技術や品種を採用して差別化を図ったことである．次は圃場管理である．310haの農地が15区に分けられ，120人の農民が雇用されて管理している．各生産区は生産チームリーダーと7人の農民によって管理されている．そして，管理の業績によって，各生産チームに奨励金が配分される仕組みである．そのため雇用された農民の報酬は基本給と奨励金で構成されている．基本給は毎月2,500人民元，奨励金は成果に応じて支給されるが，二期作稲の生産量11,250kg/ha（籾ベース），再生稲の生産量9,750kg/haを標準として，これを7.5〜375kg/haを超えれば奨励金として1人民元/kgが配分され，376〜750kg/haを超えれば2人民元/kg，750kg/haを超えれば2.6人民元/kgが配分される．このような奨励制度の採用によって，圃

場管理者の積極性が引き出されるのである．なお，2011 年には奨励金 80 万人民元が配分され，2012 には 140 万人民元，2013 年には 156 万人民元，2014 年には 289 万人民元，2015 年には 228 万人民元が配分された．2015 年は天候不順によって米生産量が大幅に減少したが，経営主は標準生産量を引き下げて農民に 228 万人民元の奨励金を配分した．

(4)　湖北省における農民専業合作社 D

2006 年に湖北省鄂城区農業局は，ザリガニ養殖技術を普及するために地元の農民を組織した．2 千ムー（133ha）の圃場で「ザリガニと水稲の共生」モデルを試験し，ザリガニ水稲生態養殖方式の導入により 1 ムー当たり収益が 3 倍に増加することを実証した．その成果を受けて，2010 年に農民 D が中心となりザリガニ養殖専業合作社 D を設立し，地元の漁業専門家を招聘してザリガニ養殖技術を担当させた．合作社への参加農戸は 330 戸で，1 万 2 千ムー（800ha）を経営し，統一技術，統一企画，統一販売，統一計算，統一資材配達，統一標準という 6 つの統一に取り組み，現在は水稲とザリガニの生産だけでなく，販売と資材調達なども行っている．2017 年の生産状況をみると，籾収量はムー当たり 650kg，ザリガニは 150kg で，米の 4 割を消費者や実需者に直接販売し，うち 2 割はインターネット販売している．経済的利益をみると，総販売額は 6,429 万人民元，純収益は 4,690 万人民元であった．社会的利益からみれば，消費者に年間 7,475t の米，1,725t のザリガニを提供しており，生態的利益からみれば，農薬使用量と化学肥料使用量をそれぞれ 68％，30％削減している．こうした経営が成り立つ背景には，近年は中国でのザリガニ消費量が増加しており，ザリガニの販売価格が有利に推移していることがある．また，ザリガニ・水稲生態養殖方式は生態系の保全と環境保護に重要な役割を果たしている点が指摘されており，農薬と化学肥料の削減による農業の環境に対する負荷の軽減を図る効果もある．

(5)　まとめ

以上みてきた 4 事例の大規模稲作経営の特徴は，次のようにまとめることができる．

第1は，大規模経営では，生産コストの高騰を削減し効率化を図るため，播種から収穫までの全面機械化に取り組んでいる．とくに，近年における雇用難と人件費の上昇が機械化をさらに促進している．

第2は，大規模経営では，農業大学や農業研究機関と連携することにより，新品種と新技術を採用し，品質の向上と可視化農業を推進し，消費者や実需者に直接販売するルートの開拓を進めている．

第3は，大規模経営では，単純に面積の拡大をするだけでなく，有機米や緑色米など良質米にも取り組んでおり，農産品の差別化を図っている．そのため，省力化と収益性の両立を追求して有機栽培や緑色栽培にも対応できる技術の確立が重要になっている．

引用文献

青柳斉（2005）「中国長江流域のコメ主産地の特質と展開過程－品種構成の観点から－」『新潟大学農学部研究報告』57-2，pp.71-82.

河原昌一郎（2004）「中国の食糧政策の動向」『農林水産政策研究』51-69.

曹保明主編（2016）『中国糧食発展報告』経済管理出版社.

楊万江（2017）『稲米産業経済発展研究』浙江大学出版社.

李成贵（2002）「中国的大米政策分析」『中国农村经济』9，pp.53-59.

第 III 部　21 世紀水田農業の将来像と課題

第**10**章
米市場の変化からみた水田農業の将来像と技術開発課題

宮 武 恭 一

1. 変化する米市場の概況

　我が国における米消費は，世帯規模の縮小とパン食への移行によって大きく減少している．2008年から2017年までの1世帯当たりの主食の購入数量の変化をみると，パンやめん類の購入量が横ばいであるのに対し，米の購入量は24.3%も減少している（表10-1）．その結果，主食用米の需要量は，2016年までの10年間で86万トン，10.1%も減少し，生産調整の強化を現場に強いている（表10-2）．

　また玄米流通においては，農家の自家消費・縁故米等が約2割，農家による直販が約25%，農協系統による集荷販売が5割弱という構成となっていた（表10-3）．しかし，2004年の食糧法改正以降，委託販売割合が40%から30%

表 10-1　1世帯当たり購入数量の推移 (単位：g，%)

	2008	2012	2017	2008年から2017年	
				増減量	増減割合
米	88,550	78,780	67,070	−21,480	−24.3
パン	44,445	44,808	44,829	384	0.9
めん類	35,899	35,819	33,878	−2,021	−5.6

出所：総務省「家計調査」，二人以上の世帯，米は精米ベース．

表 10-2　主食用米等需要量の推移 (単位：玄米万 t，%)

	2007/08	2017/18	減少率
主食用米等需要量	855	740	−13.5

出所：農林水産省「最近の米をめぐる状況について」2018年11月．

228

表 10-3　改正食料法下の米流通の状況

(単位：万 t，%)

	2004	2009	2016	2016 構成比	12 年間の増減
生産量	872	847	804	100	**−68**
全農販売委託	350	294	252	31	**−98**
JA 直販	40	78	86	11	46
全集連	20	22	22	3	2
農家直販	226	230	222	28	**−4**
農家消費等	180	161	146	18	**−34**
その他	56	62	76	9	20

出所：農林水産省「米をめぐる関係資料」2018 年 7 月．
注：その他は，加工用米，もち米，減耗を含む．

表 10-4　産地・品種別米価水準（2017 年産）

(単位：円/玄米 60kg)

産地・品種	2017 年産穀検 食味ランク	相対価格[1] 2017 年 11 月	日本農産情報[2] 2017 年 11 月	備　考
新潟魚沼・コシヒカリ	A	20,700	19,600	高品質ブランド米
山形・つや姫	特 A	18,122	17,900	
北海道・ゆめぴりか	特 A	17,504	17,200	
新潟・コシヒカリ	特 A〜A	16,846	15,900	量販店・定番商品
秋田・あきたこまち	特 A〜A	15,987	15,400	
宮城・ひとめぼれ	特 A	15,700	14,900	
北海道・きらら 397	−	15,563	−	業務用・契約栽培
茨城・コシヒカリ	特 A〜A	15,097	14,800	量販店・業務用米
福島中通り・コシヒカリ	A	15,240	14,800	
千葉・ふさこがね	A	14,594	14,100	
青森・まっしぐら	A	14,619	14,400	
栃木・あさひの夢	A	14,763	14,300	
埼玉・彩のかがやき	A	15,067	14,100	
茨城・コシヒカリ・未検	−	−	14,200	業務用米・未検
埼玉・雑品種・未検	−	−	13,900	
参考：中米	−	−	11,200〜12,000	

出所：農林水産省「米に関するマンスリーレポート」，米穀データバンク「米穀市況速報」．
注：1）農協と米卸との取引価格（大口割引等は含まず）．運賃，包装料，消費税込み価格．
　2）卸間取引の相場．税抜き価格．価格幅のあるものは下値．中米価格は 2017 年 11 月 29 日版．

へと急減し，JA による直接販売が倍増した結果，縮小するコメ需要をめぐり，
イス取りゲームのような激しい産地間競争を生じている．

　さらに，米市場では，産地・品種によって，販売価格や売り込み先に大きな

違いが生じており，「魚沼産コシヒカリ」，「ゆめぴりか」，「つや姫」といった高品質・ブランド米，「新潟一般コシヒカリ」，「あきたこまち」，「ひとめぼれ」など量販店向け定番商品，「青森まっしぐら」，「栃木あさひの夢」などの業務用米といった商品ごとに，異なる品質や価格が求められる市場細分化（マーケット・セグメンテーション）が進んでいる（表10-4）.

　以上のように，米市場においては，全体としてコメ需要が減少する中で，産地間の需要の奪い合いが激化する一方，市場細分化に伴い，産地・品種ごとの販売先，価格などの条件の違いが拡大してきている．そこで本稿では，米消費の変化が進む下での高品質ブランド米産地の対応や業務用米をめぐる情勢について整理し，そうした米市場の変化に対応するため水田農業に求められる経営目標を提示するとともに，特にコストダウンの可能性について技術面から検討する．そこでまず，高品質ブランド米の産地対応と業務用米の生産状況について，それぞれみていきたい．

2.　高品質ブランド米産地の対応

　高品質ブランド米に関しては，2011年以降，特Aランクを獲得する産地・品種が急増し，西日本でも特Aランク獲得が増加するなど競争が激化している．こうした中で，「魚沼コシヒカリ」などのトップ産地はどういった対応をとっているのかをみてみたい（八木2013）.

　トップブランドである新潟「魚沼コシヒカリ」を販売するT農協では，特Aレベルよりもさらに上をめざし，玄米タンパク値に基づく区分集荷に取り組んでいる（表10-5）.特Aの目安となる玄米タンパク6.0％以下で＋4〜5％，5.6％以下で＋6％，5.2％以下で＋14％のプレミアム価格を支払ってきた結果，2005年から2010年にかけて，食味値80以上が10倍に増加，主に百貨店むけに出荷される食味値85以上の最上級米も175トンに増加し，管内コシヒカリの玄米タンパク値の平均が5.62％と食味値80に相当するレベルにまで上昇した．

　また山形では，新ブランド米「つや姫」の価値を高めるため，生産者や栽培可能な地区を制限することで，生産量の97％で玄米タンパク6.4％以下を達成

表 10-5 玄米タンパク含有率に基づく区分集荷の例（魚沼・Ｔ農協）

食味指標			価格 プレミア	Ｔ農協の集荷量・集荷割合			
玄米タンパク 含有率	食味値	食味 ランク		2005 年産		2010 年産	
				集荷量	集荷割合	集荷量	集荷割合
5.2％以下	85 以上	−	＋ 14％	6.6 トン	0.4％	175 トン	12％
5.6％以下	80 以上	−	＋ 6％	64 トン	4.6％	535 トン	35％
6.0％以下	75 以上	特Ａ	＋ 4〜5％	264 トン	19％	572 トン	38％
6.6％以下	68 以上	Ａ	± 0	−	−	−	−

注：八木洋憲（2013）より加工引用．

〈**参考**〉Ｔ農協コシヒカリのタンパク率の推移

(単位：％)

年産	2005	2006	2007	2008	2009	2010
タンパク率	6.30	6.00	5.53	5.80	5.72	5.62

注：八木洋憲（2013）より引用．

し，さらに特別栽培により差別化を図っている（表 10-6）．北海道でも「ゆめ
ぴりか」[1]で精米タンパク 7.4％以下に限って「認定マーク」を交付するなど，
差別化を強化中である（表 10-7）．

　しかし，2016 年産の魚沼「コシヒカリ」，山形「つや姫」の集荷量は，それ
ぞれ全集荷量の 0.9％と 1.3％，北海道「ゆめぴりか」の集荷量も全集荷量の
2.6％に過ぎない（表 10-8）．これに対し，ブランド米としての存在感が大きか
った新潟「一般コシヒカリ」の集荷割合は 7.1％と大きく，供給過剰を生じる
と価格下落に直結するようになって（伊藤 2010），ブランド米としての地位が
低下しており，高品質ブランド米市場への参入は，きわめて狭き門となってい
る．

　一方，民間流通における 6 月末在庫の推移をみると，はげしい販売競争の影
響もあり，在庫出荷段階では在庫変動が極めて大きくなっている（表 10-9）．
また，販売段階でも 2003 年の冷害以降，2004/05 年や 2013/14 年の在庫が急
増している．こうした民間在庫の変動に加え，転作未達や政府買入といった力
が加わり，相対価格やコメ在庫は毎年のように大きく変動し，コメ取引を不安
定化しており，安定した取引が期待される（福田 2014 参照）．このため，全集
荷量の 4.9〜7.1％を占める全国量販店向けの定番商品である「秋田あきたこま

第 10 章　米市場の変化からみた水田農業の将来像と技術開発課題　　　231

表 10-6　山形「つや姫」のブランド化対策

栽培基準		2012	2013	2014
栽培適地	気象・地理条件に基づき「栽培適地マップ」を定め，最適地・適地で栽培	県内栽培面積 3,197ha	県内栽培面積 6,421ha	県内栽培面積 6,508ha 作付割合 10%
生産者認定	ブランド化戦略推進本部が栽培条件や栽培実績に基づき生産者を認定	県内生産者 3,369 名	県内生産者 4,476 名	県内生産者 4,503 名
品質基準	全 JA に食味計を導入 玄米タンパク含有率 6.4% 以下	95.5% が合格	97.0% が合格	—
特別栽培	化学肥料・窒素成分 3.56kg 以下，農薬有効成分使用回数 10 回以下	農薬・化学肥料は慣行の半分以下		

注：卯月恒安「つや姫」の高品質生産とブランド化の取組について」中四国農政局，平成 25 年度稲・麦・大豆を中心とした土地利用型作物の生産性向上セミナーおよび全農山形 HP ＞山形のお米＞山形のブランド米「つや姫」より引用加工．
http://www.zennoh-yamagata.or.jp/rice/2018/tsuyahime.html

表 10-7　ゆめぴりか区分集荷

区分	精米タンパク値	2012 年産	2013 年産	相対価格
ゆめぴりか S	6.8% 以下	23%	7 割	17,700 円
標準品	7.4% 以下※	51%		16,700 円

※玄米換算すると山形つや姫の基準と同等．

表 10-8　ブランド米の集荷数量
（単位：玄米千トン，%）

産地	品種	集荷数量 2014 年産	集荷割合	集荷数量 2016 年産	集荷割合
全国		3,409	100	3,022	100
北海道	ゆめぴりか	68.6	2.0	78.2	2.6
山形	つや姫	31.5	0.9	39.8	1.3
新潟・魚沼	コシヒカリ	31.5	0.9	25.5	0.8
秋田	あきたこまち	242.1	7.1	215.4	7.1
宮城	ひとめぼれ	176.1	5.2	148.1	4.9
新潟・一般	コシヒカリ	153.0	4.5	162.5	5.4

出所：農林水産省「米の取引に関する報告」，「マンスリーレポート」．
注：2015 年 4 月，2017 年 4 月現在．

表 10-9　相対価格と米在庫の変動

	相対価格 (円/60kg 玄米)		6月末在庫 (玄米, 万トン)	転作未達 (万 ha)	備考
2006	15,203	100	182	6.8	転作未達拡大, 政府米販売抑制
2007	14,164	93	184	7.1	転作未達最大, 全農7千円米価
2008	15,146	100	161	5.4	2007年産米34万トン政府買い入れ→6月 末在庫不足
2009	14,470	95	212	4.9	2008年産米の米価高騰で在庫急増
2010	12,711	84	216	4.1	供給過剰で米価暴落→2010年産米27万ト ン政府買い入れ
2011	15,215	100	181	2.2	東日本大震災で米不足, 米価高騰
2012	16,501	109	180	2.4	卸の集荷競争で米価暴騰
2013	14,341	94	224	2.7	2012年産米の在庫急増, 米価下落→35万 トン市場隔離
2014	11,967	80	220	2.8	2013年産米の在庫急増, 米価下落→35.6万 トン販売繰り延べ
2015	13,175	87	226	−1.3	飼料米への転換で供給過剰を抑制
2016	14,307	94	204	−2.2	業務用米不足が問題に
2017	15,538	102	199	−1.7	国産米の不足感が強まる

出所：米をめぐる状況について, 平成30年2月.
注：2017年産の相対価格は1月時点.

ち」,「宮城ひとめぼれ」,「新潟一般コシヒカリ」等については, 米流通量, 市場価格の不安定さが増す中で, 販売先との結びつきがポイントとなっている.

　そうした情勢の中で全農宮城では, コンビニ等への定番商品の安定供給・安定した売り先確保の観点から,「ひとめぼれ」を中心に, 集荷数量21.7万トンの約半分10.0万トンを複数年契約に転換しており（表10-10）, 全国的にも複数年契約が2012年の14万玄米トンから2017年の76.7万玄米トンに増大している（米に関するマンスリーレポート, 2018年10月号）.

　以上のように高品質・ブランド米生産では, 特Aの上をいくレベルが要求されるため, 区分集荷や生産者の選別などにより玄米タンパク6.0〜6.4%以下, 精米タンパクで7.4%以下といった厳しい産地対応が行われている. また, 量販店や業務向けの定番商品については, 複数年契約の割合を増やすなど, 産地と実需との結びつきを強めてきている[2]. こうした厳しい競争を回避できる可能性がある米市場の1つが外食・中食などの業務用需要である.

第 10 章　米市場の変化からみた水田農業の将来像と技術開発課題　　233

表 10-10　全農宮城・事前契約の取組（2013 年産）

(単位：トン)

	ひとめぼれ	ササニシキ	まなむすめ	つや姫	コシヒカリ	合計
複数年契約	89,286	5,445	4,088	819	536	100,174
播種前契約	5,023	283	0	130	27	5,463
収穫前契約	27,575	3,039	4,733	562	192	36,101
合計	121,884	8,767	8,821	1,511	755	141,738

注：2013 年産うるち出荷契約は約 21.7 万トン

3.　業務用米をめぐる情勢

　家計における米の消費が減る一方，中食（弁当類など）や外食による米消費は拡大，1 人あたり精米消費量の 3 分の 1 を中食・外食が占めるようになっている（自家飯米などを除くと，市場流通している米の約半分が，中食・外食向け）．中食・外食むけ流通の中身をみると（表 10-11），外食ではファミレス等が 50 万トン，給食事業が 20 万トン，牛丼・丼物が 15 万トン，寿司店が 10 万トン，中食ではコンビニが 40 万トン，量販店・生協が 31 万トン，持ち帰り弁当が 19 万トンなどとなっている．このうちコンビニ 3 社では，セブンイレブンが約 17 万トン，ローソンが 8 万トン，ファミマが 6 万トンの米を使用，外食では，牛丼の吉野家で 3.7～3.8 万トンを使用するなど，業務用米ユーザーの求めるロットは極めて大きく，そうした強いバイイングパワーを背景に，低価格，安定供給，安全・安心などが求められる．

　さらに，中食・外食向け販売では，求められるコメの特色や価格が業態によって大きく異なる（表 10-12）．食味にこだわる持ち帰り弁当やコンビニ弁当，ファミレス業界などではコシ系の良食味品種がもちいられる一方，価格競争の厳しい牛丼，回転寿司では，国産米高騰に伴い，2013-14 年産米に

表 10-11　業態別にみた米の使用量

外食	ファミレス等	約 50 万トン
	給食事業	約 20 万トン
	牛丼・丼物	約 15 万トン
	寿司店	約 10 万トン
	その他	
中食	コンビニ	40 万トン
	量販店・生協	31 万トン
	持ち帰り弁当	19 万トン

注：米穀市場速報（2015 年 12 月 21 日版）より引用.

234

表 10-12　業態別にみた業務用米価格帯

業　　態	精米 1kg 当たり価格（税別）		
	2013 年産	2014 年産	2015 年産
大手持ち帰り弁当	300〜310 円	コシ系 230〜240 円	290〜300 円
大手コンビニチェーン	290〜300 円		
ファミレス	290〜300 円		270〜280 円
牛　　丼	270〜280 円	B 銘柄 180〜190 円	250〜260 円
回転寿司	260〜270 円		
地場チェーン向けベンダー	240〜250 円		
参考：24／25 年産古米	220〜230 円	170〜190 円	
参考：加州産コシヒカリ	235 円	193 円	

出所：米穀市況速報，2013 年 10 月 21 日版，2014 年 12 月 25 日版，2015 年 2 月 17 日版，2017 年 5 月 6 日版（米穀データバンク）．

注：B 銘柄は，表 4 の「まっしぐら」，「あさひの夢」など業務用品種．

代えて SBS 米を採用するケースも登場するなど，低価格品では SBS 米との競争がポイントとなっている（2013 年の秋以降は，2012 年産古米の使用も新米需要を抑制している）．そこで次に，SBS 米などとの価格競争の視点から業務用米市場開拓の条件について検討してみたい．

　業務用米のライバルである SBS 米とは MA 米のうち 10 万トンの枠内で SBS（売買同時入札）取引で輸入されている米であり，このうち短粒種・中粒種のうるち米を外食などが採用している．従来は中国産米をメインに 10 万トンのうち 7〜8 万トンが輸入されていたが 2010 年の「米トレーサビリティー法」施行以降は，米国産・豪州産に代替されている（図 10-1）．

　このうち米国産米の精米価格をみると（図 10-2），「きらら 397」，「まっしぐら」，「あさひの夢」などの国産低価格米の販売価格に連動して入札価格が変動している（国産低価格米との価格連動は 2016 年以降，入札制度の見直し等により変化している）．また，震災後に国産米が高騰した 2012 年には最大 3.5 万トン輸入されたが，逆に国産米が底値を付けた 2014 年には売渡価格が 200 円／精米 kg（税込み）を下回ったため取引が激減し，大手外食では 2015 年 4 月で SBS 米の使用がいったん終了した（図 10-3）．しかし，その後，飼料用米の生産振興によって低価格米の供給が減ると再び SBS 米の輸入は回復し，2016 年には 31 万トン，2017 年には 49 万トンが落札され，2017 年春から大手外食で

第10章　米市場の変化からみた水田農業の将来像と技術開発課題　　235

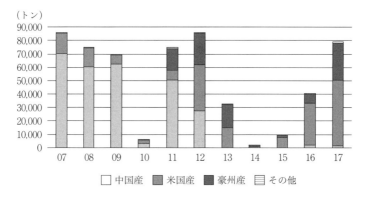

図 10-1　SBS で輸入された中短粒種米

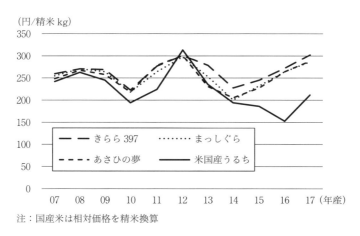

注：国産米は相対価格を精米換算

図 10-2　国産と米国産の精米価格の推移

の使用が再開している．

　米国産米の使用が中止となった 2014 年の米国産米の売渡価格＝ 200 円/精米 kg に見合う玄米価格は，精米コスト 18.5 円/精米 kg（日本精米工業会「平成 25 年，大型精米工場の実態調査結果」より），精米歩留まり 91％として換算すると，165.2 円/玄米 kg，玄米 60kg 当たりでは 9,910 円となる（図 10-4）．このため現在の為替水準，これまでのマークアップの下限 40 円/kg を前提とすると，9,910 円という価格水準が最大 8 万トンが輸入された SBS 米に競い勝って業務

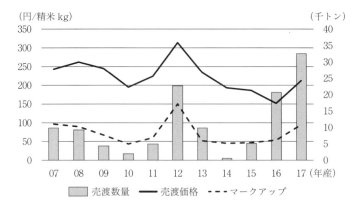

図 10-3 米国産うるち精米の SBS 取引結果

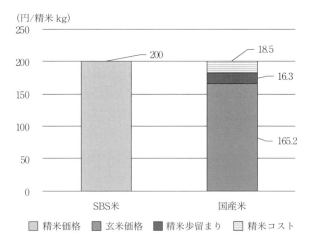

図 10-4 SBS 米売渡価格に対抗するための国産米玄米価格水準

用米市場を開拓するための価格目標となる．参考までに，これを基準に国産米価格が底値を付け，SBS 米の輸入が止まった 2014 年産の業務用米の相対価格を見ると SBS 米との競合を下回る銘柄がいくつもあったことがわかる（表 10-13）．

こうした価格水準で玄米を納品するためには，生産段階では，先の目標価格

第 10 章　米市場の変化からみた水田農業の将来像と技術開発課題　　　237

表 10-13　産地・品種別米価水準（2014 年産） (単位：円/玄米 60kg)

産地・品種	2014 年産穀検 食味ランク	相対価格[1] 2014 年 11 月	日本農産情報[2] 2014 年 11 月	備　　　考
新潟魚沼・コシヒカリ	特 A	19,530	17,500	高品質ブランド米
山形・つや姫	特 A	16,668	―	
北海道・ゆめぴりか	特 A	15,822	13,000	
新潟・コシヒカリ	特 A〜A	15,471	14,100	量販店・定番商品
秋田・あきたこまち	特 A〜A	11,994	10,500	
宮城・ひとめぼれ	特 A〜A	11,834	10,000	
北海道・きらら 397	A	11,439	10,920	業務用・契約栽培
茨城・コシヒカリ	A	11,122	9,900	量販店・業務用米
福島中通り・コシヒカリ	特 A	9,809	9,200	
千葉・ふさこがね	A	9,297	8,300	
青森・まっしぐら	A'	9,980	9,700	
栃木・あさひの夢	A'	10,174	7,900	
埼玉・彩のかがやき	A'	9,952	8,100	
茨城・コシヒカリ・未検	―	―	8,600	業務用米・未検
埼玉・雑品種・未検	―	―	7,200	
参考：中米	―	―	3,000〜4,200	―

出所：農林水産省「米に関するマンスリーレポート」，米穀データバンク．
注：1）農協と米卸との取引価格（大口割引等は含まず）．運賃，包装料，消費税込み価格．
　　2）卸間取引の相場．税抜き価格．「きらら 397」と「ふさこがね」の価格は 2014 年 9 月．

表 10-14　玄米 60kg 当たり生産費 (単位：kg/10a，円/60kg)

	単収	全算入生産費	うち物財費	うち労働費
全国平均	533	14,584	8,681	3,886
うち 15ha 以上	544	10,901	6,630	2,393

出所：2016 年米生産費調査．

からさらに出荷段階の流通経費 160 円/精米 5kg（藤野 2014）＝2,110 円/玄米
60kg を差し引いたコスト水準が求められる．具体的には，SBS 米に競い勝つ
には 7,790 円/60kg が目標となる．これは全国平均の生産費の約半分，15ha 以
上と比べて 30％も低い水準であり（表 10-14），2014 年産の米の直接支払交付
金 7,500 円/10a や収入減少影響緩和対策の補填金（ナラシ）＝約 2 万円/10a を
受け取っても埋め合わせできない水準である（ナラシの額については，「最近
の米をめぐる状況について（2015 年 7 月）」を参照）．

以上みてきたように，米の消費減少が続く中で，消費の3割を占める中食・外食などの業務用米市場は有望な成長分野である．しかし，業態によって求める価格水準は異なり，低価格品を求める業態では，SBS米や古米との競争もあり，一層の低コスト化が求められる．現在の為替水準とマークアップを前提として推計すると，SBS米と競い勝つことができる販売価格は9,900円/玄米60kg，農家段階の生産費としては7,790円/玄米60kgが目標となり，これは15ha以上の農家の生産費よりも30%も低い水準である．そこで次に，こうした水準を実現できる可能性はあるのかどうか検討してみたい．

4. コストダウンの可能性

農研機構では水田作の大幅なコストダウンを目指して，新技術の現地実証を全国で進めている．そのうち中央農研の現地実証を事例についてみてみたい（宮武ほか（2015）を参照）．中央農研が現地実証を行っている千葉県横芝光町のA法人は，2008年から大区画基盤整備（FOEASも導入）に取り組み，それを契機に60戸からなる集落営農法人として活動しており，経営面積は80ha，水稲57.3ha，大豆22.3ha，小麦21.8haを栽培している（表10-15）．

この事例では図10-5のように連坦化した農地で大規模営農を実現しており，新技術を導入して更にコストダウンを目指している．具体的には，主力の「コシヒカリ」より作期を早めた3月下旬播種の乾直「ふさこがね」と中晩生で「コシヒカリ」の後に収穫する乾直「あきだわら」を導入し，多収品種の乾田直播によるコストダウンと水稲品種の組み合わせによる作期拡大によるコストダウンの双方をめざした（図10-6）．また，乾田直播に使用する不耕起汎用播種機を用い，大豆の不耕起播種栽培を導入し，大豆の機械コストを抑制しつつ，小麦収穫後の大豆播種作業を効率化し，水稲-小麦-大豆という2年3作の安定化をねらっている．

さらに，本事例では恵まれた圃場条件を活かし，大型機械を用いたプラウ耕の導入による省力化，レーザー均平やケンブリッジローラーを用いた播種後鎮圧による乾田直播の安定化技術の採用により，乾田直播では10a当たり労働時間が10.2時間と関東東山平均に比べて61%，全国15ha以上に比べて33%削

第 10 章　米市場の変化からみた水田農業の将来像と技術開発課題　　239

表 10-15　A 法人の経営概要（2014 年）

設立	2010 年 5 月（農事組合法人）
構成員	組合員 60 人（うち 20 人は出役無し） 理事 8 人
主要機械・施設	育苗ハウス 7 棟，トラクター 5 台 田植機 4 台，コンバイン 4 台 汎用コンバイン 1 台，乗用管理機 乾燥機 60 石 7 基（うち汎用 2 基） 籾摺機 6 インチ 2 台，色彩選別機
作付構成	水稲 57.3ha（うち乾田直播 3.0ha） 小麦 21.8ha，大豆 22.3ha，野菜 2.3ha
支払地代 水管理料 時給注	コシヒカリ 2 俵水準（21,000 円） 2,000〜3,500 円/10a 男 1,000 円，女 900 円
役員報酬	15 万円/人

注：このほか従事分量配当を追加支払い．

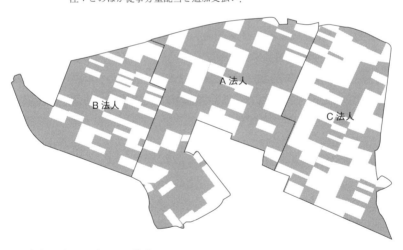

注：中央のグレーの水田が A 法人．

図 10-5　240ha の大区画基盤整備後に生まれた 3 つの集落営農

減された．そして 2014 年には乾田直播で 720kg の単収を実現し，玄米 60kg あたりの生産費 7,647 円を実現できた（図 10-7）．

以上のように，基盤条件が整備された地区で，連坦化した 80ha の大規模法

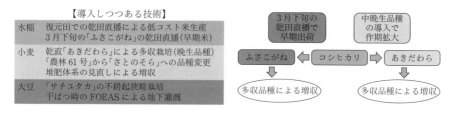

図 10-6 A 法人において実証している低コスト水田輪作技術体系

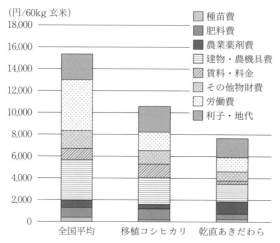

注：A 法人は 2014 年実績，全国平均は 2014 年産米生産費．

図 10-7 A 法人における玄米 60kg 当たり水稲全算入生産費

人が，多収品種と乾直技術を用いて栽培を行った場合，7,647 円/玄米 60kg（単収 720kg）という低コスト生産を記録することができた．これは関東東山平均に比べて 44％，全国 15ha 以上に比べて 16％削減された水準であるが，これでようやく補助金なしに SBS 米と競合できる水準に近づいたと言える．

全国においても業務向け多収品種の開発が進んでおり，単収 11～12 俵で食味の良い多収品種や千粒重 24～25g で米飯にした際の見栄えの良い新品種，さらに単収 800kg を超える冷凍米飯用品種が登場しており（表 10-16），各県でも業務向け品種の普及がはじまっている（「ふくまる」，「ふさこがね」等）．

表10-16 農研機構が開発した業務用に適した水稲品種の例

	萌えみのり	みずほの輝き	あきだわら	とよめき	やまだわら
単収	685	630	739	814	838
千粒重	24	25	21	22	22
食味	ひとめ並	コシ並	コシ並	日本晴並	日本晴並
普及地域	岩手，宮城，秋田ほか	新潟	新潟，愛知ほか	茨城ほか	山口，熊本
備考	熟期はひとめ並 直播栽培に向く いもちに注意	熟期はコシより遅い 胴割れに注意	収穫期はコシより11日遅い いもち・縞葉枯に注意	冷凍米飯向け いもち・縞葉枯れに注意	冷凍米飯向け 縞葉枯に注意

注：農研機構「業務用・加工用に向くおコメの品種2017」参照．

図10-8 水稲直播面積の推移

また，水稲直播栽培の普及も進んでおり，2016年には，乾田直播と湛水直播を合わせた面積が3.2万haと全水稲作付面積の2.2%に達している（図10-8）．さらに，大区画化や汎用化などの圃場条件が整った地域むけには，プラウ耕・グレンドリル乾田直播など，より効率的な大規模経営むきの栽培技術も開発されている．

そこで次に，農研機構の経営研究者が全国で調査に入っている先進経営の概況をみると（宮武ほか2016），平地純農村，平地〜中間地域，山間地域といった地域条件によって違いがあるものの，①大区画基盤整備などが行われた条件

242

の良い平地地域で，②100ha近くの農地集積を行った大規模の経営が，③乾田直播などの新技術を導入して取り組んだケースでは，玄米60kg当たり7,500円〜9,500円のコストを実現した事例が北海道，岩手，茨城など他にも報告されている（表10-17）．

さらに近年では，民間企業（米卸，商社，資材メーカーなど）による産地の囲い込みと業務用米確保の取り組みが広がっており，そうした取り組みでも大

表10-17

地域条件	事例名	経営タイプ	経営規模	特徴的な栽培技術	園芸部門加工部門	その他
平地純農村	北海道A農場	個別	93ha	輪作＋乾直無代かき移植		集中管理孔
	岩手D経営	個別	75ha	輪作＋乾直	バレイショ	子実コーン
	青森B経営	個別	98ha（注1）	輪作＋乾直		ワラ収集75ha
	茨城F農園	個別	83ha	輪作＋乾直不耕起大豆		
	宮城C社	協業経営	116ha	輪作＋乾直被災地復興	キャベツアスパラネギ	
	千葉J営農組合	集落営農	80ha	輪作＋乾直不耕起大豆		FOEAS
平地〜中間地域	滋賀K法人	受託組織	49ha（注2）	輪作＋湛直	パッションフルーツ柿米粉加工	FOEAS
	福岡N経営	個別	30ha（注3）	直売＋特栽不耕起大豆		種子小麦
	石川G法人	個別	44ha	直売＋有機		スマート田植機
	新潟H法人	個別	48ha	直売＋有機	エダマメモチ加工	
山間地域	岡山M営農組合	集落営農	34ha	稲WCS＋湛直	ナタマメ加工梅	黒大豆
	福井I農場	個別	34ha	水田放牧（獣害対策）		

注：1）このほか作業受託163ha，ラジヘリ防除370ha.
　　2）このほか機械作業受託10ha.
　　3）うち10haは小麦期間借地＋水稲代かき・大豆播種作業受託.
　　4）中央農研研究資料第10号を基に，最新のデータを加味して算出した．A農場，G法賃単価・支払地代は2012年産米生産費調査のデータで計算した．また，A法人の収

幅なコストダウンをめざしている．大手米卸Y社の事例では，農研機構が開発した東北むけ業務用多収品種「萌えみのり」を活用し，2020年の目標として，集荷量を2015年の3千トンから2020年に8千トンに拡大することをめざす．技術目標としては，食味値80以上，単収720kg以上とし，経営目標としては玄米60kg当たり1万円でも再生産可能な農業を実現する．さらに，将来的には玄米60kg当たり8千円になる事態も想定して，さらなる生産性向上を

事例の特徴

品種・収量				60kg当たり米生産費（注4）
水稲	餌米・WCS	大豆	麦類	
大地の星(660kg)		ユキホマレ(230kg)	キタホナミ(660kg)	7,455～9,288
萌みのり 610kg		リュウホウ 150kg	ゆきちから 330kg	7,385～9,580
まっしぐら 630kg		197kg	小麦 350kg	
コシ直播 509kg		タチナガハ 260kg	きぬの波 555kg	8,412
ひとめぼれ 462kg		ミヤギシロメ 134kg	小麦 429kg	
ふさこがね 588kg		フクユタカ 240kg	さとのそら 390kg	7,934
397kg		180kg	大麦 200kg	
ヒノ特栽 415kg		フクユタカ 230kg	ミナミノカオリ 322kg	
コシ有機 540kg		エンレイ 180kg	ファイバースノー 350kg	10,800～11,820
コシ有機 420kg	新規需要米 480kg			10,620～12,360
朝日 443kg	8.9ロール×200kg		おうみゆたか 314kg	12,706～15,036
コシヒカリ 487kg	放牧		ファイバースノー 180kg	12,519～13,252

人，H法人は全入生産費．その他は支払地代参入生産費．A法人の利子地代，I農場の労量はモデル単収である．

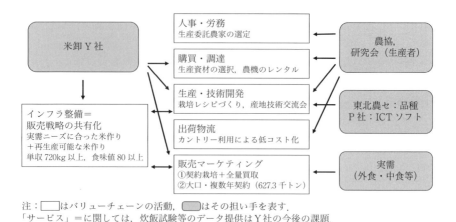

図 10-9 新たな米商品づくりの事例業務用米「萌えみのり」

めざしている（図 10-9）．

　以上のように，低価格品を求める業務用米市場では，SBS 米や古米との競争もあり，販売価格で 9,900 円/玄米 60kg，農家段階の生産費としては 7,790 円/玄米 60kg が目標となる．これは，15ha 以上の農家の生産費よりも 30％も低い水準であるが，①基盤条件が整備された下で，②大規模法人が，③新技術を組み合わせることで，どうにか到達できる水準である．このため，業務用米の新たな市場拡大をめざして試験研究機関や民間企業などは，先進的な産地や大規模水田作経営と連携しつつ，そうした生産体系の実現をめざしている．ただし，現段階では解決すべきいくつかの技術的課題がある．

5. 残された技術的・経営的課題

　第 1 に中央農研の現地実証では，省力化のため一発肥料を使用しており，多収品種の場合，LP70 と LPS100 を等量配合して，窒素換算で 9.5kg/10a を施肥しているが，2015 年の場合，春先の気温が高めに推移し，生育初期に肥料分が溶出し，後半に肥料切れが発生した．また 8 月以降は，逆に気温が低い日が多く，日照も少なかったため，特に晩生品種の「あきだわら」が大きく減収

した．現在の栽培体系では，こうした不安定さがあるため，施肥設計についてさらに検討を進める必要がある．

また第2に，中央農研の実証経営では，60ha規模の乾燥調製施設を1億3千万円の投資を行って整備した（写真10-1）．一般的な「コシヒカリ」などとは異なる品種を栽培し，業務用に販売していく場合，独自の乾燥調製施設を必要とする場合が少なくない．こうした投資を行うべきか否かについては将来の経営戦略を含めた検討が必要である．

第3に規模拡大に伴い，圃場枚数が増加する中で，特性の異なる圃場をいかに管理するかも課題となっている．米生産費調査でみても水稲作付が15ha以上の経営では，平均圃場枚数が72.4枚にもなっている（表10-18）．特に，大規模法人経営では，作業者の数も増え，頭の中での管理には限界がある．また，

写真10-1 A法人が新たに整備した乾燥調製施設

表10-18 圃場区画別にみた圃場枚数と水稲作付面積

(単位：枚, a)

	調査農家平均		うち水稲作付15ha以上	
	圃場枚数	圃場面積	圃場枚数	圃場面積
未整備又は10a未満	3.7	23.1	12.2	78.1
10～20a区画	2.6	36.8	18.1	265.8
20～30a区画	1.6	40.8	20.2	507.0
30～50a区画	0.8	28.9	14.5	549.6
50a区画以上	0.2	17.3	7.4	613.1
合計	9.0	146.9	72.4	2013.5

出所：2012年米生産費調査．

販売場面では，栽培履歴の開示が求められる機会が増加しており，圃場一筆管理などICTの導入を進める必要がある．

中央農研の実証経営であるA法人の場合，図10-10に着色して示した75筆が管理する水田であるが，このうち縦縞はホタルイが多発したため収穫後にグリホサート（ラウンドアップ）を散布した圃場，横縞はヒエが多発するため除草剤をイプフェンカルバゾン（ウイナー）に変更した圃場である．これらの圃場については，使用農薬があらかじめ決められた契約栽培米の生産には使えないため，加工用米などに作付けを変更している．こうした情報を一筆管理システムに盛り込んでいく必要があり，A法人では農研機構開発のPMSを導入しつつある．

第4の問題としては，畦畔管理の負担がある．機械化が進んだ耕起，田植，稲刈りなどに対して，畦畔草刈りを含む管理労働は，労働時間の削減が遅れている．2012年でも10a当たり6.4時間，稲作総労働時間の25％を占め，本田

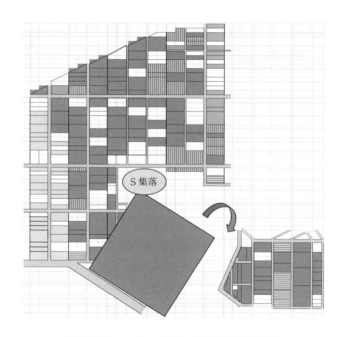

図10-10　A法人における除草剤散布の例

第 10 章　米市場の変化からみた水田農業の将来像と技術開発課題　　247

表 10-19　水稲作の労働時間の推移

(単位：時間/10a)

	1970 年	2012 年	削減率（%）
育苗	7.4	3.2	▲57
耕起整地	11.4	3.5	▲69
田植	23.2	3.2	▲86
除草	13.0	1.4	▲89
管理	10.8	6.4	▲41
刈取脱穀	35.5	3.2	▲91
その他	16.5	3.6	▲78

出所：生産局技術普及課「農業機械をめぐる状況」2014 年 11 月 28 日.

表 10-20　畦畔草刈りの作業能率

使用機械	作業幅	畦畔形状	作業速度 （m/時）	作業能率 （m²/時）
トラクター（62PS） ＋ハンマーナイフモア	刈幅約 1.3m	路肩 0.5m 法面 1.0m	1,820〜1,857	1,200
自走式草刈り機	刈幅約 0.5m	天端 0.5m	1,000	500
肩掛け型刈払機	－	法面 0.3〜0.8m	200〜375	120〜225

注：鬼頭功・淡路和則・三浦聡（2010a）より引用.
　　自走式草刈り機は法面には使わない.
　　畦畔除草は年 4 回，出穂前の 3 回目は草丈が長く作業時間が長い.

内の除草よりも作業負担は大きい（表 10-19）.

　畦畔草刈りに要する作業時間は，鬼頭ほか（2010a）の調査によれば（表 10-20），肩掛け型刈払機を用いた 10a 当たりの畦畔草刈り作業は 2.2 時間，5,130 円となる（法面面積割合 1 割，年 4 回除草）．法面の広い傾斜地では，平坦地に比べて，作業時間が 4.5 倍，費用が 2 倍になるというデータもある（鬼頭ほか 2010b）.

6.　おわりに

　米市場では，減っていく需要を奪い合うイス取りゲームのような競争が進行しており，その中で，①魚沼コシヒカリに代表される高品質ブランド米産地の取り組み，②スーパーの棚割を広げるための品質向上や契約取引の取り組み，

③有機栽培や機能性品種によるニッチ市場の開拓などと並んで，④成長性が見込まれる業務用米市場の開拓が注目される．

　高品質ブランド米産地をめざすには，良食味品種の開発だけでなく，栽培技術の底上げや区分集荷によって，玄米タンパク 6.0〜6.4% 以下，精米タンパクで 7.4% 以下といった極めて高い品質を確保することが目標となる．一方，業務用米市場において，SBS 米や古米と競争しつつ市場開拓を進めるには，販売価格 9,900 円/玄米 60kg，農家段階の生産費 7,790 円/玄米 60kg といった極めて低いコスト水準が目標となる．

　以上のように本報告では，米市場の変化を概観しつつ，国内における他産地との競争，SBS 米との競争に注目して，高品質ブランド米としてめざすべき品質向上の目標，SBS 米に競い勝つことのできる業務用米の生産費目標を具体的な数字で示してみた．こうした目標は，基盤条件の整った大規模経営が，新技術を用いてようやく達成できる水準であり，農産物市場での競争がより厳しさを増す中で，さらなる技術改良が続けられている．

注

1)　「ゆめぴりか」の取り組みについては，橋本（2015）を参照．
2)　ロットやトレーサビリティーなどで，差別化する産地もある（冬木 2014）．

引用文献

伊藤亮司（2010）「米価変動の要因分析」『農業と経済』11 月号，pp.5-16.

小野雅之（2010）「米の価格動向と流通再編」『農業と経済』11 月号，pp.17-25.

小池晴伴（2012）「系統農協の米共同販売における早期契約の意義と問題点」『2012 年度日本農業経済学会論文集』，pp.93-99.

草刈仁（2014）「今後の米消費の可能性」『農業と経済』11 月号，pp.67-74.

橋本直史（2015）「北海道米における「内部企画」導入の影響に関する考察」『農業市場研究』23-2，pp.1-12.

福田晋（2014）「米政策の見直しと米の需給・価格の動向」『農業と経済』11 月号，pp.5-15.

藤野信之（2014）「農協の販売力強化による農家所得増試算(2)－直販化による農家手取増試算〜米を例として－」web レポート 8 月，農林中金総合研究所 HP，http://www.nochuri.co.jp/

冬木勝仁（2014）「米流通における品質の意味」『農業経済研究』86-2，pp.114-119.

農林水産省「米をめぐる関係資料」平成 26 年 11 月.

鬼頭功・淡路和則・三浦聡（2010a）「大規模水田作経営における畦畔管理作業の実態と経営対応」2010年度日本農業経済学会論文集.

鬼頭功・淡路和則・三浦聡（2010b）「傾斜地水田における畦畔管理負担の評価」『農業経営研究』48-1.

宮武恭一ほか（2015）「地域農業の将来方向と担い手経営の成立・展開に必要な技術開発方向」『中央農研研究資料』10.

宮武恭一ほか（2016）「水田農業の先進経営における新技術導入と経営対応の効果」中央農業総合研究センター2015年研究成果情報（http://www.naro.affrc.go.jp/project/results/laboratory/narc/2015/narc15_s12.html）.

宮武恭一（2016）「米市場の変化からみた水田農業の方向と技術開発課題」『関東東海北陸農業経営研究』106.

八木洋憲（2013）「米の食味仕分けによる差別化戦略の採用可能性」『農業経営研究』51-1.

第11章
マルコフモデルによる農業経営の将来像

安 武 正 史

1. 構造動態統計について

「構造動態統計」とは2015年農林業センサスで言えば，「第6巻 農林業経営体調査報告書－構造動態編－」に示された統計データである．このデータをマルコフモデルに適用することにより，日本農業の構造変動予測が可能となる．通常の統計数値が単年度の状態を示しているのに対して，構造動態統計では経営体の動きを追うことが可能となっている日本独自の統計データである．例えば，単年度ごとのデータから，大規模層が増加や経営体数の減少を見ることができるのに対して構造動態統計では，どの階層が規模拡大縮小し，離農しているのかを見ることができる．

詳細については本章末尾の「マルコフモデルの妥当性」で論述する．このような形式を取らせていただいたのには，マルコフモデルによる予測が充分になじみのある手法ではないこと，また本論でこのモデルを利用した経緯について詳述すると，農業経営の将来像提示の論点が見えづらくなるため，補論という形で論述することとした．

2. 経営体数予測

(1) 予測方法

今後の農業構造変動を具体的数値で観察し，予測を行うには農林業センサスデータの構造動態統計を基にマルコフモデルの利用が有効と考えられる．この根拠については「マルコフモデルの妥当性」で論述する．ここで，都府県につ

第11章 マルコフモデルによる農業経営の将来像　　251

いて2通りの予測値を算出した．2005-10年の変動を基にした予測と2010-15
年の変動を基にした予測である．

　2通りの予測値を示した理由は以下のとおりである．原則として統計データ
は最新の数値を使う方が精度の高い予測値の計算が可能と考えられるが，マル
コフモデルは2時点間のデータを用いるため，利用する時点の変化が異常であ
った場合，異常な予測値となる恐れがある．実際に2005-10年は地域によって
は集落営農の急増により大規模層の急増とそれに伴う離農の急増が数値として
表れた．端的に見られたのは佐賀県で，総経営体数は2005年の32,103経営体
に対して2010年には19,789経営体となっており40％近い減少である．一方
10ha以上層は103経営体から596経営体に増加している．5年で6倍弱とな
っている．このデータを用いると予測値として急激な経営体数の減少と大規模
層の急増が算出されることになる．

　これに対して2010-15年は2005-10年のような大きな変動が見られる地域は
ない．総経営体数の減少，大規模層の増加がゆるやかに進行している．2005-
10年数値上大きな変動が見られた佐賀県でも総経営体数17,020経営体（14％
減），10ha以上層678経営体（14％増）である．

　次に単に経営耕地面積規模別だけの予測ではなく，2つの点を考慮した．1
つは，経営主年齢を考慮した点である．一般に考えられるように経営主年齢が
高齢で後継者不在の経営は離農する確率が高い．この点は補論の2節「(1) 指
標の組み合わせ」に示した．

　販売金額1位，経営主年齢の他，後継者の有無，農業就業人口等農業労働力，
雇用労働力など経営体の動向に関係の深い指標は考えられるが，ここでは水田
農業を課題としていることから経営体を販売金額水稲・陸稲1位の経営体とそ
うではない経営体に分け，販売金額1位水稲・陸稲の経営体の面積規模を「田
の経営耕地面積」で区分した[1]．通常は大規模という場合経営耕地面積で示さ
れる．公表されるデータも，経営耕地面積規模で集計されている．しかし土地
利用型の酪農経営など田の経営耕地面積が大きくなくても面積規模の大きな経
営も多数あり，分析に際してこれらの影響を排除する必要がある．幸い，農林
業センサスでは各経営体の田の面積も調査しており，調査票データを用いるこ
とにより集計が可能となる．

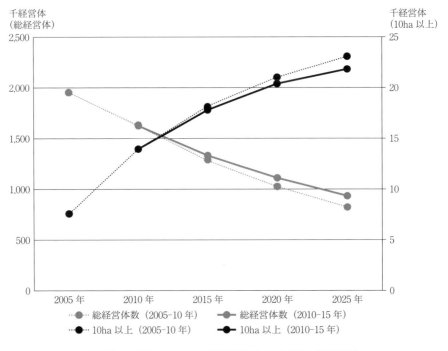

図 11-1　田の経営耕地規模別経営体数予測（都府県）

(2)　予測値の比較

　2005-10 年の変化は異常な動きであると評価できるが，大幅な構造変動が進行した場合の予測値としてみることもできる．これに対して 2010-15 年の構造変動はだいぶ落ち着いたものとなっている．また，接続不可の割合も少なくなり，確度の高い予測値が得られると考えることができる．こちらの予測値は，現状の変動が進行した場合の予測値と評価できる．

　図 11-1 で，実線が 2010-15 年のデータを用いた予測値，点線が 2005-10 年のデータを用いた予測値である．黒色線が 10ha 以上の経営体数，灰色線が総経営体数の予測値である．ここに示されるように 2005-10 年，2010-15 年の予測値ともに経営体数の急減と大規模層の急増が予測された．2010-15 年の予測値では経営体数の減少，大規模層の増加ともによりゆるやかとなったが極端な違いではなかった．すなわち安定した変化の中にも経営体数の減少と大規模層

第 11 章　マルコフモデルによる農業経営の将来像　　　253

表 11-1　「日本農業の進路をさぐる」で示された
予測値と実際値の比較（都府県）

（単位：千戸）

	予測値		公表値		
	総農家数	2ha 以上	総農家数	2ha 以上	2.5ha 以上
1980 年	4,349.4	286.6	4,541.7	335.3	174.7
1985 年	4,005.6	246.7	4,266.7	346.2	192.2
1990 年	3,648.2	216.0	3,739.3	348.4	204.3
1995 年	3,346.4	193.8	3,362.6	338.5	209.5
2000 年	3,061.4	166.5	3,050.4	324.2	208.7
2005 年	2,808.0	121.0	2,789.1	303.6	203.2
2010 年	・・・	・・・	2,476.7	277.7	193.5
2015 年	・・・	・・・	2,110.6	252.0	181.6
2025 年	1,948.6	95.1			
・	・	・			
・	・	・			
・	・	・			
終局値	1,048.0	41.7			

注：1）「・・・」は予測値が示されてない年次.
　　2）終局値とは，予測値が時間経過とともに変動しなくなる値.

の急増の流れは維持されているとみることができる.

(3)　長期的な予測

　マルコフモデルでは，機械的に長期的な予測値を算出することも可能である.
初期値によって，一定の値に収束したり，逆に発散したりする. このような予
測は神谷（1980）で，1975 年農業センサスのデータで予測が試みられている[2].
表 11-1 の予測値の欄に，神谷が示した予測値を整理する. 総農家数で 2005 年
まで実際に公表されてきた数値と大きな差がないことがわかる. 2025 年の予
測値も 2015 年段階の数値から類推すると，あてはまりのいい予測値とみるこ
とができる.

　注意を要する点として 1975 年農業センサスと 2015 年農林業センサスとでは
母集団が異なる. 1985 年から農家の定義の変更があり，販売農家，自給的農
家の区分が設けられた. また 2005 年からは「農業経営体」が定義され，この
定義を基に調査が行われることとなった. 2005 年以降の総農家数は 1 度農業
経営体で調査された調査票データを基に再集計が行われた結果である. 扱う母
集団は新しい農業センサスほど小さくなる傾向がある[3].

254

表 11-2 田の経営耕地面積規模別長期予測（都府県）

(単位：千経営体)

	販売金額1位稲							経営体数合計
	1ha未満	1〜5ha	5〜10ha	10〜20ha	20〜50ha	50ha以上	合計	
2010年	524.0	316.0	23.4	8.4	4.6	1.0	877.3	1,632.3
2015年	404.0	258.0	24.8	10.6	5.8	1.4	704.6	1,336.6
2020年	317.0	211.0	24.0	11.9	6.9	1.7	572.5	1,109.1
2025年	253.9	173.5	22.2	12.4	7.7	2.0	471.7	932.8
2030年	207.9	144.0	20.1	12.4	8.4	2.3	395.0	795.7
2035年	174.4	121.4	18.1	12.1	8.9	2.5	337.4	689.9
2040年	149.9	104.1	16.4	11.6	9.2	2.7	293.8	608.3
2045年	131.7	90.8	14.9	11.1	9.3	2.9	260.6	545.0
2050年	118.1	80.5	13.6	10.6	9.3	3.0	235.1	495.8
2115年	75.3	45.2	7.8	6.8	7.6	3.1	145.7	323.1
2250年	73.5	43.4	7.3	6.3	7.1	2.9	140.5	313.8

注：1) 2010年，2015年は公表値．
　　2) 経営体数合計は，販売金額1位稲以外の経営体も含めた合計．

　神谷（1980）では2ha以上層についても予測値が示されている．2ha以上という区分は，1975年時点ではある程度の規模のある農家というイメージがあったと思われるが，現在の感覚では減少が進行している小規模層に含まれる．そのため予測値と実際値の乖離が1980年の予測値からやや大きなものとなっているようにも見える．しかしながら，予測値は1990年までは2ha以上と2.5ha以上の数値の範囲に入っており，この区分の予測値も一定のあてはまりの良さを示している．

　そこで，改めて2015年農林業センサスのデータで長期にわたる予測値の計算を行った．方法は図11-1を作成する際に行った2010-15年の数値をそのままで長期にわたり繰り返し計算を行った．

　都府県の予測結果は収束に向かう方向で予測値が計算された．約100年で農業経営体数が3分の1，販売金額1位稲の経営体が5分の1に減少する一方，田の経営耕地面積50ha以上の経営体は2.2倍，20〜50haは1.3倍と予測された．予測モデルでは2250年以降，ほぼ一定の値（終局値）となるが，2150年の値はこの値に近い数値である．

　図11-2は，この流れを図で示したものである．50ha以上の大規模層は急速

第11章　マルコフモデルによる農業経営の将来像　　255

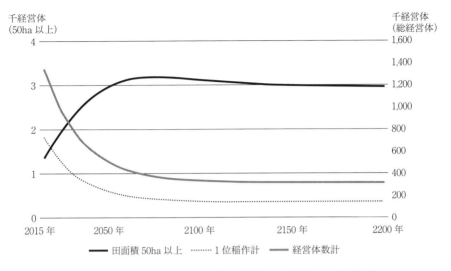

図 11-2　総経営体数と大規模経営体数の予測結果（都府県）

に増加するが，2080年前後にピークを迎え，やや減少して3,000経営体程度となる．総経営体数，販売金額1位の経営体数合計は急速に減少し2070年頃に3分の1程度の40万経営体に減少し，その後も減少を続け31万5千経営体程度まで減少すると予測された．販売金額1位の経営体数は総経営体数の約半数のまま減少すると予測された．

3. 担い手経営耕地規模の計算

(1) 離農予測と供給農地面積予測

「2. 経営体数予測」で計算した予測値から離農予測と供給農地面積予測を行う．各階層の平均田の経営耕地面積と離農率については表11-3aに示す．

ただし，1位稲作以外と販売農産物無しの経営体については経営体の主要作目ごとに平均田の経営耕地面積が大きく異なるため，都府県単位で平均面積を算出し，供給農地面積を予測した（表11-3b）．

なお，実質変化がない可能性のある50a未満の小規模経営での離農は経営体数では2割近いが供給田面積は数パーセントであり，予測値に大きな影響は出

表 11-3a　各階層の平均田の経営耕地面積と離農率（都府県）

田面積規模階層	平均田の経営耕地面積 （ha）	離農率 （%）
0.5ha 未満	0.37	32.1
0.5〜1ha	0.70	21.6
1〜1.5ha	1.20	17.6
1.5〜2ha	1.70	15.6
2〜5ha	2.95	11.8
5〜10ha	6.75	7.8
10〜20ha	13.36	8.6
20〜50ha	27.10	12.2
50ha 以上	67.69	14.2
1 位稲作以外	0.72	17.1
販売農産物無し	1.30	44.5

表 11-3b　都府県別 1 位稲作以外の平均田の経営耕地面積

（単位：ha）

都府県	1 位稲作以外	販売農産物無し	都府県	1 位稲作以外	販売農産物無し
青森県	0.89	0.58	滋賀県	1.36	0.51
岩手県	1.00	0.43	京都府	0.63	0.45
宮城県	1.78	0.59	大阪府	0.41	0.38
秋田県	1.65	0.63	兵庫県	0.86	0.47
山形県	0.92	0.48	奈良県	0.55	0.40
福島県	0.92	0.77	和歌山県	0.16	0.30
茨城県	0.71	0.36	鳥取県	0.68	0.45
栃木県	2.05	0.47	島根県	0.63	0.40
群馬県	0.49	0.28	岡山県	0.65	0.43
埼玉県	0.49	0.29	広島県	0.38	0.40
千葉県	0.56	0.38	山口県	0.58	0.46
東京都	0.02	0.03	徳島県	0.55	0.33
神奈川県	0.12	0.12	香川県	0.71	0.42
新潟県	1.42	0.50	愛媛県	0.29	0.33
富山県	1.08	0.66	高知県	0.62	0.39
石川県	0.73	0.41	福岡県	1.02	0.52
福井県	0.71	0.57	佐賀県	0.87	0.45
山梨県	0.08	0.25	長崎県	0.54	0.44
長野県	0.32	0.31	熊本県	1.20	0.45
岐阜県	0.49	0.40	大分県	0.82	0.41
静岡県	0.21	0.28	宮崎県	0.98	0.43
愛知県	0.36	0.35	鹿児島県	0.36	0.36
三重県	0.63	0.50	沖縄県	0.01	0.01

第 11 章　マルコフモデルによる農業経営の将来像　　　257

ないと考えられる.

　供給農地面積については，各規模階層の離農数×各規模改装の平均面積の合計で算出する．各階層の平均田の経営耕地面積は，2015 年の各階層の平均から算出する．各階層の中間値では実際より大きめの値となる．すなわち各階層とも小規模層の経営体数が多いため平均値は中間値より小さい値となる．また最大規模層については中間値の計算は困難である.

(2)　担い手耕地規模の予測

　担い手について以下のような条件を基に 1 経営体当たりの担い手耕地規模が計算できる（表 11-4a）.

　①担い手を田の経営耕地面積 10ha 以上の経営体とする.

　② 10ha 未満の経営体は予測値時点の農地を維持する.

　③離農により供給された農地を担い手が経営耕地として引き受ける.

　これでみると，担い手の経営規模は四国，九州を除くと 40ha 前後になる．100ha を超える経営体も多く見られる近年の状況をみると妥当な面積とも見ることも可能であるが，2015 年段階で，10ha を超える経営の都府県平均が，販売金額稲 1 位の家族経営で 17ha（11,255 経営体），法人・組織経営で 27ha（5,688 経営体），10ha 以上に限ると 36ha（4,060 経営体）となっており，かなりの大規模化になる．四国，九州では，条件が厳しい土地が多く，担い手が少なくなるため，さらにきびしい状況になってしまう．また，担い手が担う田の面積シェアも東北・北陸・東海では 50％以上になるが，他の地域では 50％未満となる.

　そこで，担い手を田の経営耕地面積 5ha 以上として計算を行うと，表 11-4b のようになる．担い手の経営規模は表 11-4a に比べると大幅に小さな値となり，達成も可能な数値に思える．また，担い手の面積シェアも 5 割を超える地域が大半となる．それでも，四国，九州は 5 割未満という結果となった.

4.　2005 年，2010 年，2015 年のパネルデータ化

　2010 年農林業センサスと 2015 年農林業センサスの構造動態マスタを接続す

258

表 11-4a　2025 年の担い手（10ha

地域	予測値 稲 1 位の農業経営体 （家族経営）・10ha 以上(2025 年)　① （戸）	予測値 稲 1 位・組織経営体 10ha 以上（2025 年） ② （経営体）	計算値 水田作担い手経 営　③＝①＋② （経営体）	公表値 田の面積（2015 年）　④ (ha)	公表値 耕作放棄田面積 (2015 年)　⑤ (ha)
東北	5,384	1,699	7,083	515,156	17,448
関東	2,386	581	2,967	270,009	9,446
北陸	2,216	2,268	4,484	246,337	4,688
東山	270	196	466	42,424	1,448
東海	875	523	1,398	111,310	3,682
近畿	693	788	1,481	125,055	3,645
中国	520	1,080	1,600	127,995	6,864
四国	168	101	269	57,912	2,604
九州	962	1,157	2,119	241,110	7,789

注：1)　東北　青森県，岩手県，宮城県，秋田県，山形県，福島県
　　　　関東　茨城県，栃木県，群馬県，埼玉県，千葉県，東京都，神奈川県
　　　　北陸　新潟県，富山県，石川県，福井県
　　　　東山　山梨県，長野県
　　　　東海　岐阜県，静岡県，愛知県，三重県
　　　　近畿　滋賀県，京都府，大阪府，兵庫県，奈良県，和歌山県
　　　　中国　鳥取県，島根県，岡山県，広島県，山口県
　　　　四国　徳島県，香川県，愛媛県，高知県
　　　　九州　福岡県，佐賀県，長崎県，熊本県，大分県，宮崎県，鹿児島県，沖縄県
　　2)　田の面積・田の耕作放棄面積は農業経営体の集計.

表 11-4b　2025 年の担い手（5ha

地域	予測値 稲 1 位の農業経営体 （家族経営）・5ha 以 上（2025 年）　① （経営体）	予測値 稲 1 位・組織経営体 5ha 以上（2025 年） ② （経営体）	計算値 水田作担い手経 営　③＝①＋② （経営体）	公表値 田の面積（2015 年）　④ (ha)	公表値 耕作放棄田面積 (2015 年)　⑤ (ha)
東北	13,841	1,853	15,694	515,156	17,448
関東	6,018	641	6,659	270,009	9,446
北陸	6,255	2,530	8,785	246,337	4,688
東山	602	235	837	42,424	1,448
東海	1,519	603	2,122	111,310	3,682
近畿	1,686	989	2,675	125,055	3,645
中国	1,409	1,348	2,757	127,995	6,864
四国	494	140	634	57,912	2,604
九州	2,665	1,360	4,025	241,110	7,789

第 11 章　マルコフモデルによる農業経営の将来像　　259

以上）規模と面積シェア予測

予測値	予測値	計算値	計算値	計算値
稲1位以外の農業経営体の田の面積（2025年）⑥	稲1位・10ha未満の農業経営体（家族経営）の田の面積（2025年）⑦	水田作担い手経営の管理が期待される田の面積⑧=④+⑤−⑥−⑦	水田作担い手経営の平均規模⑨=⑧／③	水田作担い手経営の面積割合（%）
（ha）	（ha）	（ha）	（ha）	（%）
64,417	185,884	282,303	40	53.0
49,063	119,188	111,205	37	39.8
10,594	100,792	139,640	31	55.6
8,742	16,899	18,231	39	41.6
16,943	33,846	64,203	46	55.8
20,673	51,546	56,482	38	43.9
16,488	55,728	62,643	39	46.5
16,014	22,135	22,368	83	37.0
74,140	68,829	105,930	50	42.6

以上）規模と面積シェア予測

予測値	予測値	計算値	計算値	計算値
稲1位以外の農業経営体の田の面積（2025年）⑥	稲1位・5ha未満の農業経営体（家族経営）の田の面積（2025年）⑦	水田作担い手経営の管理が期待される田の面積⑧=④+⑤−⑥−⑦	水田作担い手経営の平均規模⑨=⑧／③	水田作担い手経営の面積割合（%）
（ha）	（ha）	（ha）	（ha）	（%）
64,656	122,204	345,744	22	64.9
49,206	85,992	144,257	22	51.6
10,751	71,184	169,091	19	67.4
8,765	12,763	22,343	27	50.9
17,011	26,655	71,325	34	62.0
20,722	42,648	65,330	24	50.8
16,518	46,762	71,578	26	53.1
16,107	18,904	25,506	40	42.1
74,534	53,651	120,714	30	48.5

260

表 11-5 2010 年新設された集落営農と
推定される経営体の動向

(単位：経営体，%)

地域	2010 年時点 経営体数	2015 年継続 経営体数	残存率
北海道	2	0	0.0
東北	658	515	78.3
関東	78	60	76.9
北陸	154	137	89.0
東山	38	26	68.4
東海	28	22	78.6
近畿	5	5	100.0
中国	26	19	73.1
四国	26	19	73.1
九州	509	443	87.0
全国	1,524	1,246	81.8

注：2010 年，2015 年農林業センサス調査表情報を基に独自集計（集計されてい
るのは 2010 年新設の販売金額 1 位稲かつ田の経営耕地面積 20ha 以上の組
織経営体）

ることにより 2005 年－ 2010 年－ 2015 年のパネルデータを作成することが可
能である．「2. 経営体数予測」，「3. 担い手経営耕地規模計算」で水田農業担
い手の今後についてマルコフモデルを用いた具体的な数値を示した．マルコフ
モデルでは 2 時点のデータでの予測モデルになるが，予測に利用していないデー
タも含めた 3 時点のデータから水田農業担い手の動向を考察したい．ただし，
マルコフモデルのような分析モデルは確立されていない．ここではこれまでに
示した予測結果について，より構造変動を明確にイメージ可能となるようなア
プローチを試みた．

(1) 大規模集落営農の動向

2005 年から 2010 年にかけて，大量の大規模経営が新設された．これらの多
くは集落営農とみられる．これらの経営体が 2010 年から 2015 年にかけて存続
しているか解散したかの推計を試みた（表 11-5）．この推計を行った目的は新
設された大規模経営の動向を見ると同時に予測値算出の精度を確認するためで
もある．

すなわち 2010 年に急増した集落営農のうち問題となるのは，いわゆる「枝

番集落営農」と言われる形式上の集落営農である．名目上大規模経営となっているが，実際は既存の中小規模の農業経営体の集まりの経営体である．形式上の大規模経営が成立しただけではなく，集落営農の構成員となった農業経営体は形式上離農扱いになる．もし新設された大規模経営体が短期間で解散ということになると，大規模経営の離農と新設の小規模経営が急増するという形で統計数値に表れることになる．そうなると，新設の小規模経営が急増した地域では，大規模経営の増加傾向が止まる，あるいは過大規模の経営が縮小する方向に進むという予測値になる可能性が出てくる．

　農林業センサスで「集落営農」とわかる指標は示されてない．従って形式的な集落営農（いわゆる枝番集落営農）なのか，実質的な大規模経営かの区別はより困難である．そこで形式的な集落営農を農林業センサスで得られる数値からの抽出を検討した．まず急速に設立された集落営農であることから 2010 年の構造動態マスタで新設経営（2005 年 2 月から 2010 年 1 月の間に新設された経営体）を候補とした．この中から①経営耕地面積 20ha 以上（一定の面積規模），②販売金額 1 位水稲・陸稲（水田農業），③家族経営ではない（組織経営として出発），④法人経営ではない（法人化のためには多くの手間が必要であり，組織としての要件を整える必要がある．このため非法人で立ち上げられる）の 4 条件の経営体を抽出し，抽出された経営体が 2015 年までに継続しているか否かを分類した．

　表 11-5 を見ると，2010 年までに新設された多くの農業経営体は残存している（全国平均で 8 割強）．形式的な集落営農として設立された場合でも 1 度設立された大規模経営は，持続し続けていると判断できる．予測値の算出にも悪影響を及ぼさないと判断できる．

　集落営農の把握については農林業センサス実施に際して担当者も苦慮していると聞いている．今後の調査法の発展に期待したい．

(2)　高齢経営主の離農状況

　経営主が高齢で，後継者が不在の農業経営では急速に離農が進んでいるという認識は持たれている．農林業センサスデータでどの程度離農するかについての把握を行った．

表 11-6 経営主 75 歳以上小規模経営の
離農状況

（単位：経営体，％）

	2005-10 年	2010-15 年	2005-15 年
期首経営体数計	49,556	34,294	49,556
存続	34,294	21,295	21,295
離農	15,262	12,999	28,261
離農比率	30.8	37.9	57.0

注：2005 年時点で，都府県，経営主 75 歳以上，同居後継者なし，田の経営耕地
　　面積 1ha 未満，販売金額 1 位稲の経営体の存続状況

　高齢を何歳以上とするかについては，意見の分かれるところであるが，「後期高齢者」とされている 75 歳以上とした．2005 年段階で販売金額 1 位稲，経営主 75 歳以上，同居後継者なし，田の経営耕地面積 1ha 未満の経営体が，2010 年，2015 年にかけてどの程度離農していったかを示したのが表 11-6 である．

　「経営主 75 歳以上で同居後継者無し」と回答した経営体でも 5 年間で離農したのは 31％である．次の 5 年間では離農が加速し，存続した経営体の 38％が離農する．しかし，別の視点で見ると経営主 75 歳以上で同居後継者無しの経営でも 10 年後 4 割強の経営体が存続しているということもできる．2005 年時点で「同居後継者無し」と回答した経営体でも，2010 年，2015 年になると後継者が存在する，75 歳未満の経営主（後継者が経営を継承）になっているというケースも存在している．予測を行う際，農林業センサスデータを利用する限り単純に「後継者のいない経営主が高齢の経営体が数年の内に離農する」という前提がおけないということである．「2．経営体数予測」での予測値は，これらの実態も 2 時点間の確率としてモデルに取り込んだ予測値となっている．

(3)　大規模経営の展開

　近年，急速に大規模経営が増加しているが，これらの経営がどのように展開してきたかを見ることが可能である．大規模水田経営を「販売金額 1 位稲，田の経営耕地面積 100ha 以上の経営体」と定義した．この定義に当てはまる経営体は，2015 年段階で 255 経営体（都府県）存在する．その半数は 2005 年から 2010 年にかけて新設された経営体である．2010 年から 2015 年にかけて新

第 11 章　マルコフモデルによる農業経営の将来像　　　263

表 11-7　大規模経営の進展

(単位：経営体, %)

	単純合計		非法人組織経営を除く	
	経営体数	比率	経営体数	比率
2005 年から存続	83	32.5	83	56.5
2005 年から 2010 年に新設	127	49.8	32	21.8
2010 年から 2015 年に新設	45	17.6	32	21.8
2005 年計	255	100.0	147	100.0

注：1) 2015 年時点で, 都府県, 田の経営耕地面積 100ha 以上, 販売金額 1 位稲の経営体の状況.
　　2) 2010 年までに新設のうちの 95, 2015 年までに新設のうちの 13 経営体は法人ではない組織経営で, 形式的な集落営農と考えられる.

設された経営体も 17％あり, 2005 年以前から存在している経営体が順次規模拡大したケースは約 3 割である（表 11-7 左側の「単純合計」の欄).

　しかしこの集計には問題がある. 3 節(1)でも指摘したように 2005 年から 2010 年にかけて多くの集落営農が設立された. これらの集落営農のうち多くは大規模経営の実態はなく, 中小規模の経営体の集合というケースになっている. これらの経営体を特定するのは不可能であるが, 新設の組織経営で法人経営ではない経営体はその可能性が高いと判断した. これらを見かけ上の大規模経営体と見なして集計を行った（表 11-7「非法人組織経営を除く」の欄). 2005-10 年で 95 経営体, 2010-15 年で 13 経営体がこの定義に当てはまったため, これらを差し引いて集計した. この結果 2015 年時点で 100ha 以上の大規模水田経営は 147 経営体に絞られたため, 2005 年以前から存在している経営体が順次規模拡大したケースの比率は 56％となった. すなわちこれからの水田農業の担い手として新たに設立された組織経営の比重が急速に大きくなっているが, まだ半数以上を占める既存経営体の規模拡大が中心であることが確認できる.

　集計から除外した 2010 年新設の非法人組織経営についても表 11-7 に示したように継続している比率が高い. 設立当初は大規模経営の実態がない集落営農であったとしても, その後実態ある大規模経営に展開する可能性はあるが, これについては今後の動向を見極める必要がある.

　ここまでの分析で「2. 経営体数予測」での予測値算出に際して経営形態の

表 11-8　田の経営耕地面積別経営形態
（2015 年・都府県・稲 1 位）

（単位：経営体）

経営形態		経営体数				
経営主体	法人化	10～20ha	20～30ha	30～50ha	50～100ha	100ha 以上
家族経営	非法人	8,665	1,666	622	122	12
	農事組合法人	6	4	4		1
	会社	49	49	40	11	2
組織経営	非法人	206	131	111	46	2
	農事組合法人	791	685	673	338	74
	会社	423	297	377	240	61
	その他	29	23	20	23	6
合計		10,169	2,855	1,847	780	158

注：新設の非法人組織経営は除く．

細かい分類までは行っていない．また，「3.　担い手経営耕地規模計算」において担い手に応じた経営耕地面積について細かい分類を行っていない．そこで，規模拡大に伴う経営形態の変化について検討した．

　表 11-8 は田の経営耕地面積別経営形態を示したものである．今後の展開の可能性が考えられる 10ha 以上層を経営形態別に分類した．ここからわかるように 30ha までは法人化していない家族経営が大半を占める．30ha 以上になると組織経営が半数以上となり，さらに 50ha 以上になると会社経営の比重が高くなる．規模拡大の過程において，30ha 程度までは家族経営を維持したままでの規模拡大が想定されるが，30ha を超えると会社形態（主に株式会社）への移行が進むと考えられる．なお経営体数としては農事組合法人が多くなっているが，2015 年時点で 10ha 以上の経営で規模拡大に伴い非法人家族経営から農事組合法人に変更されるケースは，株式会社へ変更する経営体に比べて極めて少ないと考えられる．

第 11 章　マルコフモデルによる農業経営の将来像　　265

補論　マルコフモデルの妥当性

　本論でマルコフモデルによる予測値の算出を行ったが，必ずしもなじみのある手法とは言えない．そこでモデルの概要について説明を行い，この手法の利用の妥当性についても言及する．

　具体的には 2010 年農林業センサスの数値から 2015 年の予測を行い，2015年の結果と比較することにより，マルコフモデルの予測がどの程度有効かについて検討を行った．この上で，担い手動向予測と離農による農地供給予測から2020 年時点の担い手の経営耕地規模の予測値を算出した．その上で，マルコフモデルと構造動態統計の利用可能性に言及する．

1.　モデルとデータ

(1)　マルコフモデルについて

　分析モデルとして主にマルコフモデルを用いる．マルコフ過程とは時間の経過とともに，一定の確率的な法則に従って変化するような事象を，確率変数の数列で表現し，今期の状態が前期の状態のみに依存して決まるという前提で将来を予測する方法をいう．以下のような基本式で示される．

$$\pi(n) = \pi(n-1)P$$
$$= \pi(0)P^n$$

$\pi(n)$ は n 期における状態確率分布，P は推移確率行列を表す．

(2)　農林業センサス調査票データについて

　データは農林業センサスの調査票データを用いる．農林業センサスは日本の全農業経営体を調査対象としている．2015 年では約 130 万の農業経営体のデータが蓄積されている．特に日本の農林業センサスには構造動態統計という他国には見られない特徴ある集計が行われている．また，2009 年の統計法改正

266

により統計データ個票の利用が促進されるようになった．

(3) 構造動態統計と構造動態マスタ

「構造動態統計」とは 2015 年農林業センサスで言えば，「第 6 巻 農林業経営体調査報告書−構造動態編−」に示された統計データである．この統計は日本独自と言ってもいい統計で前回調査の経営体と最新調査の経営体を接続し，パネルデータ化したデータである．毎回の調査票には各経営体に経営体番号が割り振られる．この番号は毎回同じではない．接続されている場合，どの番号とどの番号が対応しているかがデータとなる．接続区分は継続，と継続ではない場合が 2 区分（2005 年農業センサスまでは新設，離農が用いられたが，2010 年以降は「○○年が農業経営体以外」と表記される）の 3 区分で，このほかに接続不可（2005 年までは「不明農家」とされた）という区分がある．2015 年農林業センサスを例にとると，2015 年段階で農業経営体であることが確認されながらも 2010 年時点の状態が確認できない経営体である．

細かい点ではあるが，2010 年農林業センサスでは 2005 年農業経営体で 2010 年に接続不可とされた経営体も 2010 年に農業経営体以外（離農相当）として集計し，公表されている．これに対して 2015 年農林業センサスでは 2010 年農業経営体で 2015 年に接続不可とされた経営体は，接続不可と区別されて公表されている．離農相当にあたる部分は 2010 年の集計に合わせた．

この逆で新設相当の集計は 2010 年，2015 年ともに農業経営体以外と接続不可を区分して集計を行っている．区分はしているが，集計の際の定義が大幅に異なっている．また，2010 年は接続作業に問題点のある地域も見られた．このため，接続不可は集計から除外し推移確率行列を計算した．

2015 年農林業センサスの場合，新設（2010 年が農業経営体以外）は 2015 年の番号だけで 2010 年は空欄，離農（2015 年が農業経営体以外）は 2010 年の番号だけで 2015 年は空欄となる．表 11-9 にそのイメージを示す．接続区分が継続の経営体は 2015 年と 2010 年に対応した番号がある．新設の経営体は 2010 年には存在していなかったので 2015 年にのみ番号がつけられている．離農の場合は 2015 年には存在しないので 2010 年のみに番号がつけられている．

注意点として，「新設」といってもサラリーマンなどの新規参入ばかりでは

第 11 章　マルコフモデルによる農業経営の将来像　　　267

表 11-9　構造動態マスタのイメージ

接続区分	経営体番号	
	2010 年	2005 年
継続	0822001001000080	0822001001000030
継続	0822001001000090	0822001001000040
新設	0822002001000340	
離農		0820201003020020

なく，「農業経営体」の定義に合わず「自給的農家」や「土地持ち非農家」と
されていた農家が「農業経営体」の定義に合ったために「新設」とされる場合
もある．例えば経営耕地面積 29a で販売金額 49 万円では「自給的農家」と定
義されるが，経営耕地面積が 30a になると「農業経営体」と定義される．つま
り実質は大きな違いはなくても，前回の調査時点で 29a であった経営体が 30a
になれば「新設」扱いになる．「離農」も同様で「農業経営体」の定義を最低
限満たしていたが，条件を満たさなくなって「自給的農家」や「土地持ち非農
家」とされたために「離農」にカウントされた場合もある．このため公表され
る統計では 2010 年以降「新設」，「離農」とはせず，2015 年農林業センサスで，
新設の場合は「平成 22 年が農業経営体以外」，離農の場合は「平成 27 年が農
業経営体以外」とされるようになった．この構造動態統計作成の基礎となって
いるのが，「構造動態マスタ」である．このデータはまさにマルコフモデルを
適用するために作成されたと言ってもよいデータである．

　神谷（1962）はマルコフモデルの有用性について紹介．例としては農業部門
の労働力予測を示した．このあと 1965 年農業センサスから構造動態統計（当
初の名称は「農家調査抽出集計報告書」）が開始された．1990 年農林業センサ
スまでは 20 分の 1 サンプルであったが，1995 年農業センサスより全数が接続
されることとなり，分析の精度を向上させることになった．一方，すべての経
営体の接続は困難であり，継続，新設，離農の他に「接続不可」に分類される
経営体も多数存在することとなった．

2. 分析方法について

(1) 指標の組み合わせ

　農林業センサス第6巻にある程度の集計表はあるが，経営耕地規模別など指標は1つで示されている．また，階級区分値も任意に設定できない．経営体数増減の予測値の精度を上げる工夫として複数の指標（経営耕地面積別に加えて，経営主年齢別など）を組み合わせた．

　表11-10は経営耕地規模別，経営主年齢別，同居後継ぎの有無別の離農率である．常識的に考えられるように面積規模が小さく，経営主が高齢の経営体の離農率が高く，同じ条件であれば後継ぎのいない経営の離農率が高くなった．

　このように，単に経営耕地規模別ではなく，経営主年齢や保有労働力を組み合わせる，また母集団を土地利用型経営に限って計算することが考えられる．もっとも重回帰で変数を増やせばいい結果が得られるわけではないと同様，この場合も指標を増やすとあてはまりのいい予測値が得られるわけではない．推移確率行列が大きくなり，1つ1つの要素の算出基礎となる数値が小さくなるため，推移確率行列の各要素が実態とかなり異なる数値となるため考えられる．今回は経営耕地面積と経営種年齢の組み合わせで予測値の計算を行った．

表 11-10 2005年から5年間に離農した比率（都府県）

（単位：％）

経営主年齢 ＼ 経営耕地面積	0.5ha 未満	0.5〜1ha	1〜10ha	10ha 以上
同居後継者あり				
65 歳未満	28.4	16.7	10.4	4.7
65〜70 歳	30.3	17.2	11.2	7.8
70〜75 歳	34.9	21.0	14.3	8.5
75 歳以上	38.7	24.1	16.7	8.6
同居後継者なし				
65 歳未満	32.2	19.9	12.9	6.8
65〜70 歳	34.7	20.8	14.5	11.7
70〜75 歳	43.2	27.6	20.4	17.6
75 歳以上	55.1	39.3	30.4	22.0

(2) データの問題点1：接続不可

データの問題点として「接続不可」というデータがある．要するにパネル化できないデータである．「接続不可」には2種類あり，1つは2015年センサスで言えば，2015年に経営体として存在するが2010年の状況がどうなっているのかわからない場合．つまり新設という確認ができず2010年の状況がわからない場合である．これに対して2010年は存在し，離農が確認できないにもかかわらず2015年の存在がわからない場合がある．これらの「接続不可」のデータは除外して推移確率行列を作ることになる．この「接続不可」のデータが

表11-11　構造動態統計の接続不可割合

(単位：経営体，%)

都道府県	2010年 接続不可経営体数	割合	2015年 接続不可経営体数	割合	都道府県	2010年 接続不可経営体数	割合	2015年 接続不可経営体数	割合
北海道	10,776	23.1	1,854	4.6	滋賀県	971	3.8	317	1.6
青森県	1,777	4.0	984	2.7	京都府	1,202	5.5	566	3.1
岩手県	1,892	3.3	869	1.8	大阪府	599	5.6	232	2.5
宮城県	1,382	2.7	662	1.7	兵庫県	3,300	5.7	873	1.8
秋田県	925	1.9	867	2.2	奈良県	799	5.2	201	1.5
山形県	864	2.1	495	1.5	和歌山県	920	3.8	348	1.6
福島県	1,706	2.4	730	1.4	鳥取県	926	4.2	438	2.4
茨城県	1,568	2.2	613	1.1	島根県	1,077	4.3	373	1.9
栃木県	954	2.0	404	1.0	岡山県	2,190	4.9	687	1.9
群馬県	11,254	34.6	388	1.5	広島県	1,586	4.4	718	2.4
埼玉県	1,331	2.9	466	1.2	山口県	1,153	4.2	470	2.2
千葉県	1,355	2.4	1,641	3.6	徳島県	968	4.4	227	1.2
東京都	587	7.9	217	3.6	香川県	1,073	4.2	257	1.2
神奈川県	554	3.5	285	2.1	愛媛県	1,771	5.3	697	2.6
新潟県	1,673	2.5	668	1.2	高知県	1,040	5.5	383	2.4
富山県	845	3.7	264	1.5	福岡県	22,888	53.1	604	1.7
石川県	691	3.9	358	2.6	佐賀県	615	3.1	281	1.7
福井県	943	4.7	313	2.0	長崎県	1,003	3.9	393	1.8
山梨県	943	4.4	281	1.6	熊本県	1,791	3.7	842	2.0
長野県	3,317	5.2	994	1.8	大分県	1,509	4.9	901	3.5
岐阜県	2,051	5.5	414	1.4	宮崎県	1,777	5.6	1,098	4.2
静岡県	1,197	3.0	751	2.3	鹿児島県	3,403	7.2	2,615	6.7
愛知県	2,222	4.9	782	2.2	沖縄県	1,511	9.6	2,759	18.4
三重県	1,343	4.0	405	1.5	全国	106,222	6.3	31,985	2.3

注：1) 2010年，2015年農林業センサス第6巻構造動態統計報告書より作成
　　2) 接続不可割合＝接続不可経営体数÷総経営体数×100

270

偏りないものか，きわめて少ない量で誤差と言える範囲であれば，推移確率行列も偏りなく計算できる．しかし，都道府県によってはかなりの経営体数が接続不可でしかも偏りが確認される場合もあった．表 11-11 に 2010 年と 2015 年の農林業センサスの都道府県別接続不可比率を示す．2015 年農林業センサスでは接続不可比率が極端に高い都道府県は存在しないが，2010 年農林業センサスでは，北海道，群馬県，福岡県の 3 道県がかなり高い値となっている．

(3)　データの問題点 2：集落営農

　2 つめの問題は集落営農の急増がある．これは 2005-10 年時点の特異な動きと考えられる．形式的な大規模経営という形で農林業センサスに把握されているケースが数多くある．この集落営農に吸収される形で多くの離農経営体（形式的であることは同様）が発生した．2010 年農林業センサスが公表された時点では佐賀県等で多く見られたが，実際は小規模の田を経営していて経営に大きな変化のない経営体が多数，集落営農の構成員になることにより，形式的には離農し，大規模な経営体が出現したように集計された．この特異な時期の傾向を引き延ばすと実勢から外れた予測値を計算してしまうことになる．2 時点間のデータのみを使うマルコフモデルの欠点が表面化する事例と言える．表

表 11-12　2010 年・経営耕地面積 10ha 以上の
組織経営体数

（単位：経営体，％）

都道府県	2010 年・10ha 以上の組織経営体				
	総数	内 2005 年から 2010 年に新設			
		非法人組織経営		法人組織経営	
		経営体数	比率	経営体数	比率
佐賀県	480	401	83.5	5	1.0
山形県	298	188	63.1	32	10.7
秋田県	442	254	57.5	75	17.0
福岡県	295	97	32.9	27	9.2
熊本県	279	140	50.2	21	7.5
栃木県	176	78	44.3	7	4.0
香川県	63	28	44.4	5	7.9
新潟県	561	36	6.4	183	32.6
都府県	7,813	2,223	29.3	969	12.4

第 11 章　マルコフモデルによる農業経営の将来像　　271

11-12 に示した県が特に大きな動きのあった県である.

(4)　2015 年農林業センサスデータの状況

　2015 年農林業センサスでは，突出して接続不可比率の高い都道府県はなかったので，2010 年特異の問題と言ってもいい．大規模集落営農の新設も一段落しており，2015 年農林業センサスを利用する際には大きな問題とならないようにも見える．2015 年農林業センサスのデータを使う場合は，より適切な予測値の算出が可能と考えられる.

3.　計算結果と評価

　上述のように 2010 年のデータは問題が多い．しかし，問題のあるデータは特定の都道府県に限られており，問題のある都道府県については注意しながら，この 2010 年のデータを用いて予測した 2015 年の予測値と 2015 年に公表された実際値を都府県で比較した．ここで北海道を除外したのは，経営耕地規模別の経営体数の分布が都府県と全く異なり，経営耕地面積を指標とした予測に際して経営耕地規模階級が都府県と異なるため一律の比較が困難と考えたためである．また，北海道は接続不可比率が高いため予測値と公表値の乖離が大きくなることも予想された.

　経営体数全体での乖離率は概ね 5 % 以内（約半分の 24 都府県では 2 % 以内）であった（表 11-13）．乖離が大きかったのは，2011 年の東日本大震災で原発事故のあった福島県（15 %）と接続不可の多かった群馬県（−32 %），福岡県（−56 %），集落営農の成立が多かった佐賀県（30 %）である．すなわち特別な理由がない限り 5 % 以内の誤差での予測値が得られたことになる.

4.　マルコフモデル利用の可能性について

(1)　問題点の解決

　特に 2010 年農林業センサスのデータを直接用いると趨勢から乖離した予測値となる場合が多い．しかし，一定の工夫を行うと予測モデルとして乖離の少

表11-13 公表値と予測値の乖離

(単位：経営体，%)

	1〜5ha			10ha 以上			経営体数合計		
	公表値	予測値	乖離率	公表値	予測値	乖離率	公表値	予測値	乖離率
青森県	19,497	20,134	3.3	1,628	1,537	−5.6	35,914	36,672	2.1
岩手県	21,262	20,516	−3.5	1,644	1,506	−8.4	46,993	45,270	−3.7
宮城県	20,339	20,391	0.3	1,597	1,517	−5.0	38,872	39,154	0.7
秋田県	22,012	20,808	−5.5	2,151	2,280	6.0	38,957	37,971	−2.5
山形県	16,983	15,129	−10.9	1,393	1,322	−5.1	33,820	32,185	−4.8
福島県	26,438	32,175	21.7	946	979	3.5	53,157	61,304	15.3
茨城県	28,183	30,216	7.2	1,305	1,238	−5.1	57,989	58,851	1.5
栃木県	22,358	23,164	3.6	1,301	1,290	−0.8	40,473	40,826	0.9
群馬県	9,929	6,884	−30.7	508	417	−17.9	26,235	17,870	−31.9
埼玉県	15,870	16,302	2.7	395	380	−3.8	37,484	37,170	−0.8
千葉県	23,650	25,546	8.0	699	632	−9.6	44,985	46,598	3.6
東京都	1,082	1,178	8.9	7	3	−57.1	6,023	6,399	6.2
神奈川県	3,672	3,812	3.8	10	8	−20.0	13,809	13,713	−0.7
新潟県	30,011	29,776	−0.8	1,870	1,818	−2.8	56,114	54,491	−2.9
富山県	8,465	7,754	−8.4	952	976	2.5	17,759	15,902	−10.5
石川県	5,617	5,560	−1.0	550	574	4.4	13,636	13,295	−2.5
福井県	6,586	6,062	−8.0	623	545	−12.5	16,018	14,441	−9.8
山梨県	3,487	3,540	1.5	47	25	−46.8	17,970	17,997	0.2
長野県	15,390	14,274	−7.3	631	613	−2.9	53,808	50,580	−6.0
岐阜県	5,573	5,711	2.5	369	375	1.6	29,643	28,630	−3.4
静岡県	10,029	10,492	4.6	345	315	−8.7	33,143	32,981	−0.5
愛知県	10,131	10,540	4.0	435	456	4.8	36,074	36,480	1.1
三重県	9,265	9,906	6.9	515	510	−1.0	26,423	26,752	1.2
滋賀県	7,771	8,173	5.2	771	641	−16.9	20,188	19,651	−2.7
京都府	4,663	4,738	1.6	137	123	−10.2	18,016	17,892	−0.7
大阪府	1,164	1,279	9.9	8	0	−100.0	9,293	9,047	−2.6
兵庫県	12,261	12,518	2.1	420	337	−19.8	47,895	47,783	−0.2
奈良県	2,823	3,011	6.7	30	23	−23.3	13,291	13,052	−1.8
和歌山県	7,955	8,179	2.8	6	4	−33.3	21,496	21,216	−1.3
鳥取県	5,811	5,864	0.9	244	224	−8.2	18,381	18,190	−1.0
島根県	5,380	5,187	−3.6	304	300	−1.3	19,920	19,684	−1.2
岡山県	10,139	10,331	1.9	295	262	−11.2	36,801	36,575	−0.6
広島県	7,438	7,419	−0.3	351	329	−6.3	29,929	28,605	−4.4
山口県	6,660	6,805	2.2	313	276	−11.8	21,417	21,153	−1.2
徳島県	5,661	6,095	7.7	48	42	−12.5	18,513	18,617	0.6
香川県	4,070	3,924	−3.6	146	153	4.8	20,814	19,472	−6.4
愛媛県	9,406	9,716	3.3	132	113	−14.4	26,988	26,851	−0.5
高知県	4,622	4,913	6.3	76	38	−50.0	15,841	15,691	−0.9
福岡県	14,246	5,619	−60.6	802	410	−48.9	36,032	15,765	−56.2
佐賀県	6,532	3,503	−46.4	678	763	12.5	17,020	11,842	−30.4
長崎県	9,200	9,390	2.1	164	182	11.0	21,908	21,561	−1.6
熊本県	20,568	19,156	−6.9	687	697	1.5	41,482	39,365	−5.1
大分県	8,566	8,536	−0.4	350	316	−9.7	25,416	24,408	−4.0
宮崎県	11,112	11,659	4.9	437	378	−13.5	26,361	26,095	−1.0
鹿児島県	16,484	16,587	0.6	959	954	−0.5	39,222	37,240	−5.1
沖縄県	6,238	5,685	−8.9	220	204	−7.3	15,029	12,602	−16.1
都府県	524,599	518,157	−1.2	27,499	26,085	−5.1	1,336,552	1,287,889	−3.6

第 11 章　マルコフモデルによる農業経営の将来像　　　273

ない予測値が得られる.

　接続不可比率の高い都道府県と集落営農が多数設立された地域は除外して近隣の数県の集計で推移確率行列を作ることによりあてはまりのよいモデルの適用が可能と考えられる. 予測の精度は明確にできないが, 利用目的によっては有効と考えられる.

　この 2010 年のデータで顕在化した問題点について 2015 年のデータではあまり見られない傾向であり, 特段の補正は行わずに予測値の算出が可能と判断された.

(2)　市町村単位の予測

　市町村単位で構造動態マスタから推移確率行列を作ると少数の例外的な動きが予測値に反映される. このような場合でも, 何らかの方法で地域の推移確率行列が推計できれば予測値の計算は可能となる. 推移確率行列は計算する母集団の大きさにかかわらず, 行の合計が 1 となる. 従って, 県単位, 地域単位の推移確率行列を用いることにより市町村単位の予測値の算出も可能である.

　予測式 $\pi(n) = \pi(0)P^n$ の P について充分母集団の大きな地域のデータを用いて計算し, $\pi(0)$ については当該市町村の数値を用いて計算することにより安定した予測値の算出が可能となる.

　例として茨城県筑西市の予測値を示す. 筑西市は茨城県県西地域北部に位置する市における農業の位置付けが高い地域である. 推移確率行列(P)を筑西市のデータで作成した場合と, 茨城県のデータで作成した場合のデータで作成した場合とを比較する.

　表 11-14a が筑西市の推移確率行列で計算した予測値で, 表 11-14b が茨城県の推移確率行列で計算した予測値である. $\pi(0)$ は 2015 年の筑西市における階層別経営体数で表 11-14a, b とも同じ数値である. 経営体以外の欄は筑西市の総世帯数－総経営体数の数値が入っている. 予測値で a と b で 30ha 以上層の数値がだいぶ異なってくる. 筑西市の推移確率行列で計算した a の方が増加, 茨城県の推移確率行列で計算した b の方が減少している. これは主に表の太枠で囲んだ数値の違いによる. a では 30ha 以上にとどまる経営体が 0.829 とかなり高く, 10ha 未満に規模縮小する経営体が 0 である. これに対して b

表11-14a　筑西市の予測値計算（筑西市の推移確率行列で計算）

π(0)			P						π(1)	π(2)
	2015年		1ha未満	1～5ha	5～10ha	10～30ha	30ha以上	経営体以外	2020年	2025年
1ha未満	1,022	1ha未満	0.561	0.061	0.001	0.000	0.000	0.377	790	624
1～5ha	1,653	1～5ha	0.104	0.727	0.024	0.003	0.000	0.143	1,305	1,039
5～10ha	146	5～10ha	0.030	0.106	0.636	0.144	0.008	0.076	144	135
10～30ha	78	10～30ha	0.000	0.043	0.043	0.667	0.188	0.058	86	90
30ha以上	52	30ha以上	0.000	0.000	0.000	0.073	0.829	0.098	63	73
経営体以外	32,715	経営体以外	0.001	0.001	0.000	0.000	0.000	0.998		

表11-14b　筑西市の予測値計算（茨城県の推移確率行列で計算）

π(0)			P						π(1)	π(2)
	2015年		1ha未満	1～5ha	5～10ha	10～30ha	30ha以上	経営体以外	2020年	2025年
1ha未満	1,022	1ha未満	0.618	0.066	0.001	0.000	0.000	0.315	891	760
1～5ha	1,653	1～5ha	0.138	0.711	0.023	0.002	0.000	0.126	1,287	1,018
5～10ha	146	5～10ha	0.017	0.173	0.619	0.137	0.003	0.050	140	128
10～30ha	78	10～30ha	0.004	0.046	0.090	0.711	0.089	0.061	86	89
30ha以上	52	30ha以上	0.006	0.006	0.017	0.073	0.768	0.130	48	46
経営体以外	32,715	経営体以外	0.001	0.000	0.000	0.000	0.000	0.998		

では，30ha以上にとどまる経営体が0.765とやや低く，10ha未満に規模縮小する経営体が若干ではあるが存在する（0ではない）．筑西市のデータを用いると2010年から2015年にかけて30ha以上層の規模縮小が皆無という結果であったが，これは経営体数が少ないため偏った傾向の可能性が高いと考えられる．茨城県全体のデータから地域全体の傾向が把握できると考えられるので表11-14bの予測値の方が適切であると評価できる．

　なお農研機構・中央農業研究センターのホームページで，全国の市町村別に予測値を算出した結果が示されている[4]．

(3)　構造動態統計利用の可能性

　農林業センサス統計の中で，これまで構造動態統計の利用は限られたものであった．ここで示した可能性としては2点に整理される．第1にマルコフモデ

ルによる予測に用いることである．マルコフモデルでは因果関係をモデルに組み込むことは困難であるが，確率で変化を捉えることにより，予測する手法である．経営体数予測や離農予測に関して短期間であればある程度あてはまりのよい予測値を得ることが可能である．

第2にパネルデータの作成が容易に行える点である．単に大規模経営が増加した，経営体数が減少した，という情報だけではなく，規模拡大縮小の過程，経営形態の変化等をトレースすることにより地域農業の構造変化が把握可能となる．農業構造の変化を動態的にとらえることが可能であるといえる．構造動態マスタを2回分接続することにより，3時点間（例えば2005年－2010年－2015年）の接続が可能である．具体的には「4.　2005年，2010年，2015年のパネルデータ化」で示した内容が分析例である．

注

1) 推移確率行列のイメージについて簡単に説明をしておく．まず下表のような相関表を作成する．表の中で面積区分は，0.5ha未満，0.5～1ha，1～1.5ha，1.5～2ha，2～5ha，5～10ha，10～20ha，20～50ha，50ha以上，の9区分，年齢区分は，組織経営，65歳未満，65～70歳，70～75歳，75歳以上，の5区分とした．組織経営は経営主の年齢を調査しないために，別途区分した．表の太線枠の中は9×5の45区分になる．従って表の行列は実際には48行48列の行列となる．これらの要素には経営体数が入る．例えばAには2010年も2015年も組織経営であった経営体数が入る．Bには2010年1位水稲・陸稲以外の経営体で，2015年には販売農産物無しとなった経営体数が入る．1番右の列は離農相当になる．1番下の行は新設相当になる．1番右下の数値は農林業センサスデータからは数値は得られない．つまり，2010年農業経営体ではなく2015年も農業経営体ではない経営体である．ここに1に近い数値が入って

			2015年				
			1位水稲・陸稲の田面積区分		1位水稲・陸稲以外	販売農産物無し	経営体以外
			組織経営	年齢区分			
2010年	1位水稲・陸稲の田面積区分	組織経営	A				
		年齢区分					
	1位水稲・陸稲以外					B	
	販売農産物無し						
	経営体以外						

いると，経営体数の予測値算出に大きな差はでてこない．ここには総世帯数から農業経営体の合計を引いた数値を入れる．

　各行の合計が2010年の各階層の総経営体数となる．各行ごとに各要素（経営体数）を各行の合計の数値で割った値を推移確率行列の各要素に入れる．各要素の中には0以上1未満の数値が入る．これで推移確率行列が完成する．

2) 神谷（1980：8-9）に「混迷する農業から脱出し，新路線を探るための試算表」として示されている．ここでは，経営耕地面積規模を2ha未満と2ha以上に分け，その中を専業，一兼，二兼の3つに分類し合わせて6分類で予測値を計算している．

3) 例えば，経営耕地面積の定義は1975年時点では東日本10a以上，西日本5a以上が農家とされていたが，1990年より全国一律10a以上とされた．また，2005年より調査対象となった農業経営体は経営耕地面積が30a以上とされた．結果として各年次の都府県の農家数，経営体数は以下のように集計されている．

（単位：戸，経営体）

	1980年	1985年	1990年	1995年	2000年	2005年	2010年	2015年
総農家	4,541,740	4,266,698	3,739,295	3,362,563	3,050,374	2,789,058	2,476,745	2,110,649
内　販売農家			2,883,823	2,577,815	2,274,298	1,911,434	1,587,156	1,291,505
内　自給的農家			855,472	784,748	776,076	877,624	889,589	819,144
農業経営体						1,954,764	1,674,975	1,359,985

出所：各年次の農業センサス，農林業センサスより作成．

　なお農家，農業経営体の定義は経営耕地面積以外にも細かく定義されているので，詳しくは農林水産省のサイトを参照されたい．

4) 2010年農林業センサスの結果を基に計算した予測値は，次のアドレスで公表している．http://fmrp.dc.affrc.go.jp/publish/

5) 表11-3，5，6，7，8，10，12については2010年世界農林業センサス，2015年農林業センサス調査表情報を基に独自集計を行った．

参考文献

神谷慶治（1962）「第7章　職業移動マトリックス－マルコフモデルについて－」神谷慶治・沢村東平監修『新しい農業分析』東京大学出版会．

神谷慶治（1980）『日本農業の進路をさぐる』筑波書房，8-9ページ．

第12章
水田農業のあり方をめぐる諸問題

八 木 宏 典

1. バブル崩壊後の地方労働市場と水田農業の担い手をめぐって

　1989年のバブル崩壊以降，わが国経済は停滞期に入るが，近年における国際化の進展なども重なって，地方の労働市場にも大きな変化が生じている．1990年から2014年までおよそ20数年間の製造業の事業所数と従業員数の変化を産業（中分類）別にみたものが表12-1である．まず，製造業全体でみると，従業員数4人以上の事業所の数は1990年の43万6千事業所から，2014年の20万2千事業所へ半分以下にまで減少しており，従業員数も1,117万人から740万人へ3分の2に減少している．失われた20年と言われるバブル崩壊後のわずか4半世紀の短い間に，わが国の製造業の事業所数も従業員数も大きく減少していることがわかる．しかも，これを産業別にみると，繊維工業（衣類，縫製を含む），革製品製造業，電気機械器具製造業，木材・木製品製造業，家具・装備品製造業，窯業・土石製品製造業など，伝統的な地場産業や農村工業化などで地方に進出した製造業などの減少が大きいことがわかる．これらの6産業を合わせると，事業所数は16万3千事業所から4万5千事業所へ11万8千事業所が廃止され，従業員数では400万人から120万人へ実に290万人の雇用が失われている．とくに繊維工業や電器機械器具製造業では，この間に4分の1へ大幅な従業員数の減少が進んだ．こうした要因には，下請け注文の減少などによる中小企業の廃業だけでなく，大企業でも多くの工場が安い賃金を求めて海外に転出したり，工場を閉鎖して海外からの製品・素材調達に切り替えたことなどがある．こうした動きが都市部だけでなく，地方都市や農村部での就業の場の縮小につながっている．

表 12-1　産業別に見た事業所および従業員数の変化
（1990-2014 年）

（単位：事業所，人）

製造業（中産業分類）	事業所数			従業者数		
	1990 A	2014 B	指数 B/A	1990 C	2014 D	指数 D/C
製　造　業　合　計	435,997	202,410	0.46	11,172,829	7,403,269	0.66
繊維工業	62,501	13,430	0.21	1,108,359	268,135	0.24
なめし革・同製品・毛皮製造業	5,795	1,394	0.24	78,656	22,380	0.28
電気機械器具製造業	36,116	8,953	0.25	1,939,729	481,936	0.25
木材・木製品製造業（家具を除く）	20,319	5,547	0.27	252,763	91,497	0.36
家具・装備品製造業	17,093	5,550	0.32	231,350	96,824	0.42
印刷・同関連業	29,642	11,664	0.39	554,155	268,880	0.49
生産用機械器具製造業	46,672	19,083	0.41	1,199,798	550,642	0.46
ゴム製品製造業	5,816	2,525	0.43	172,284	110,987	0.64
窯業・土石製品製造業	20,753	9,974	0.48	459,040	237,733	0.52
パルプ・紙・紙加工品製造業	11,405	5,969	0.52	283,631	181,868	0.64
金属製品製造業	51,901	26,797	0.52	846,915	576,707	0.68
業務用機械器具製造業	7,193	4,159	0.58	250,625	204,404	0.82
食料品製造業	45,091	27,115	0.60	1,090,403	1,112,433	1.02
非鉄金属製造業	4,283	2,594	0.61	169,800	138,587	0.82
プラスチック製品製造業（別掲を除く）	20,078	12,936	0.64	435,523	405,938	0.93
鉄鋼業	6,477	4,222	0.65	337,811	214,988	0.64
輸送用機械器具製造業	15,539	10,415	0.67	942,795	980,505	1.04
飲料・たばこ・飼料製造業	5,685	4,128	0.73	131,701	99,451	0.76
化学工業	5,352	4,669	0.87	401,076	343,416	0.86
石油製品・石炭製品製造業	1,074	931	0.87	33,247	24,830	0.75
はん用機械器具製造業		7,141			308,841	
電子部品・デバイス・電子回路製造業		4,267			382,110	
情報通信機械器具製造業		1,501			151,851	

出所：経済産業省「工業統計表（産業編）」1990 年および 2014 年版による．
注：1）産業別分類は中産業分類である．
　　2）事業所数の減少が激しい順に産業（中産業分類）を並べ替えている．
　　3）下の 3 つの産業区分は 2007 年に新設されたものである．

　経済産業省「工場立地動向調査」によって，全国における年間工場立地件数および立地面積の推移をみたものが図 12-1 である．工場立地件数は 1980 年代後半の年間 2,500 件から，経済成長とともに増加して 1990 年には 4,000 件に達している．わが国の経済成長とともに，80 年代から 90 年代にかけて工場の新設も全国で旺盛に行われていたことがわかる．工場新設は新たな土地の取得を

第 12 章　水田農業のあり方をめぐる諸問題　　279

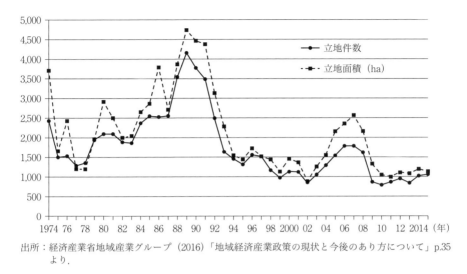

出所：経済産業省地域産業グループ（2016）「地域経済産業政策の現状と今後のあり方について」p.35 より．

図 12-1　全国における工場立地件数および立地面積の推移

伴うことから，この時代は土地価格の安い地方への進出が旺盛に行われていた．しかし，バブル崩壊直後の 1993 年になると，工場立地件数は 1,500 件台にまで急落し，2002 年になると 1,000 件を割っている．2007 年頃に一時回復するものの，リーマンショック（2008 年 9 月）後は再び減少して，近年は 1,000 件前後で推移している．わが国経済がバブル後の停滞期に入るとともに，国内需要の低迷を背景に工場新設の動きも鈍化しており，先の 6 つの産業などでは，廃業のほかに工場の海外移転や製品・素材の海外調達が常態化している．こうした動きが，地方部や農村部における就業機会にも大きな影響をもたらしているのである．

　従業員 4 人以上の製造業の事業所数と従業員数の変化を都道府県別にみたものが表 12-2 である．これによれば 1990 年から 2014 年までに事業所数が半分以下になった都道府県は，東京，神奈川，大阪，京都などの都市部のほかに，南東北，関東，北陸，東海，山陽，山陰などの諸県にもおよんでいることがわかる．また，従業員数も南東北，関東，山陰，四国の諸県などで 6 割台にまで減少している．

280

さらに，バブル崩壊後の公共事業予算等の大幅削減が，農村部においては土木事業，建設業の雇用の縮小につながり，平成の市町村の大合併や JA の大型合併なども，農村地域における安定した兼業の場の条件悪化や縮小につながっ

表 12-2　バブル崩壊後の事業所数・従業員数の減少
（従業員 4 人以上全産業，都道府県別）

都道府県	事業所数 2014/1990	従業者数 2014/1990	都道府県	事業所数 2014/1990	従業者数 2014/1990	都道府県	事業所数 2014/1990	従業者数 2014/1990
全国平均	0.46	0.66	富山	0.58	0.78	島根	0.45	0.56
北海道	0.55	0.69	石川	0.44	0.76	岡山	0.49	0.69
			福井	0.46	0.68	広島	0.54	0.75
青森	0.54	0.67	山梨	0.47	0.75	山口	0.52	0.70
岩手	0.55	0.67	長野	0.50	0.67			
宮城	0.51	0.66	岐阜	0.45	0.74	徳島	0.40	0.64
秋田	0.49	0.52	静岡	0.50	0.74	香川	0.47	0.72
山形	0.51	0.64	愛知	0.47	0.83	愛媛	0.46	0.60
福島	0.48	0.63	三重	0.48	0.83	高知	0.50	0.60
茨城	0.55	0.81	滋賀	0.60	0.93	福岡	0.56	0.72
栃木	0.49	0.75	京都	0.42	0.61	佐賀	0.60	0.82
群馬	0.50	0.75	大阪	0.39	0.51	長崎	0.56	0.68
埼玉	0.46	0.64	兵庫	0.47	0.70	熊本	0.56	0.76
千葉	0.51	0.66	奈良	0.46	0.68	大分	0.60	0.82
東京	0.28	0.34	和歌山	0.45	0.67	宮崎	0.60	0.72
神奈川	0.46	0.50				鹿児島	0.61	0.72
新潟	0.51	0.66	鳥取	0.41	0.52	沖縄	0.81	0.97

出所：表 12-1 に同じ．
注：数値は事業所数，従業者数ともに，2014 年の数を 1990 年の数で割った値である．

表 12-3　専業・兼業別農家数の推移（1960-2015 年）

専業・兼業別	1960 S35	1965 S40	1970 S45	1975 S50	1980 S55	1985 S60	1990 H2	1995 H7	2000 H12
専　　　　業	2,078	1,219	831	616	623	498	473	428	426
うち男子生産年齢人口のいる農家				448	427	366	318	240	200
高齢専業農家					168	196	133	155	188	227
第 1 種兼業	2,036	2,081	1,814	1,259	1,002	759	521	498	350
第 2 種兼業	1,942	2,365	2,743	3,078	3,036	2,058	1,977	1,725	1,561
合　　計	6,057	5,665	5,342	4,953	4,661	3,315	2,971	2,651	2,337

出所：農林水産省「農林業センサス」の各年次による．
注：1985 年からは販売農家のみの数値である．

第 12 章　水田農業のあり方をめぐる諸問題　　　　281

ている.

　こうした地方における就業の場の縮小なども要因となって，これまでわが国水田農業の相当部分を担ってきた兼業農家の減少が大きく進んでいる（表 12-3）. 1960 年代から 80 年代にかけた時期にも農家数は 606 万戸から 466 万戸へ大きく減少したが，その多くは専業農家の減少であった. 専業農家はこの間に 208 万戸から 62 万戸へ実に 3 分の 1 へと減少した. 一方，兼業農家の方は，第 1 種兼業農家は半減しているものの，第 2 種兼業農家はむしろ 194 万戸から 304 万戸へ大きく増加している. 80 年代までは農村工業化などを背景に在宅通勤する第 2 種兼業農家の数はむしろ増加していたのである. この結果，第 1 種と第 2 種の兼業農家の合計数は，60 年代から 80 年代にかけては 400 万戸の大台を維持し続けて来た. しかし，1990 年代以降は，前述したように，地方における労働市場が縮小に転じており，このため，在宅通勤兼業の存立基盤を大きくゆるがしている.

　1990 年の農家数（販売農家数）は 297 万戸であったものが，2015 年には 133 万戸へおよそ 164 万戸減少した. このうち専業農家の減少は 3 万戸のみで，161 万戸は兼業農家の減少によるものである. この内訳は第 1 種兼業農家の減少が 35 万戸，第 2 種兼業農家の減少が 126 万戸で，後者の減少数がこの間の減少の 4 分の 3 を占めている. また，こうした動きにともない，高齢専業農家の数が増加しつつある. 農家子弟の都市部などへの流出が進むとともに，都市部などから環流して在宅通勤する子弟の数が減少しているためである.

　さらに，1990 年以降に進行した男子生産年齢人口のいる専業農家の急激な減少も，見落とされてはならない動きであろう. わが国の専業農家の数は 1965 年には 120 万戸の大台にあったものが，その後の兼業化の波の中で，わずか 10 年で 60 万戸台にまで半減した. その後は 1985 年までは現状を維持し（定義が販売農家に変更されたために 50 万戸），バブル崩壊後の 20 年間は，現在にいたるまで，40 万戸の前半を維持している. この中で，男子生産年齢人口のいる専業農家の動きをみると，1970-80 年代には 40 万戸を維持し

（単位：千戸, %）

2005 H17	2010 H22	2015 H27	割合
443	451	443	33.1
187	184	171	38.6
256	268	272	61.4
308	225	165	12.4
1,211	955	722	54.3
1,963	1,631	1,330	100.0

ていたが，2000年代に入るとそれが半減している．とくに1990年から2000年にかけたわずか10年で一挙に4割も減少しており，この時期の昭和一桁世代のリタイアにともなう男子生産年齢人口のいる専業農家の減少の激しさをうかがうことができる．各地において「地域でこれからの農業を担う人材がいなくなる」という強い危機意識が共有され，この時期以降，各地で集落営農などの地域組織の設立の取り組みが強化されてくるのである．1990年代後半あたりを起点にして農地の流動化が大きく進展し，組織経営体を中心とする大規模経営が各地で出現するようになったが，こうした動きの背景には，これまで水田農業を担ってきた昭和一桁世代のリタイアにともなう男子生産年齢人口の急激な減少があったと言われている[1]．

　また，1962年をピークに国民の1人当たり米消費量が減少に転じるなかで，米価も1983年の18,790円/玄米60kg（政府買入価格）をピーク（自主流通米価格は1993年の23,607円がピーク）に，その後は低落傾向に転じている．米価は2003年には18,000円（価格形成センター価格）を，2006年には16,000円（全農の相対取引価格）を割り，2014年には11,967円の最低価格を記録した．このような米価の傾向的低下やそれによる稲作の収益性の低下も，高齢農家のリタイアと担い手への農地集積が進んだもう1つの要因である．

　こうした動きにともなって，農地価格や小作料も1990年代をピークに下落傾向に転じている．田価格（日本不動産研究所の普通品等の田価格）の1970年代後半から現在までの推移をみたものが図12-2である．高度経済成長期には転用価格などに影響されて著しい上昇をみせていた田価格は，1990年頃の117万3千円/10aをピークに下落に転じ，2017年には72万5千円にまで低下した．バブル崩壊とともに都市部の不動産価格が暴落し，また転用需要や農業用需要も著しく減退したことがその要因である．農地の資産的価値が減退したために，きちんとした相続も行われなくなり，地主不明の耕作放棄地が増加しつつある点については周知のところであろう．

　こうした農地価格の動きに連動するように，田の小作料も同じような動きをみせている．1975年頃には10a当たり1万円を下回っていた田小作料（日本不動産研究所の普通品等の田小作料）は，その後は大きく上昇して1985年には2万4千円にまで高騰するが，この時期を境に下降に転じている．米価が

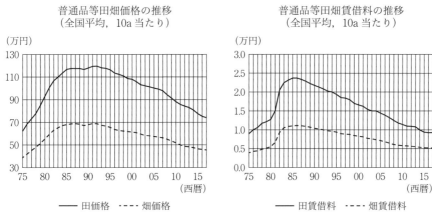

出所：全国農地保有合理化協会「農政資料 第1591-1592合併号」2017年12月25日, p.26 より引用.
注：一般財団法人日本不動産研究所「田畑価格および賃借料調べ」によるデータである.

図12-2 田畑価格および賃借料の推移（1976-2015）

1980年代後半に下降に転じたことがこの背景にある．1995年には2万円を割り，2015年には1万円を切ってなお下がり続けている．

以上のように，1980年代後半頃から水田価格も水田の小作料もそれまでの上昇基調から下降基調に転じており，農地集積により規模拡大をめざす農業者や地域営農組織にとっては，よりリーズナブルな価格水準に近づいてきているということができる．むしろ近年では農地の買い手や賃貸借の借り手など担い手不在のために，耕作放棄される水田の増加が各地で問題となっている．また，水田価格も東山，東海，近畿などでは10a当たり100万円前後，関東，北陸では80万円台の水準にあるものの，九州では60万円台，東北，中国などでは50万円台にまで低下しており，地域による大きな格差もみられる．

水田小作料も地域によって異なっているが，しかし，必ずしも水田価格に連動しているわけではない．それぞれの地域における需給状況を反映しているためであろう．2017年の水田小作料（普通品等の10a当たり小作料）は稲作の比重の高い北陸や東北では1万2千円前後，北海道，関東，九州の稲作地域では1万円前後であるが，東海，四国では8千円台，東山，近畿で7千円台，中国で6千円台である．地域によって稲作の収益性や転用需要を含む農地需要，

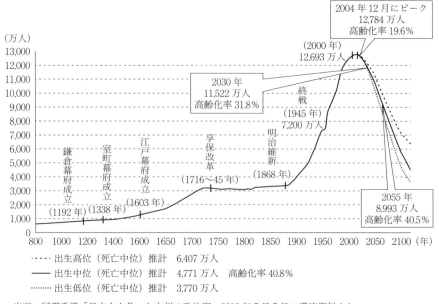

図 12-3　我が国人口の長期動態と将来予測

農地賃貸借の担い手の存在状況などが異なり，それが水田小作料の動きに影響していることが推察される．

　近年における動きで，もう1つ見落としてならない点は，わが国の少子高齢化と人口減少が進んでいるという点である．人口変動長期統計および将来人口推計にもとづき作成された図12-3によれば，明治維新（1868年）頃には3,600万人台であったわが国の人口は，第二次世界大戦直後（1945年）には7,200万人（大戦で300万人が死亡），21世紀初頭（2000年）には1億2,693万人へと大きく増加した．しかし，周知のように，2004年の1億2,784万人をピークに減少に転じ，人口問題研究所の将来推計人口によれば，37年後の2055年には8,993万人にまで減少し，2100年には実に4,771万人（死亡中位の推計）にまで減少すると予測されている．言いかえれば，22世紀に入る頃には，日本人（外国人居住者を除く）の人口は大正時代あたりにまで逆戻りするということである．さらに，全国の高齢化率も2004年の19.6%から2030年に

は31.8％へと急上昇し，2055年には40.5％に達するとしている．そう遠くない時期に人口減少による「縮小日本」の時代が来ることを予測しているのであり，このために深刻な「勤労人口の減少」が生じると指摘している[2]．地方部，農村部についてみれば，「東京一極集中」に象徴される若年労働力の流出によって，若い担い手の不足がますます深刻になる状況が，これからも進むことが予測されているのである．

　稲作に限っていえば，これまでは小規模兼業農家が生産の大宗を担っており，安定した兼業農家層の再生産によって将来にわたり地域の水田を守る必要があるといういわゆる「小規模兼業農家モデル」が描かれてきた．しかし，バブル崩壊以降の経済停滞期に，わが国の労働市場をめぐる環境条件は大きく変貌しており，こうしたモデルの崩壊にもつながるような深刻な事態をもたらしている．

　このため，従来の小規模経営を中心とする水田農業のビジネスモデルを維持するのか，少数の専従農業者によって水田農業を維持していく新しいビジネスモデルへの転換をはかっていくのか，農業を取り巻く社会経済環境の変化が，地域の農業者たちに新たな選択を求めている．第I部の各章で分析されている水田農業をめぐる様々な新しい動きは，不可逆的ともいえる社会経済の環境変化に対応するための，地域の農業者たちの創意工夫の態様を捉えているということができる．

2.　低コスト化と土地基盤再整備をめぐって

　2016年産の米生産量は799万トンであるが，このうち主食用米は725万トンであった．この主食用米の5割にあたる366万トンが農協出荷，3割にあたる213万トンが農家自らの直接販売となっている．また，2割にあたる146万トンが親族・友人等への無償譲渡を含む農家消費である．農協出荷の内訳は，主食用米の4割弱にあたる266万トンが全農・経済連等を通じた販売，1割強の100万トンが農協自身の直販となっている．農協直販は，その大部分が卸・小売等の業者への直売であり，消費者等への販売はわずかな量にとどまっている．一方，農家直売の213万トンも，主食用米の2割弱にあたる127万トンは

卸・小売等の業種への販売であり，消費者への直接販売は 86 万トンである．近年は農家ならびに米を購入する消費者の高齢化の進行により，農家からの無償譲渡や消費者への直接販売の量が徐々に減少しており，その一方で，中食・外食業者の業務用米の需要が増え，また，スーパーマーケットや小売店などへの販売のシェアがやや高まる傾向にある．

　一方，主食用米の消費内訳は，家庭内消費 69%，中食 18%，外食 13% などで，業務用途の米が全体の 3 割強を占めている．家庭内消費の米の購入量は徐々に減少する傾向にあるが，その一方で，業務用米に対する引き合いは増えている．このため，業務用途にマッチした米の品質と価格，安定した量の供給など，需要に応じた生産者サイドの創意工夫が求められている．さらに，中食業者や外食産業等で使われる業務用米のほかに，米粉用米や機能性食品用米，輸出用米などは将来の需要も見込まれることから，こうした需要をみすえた低価格の米づくりが喫緊の課題になっている．

　しかし生産サイドの現状をみると，第 1 部第 2 章の表 2-9 で分析されているように，米の生産販売費用は，2016 年の数値を除けば，少なくとも過去 10 年間はほとんど変化がなく，低コスト化の動きはほとんど見られない．また，稲作専従者 1 人当たり水田耕作面積も 10〜15ha 以上に拡大する動きも微弱であった．この理由は，減反政策のもとにおいて多収穫への取り組みが政策的にも抑えられ，現地ではむしろ単収を落とした良食味米の生産・販売が指向されてきたこと，また，生産資材価格の値下げの動きなどもみられなかったことなどにあるが，もう 1 つ重要な点は，低コスト化をめざした革新的技術の導入のためには現行の圃場区画が狭隘であり，しかも規模拡大にともなって圃場分散が大きくなっていることがある．第 III 部第 10 章で示されている「玄米 60kg 当たりの生産費 7,647 円」を実現するには，100 馬力を超える「大型機械を用いたプラウ耕の導入による省力化，レーザー均平やケンブリッジローラーを用いた播種後鎮圧による乾田直播の安定化技術の採用」が必須であるが，30a 区画で分散した圃場では十分な成果が見込めないという問題を抱えている．こうした革新的技術の導入のためには，大区画圃場への整備とその管理システムの確立が必要となる．

　用排水分離の 30a 区画という圃場設計は，今から半世紀以上も前の圃場整備

第 12 章　水田農業のあり方をめぐる諸問題　　　287

事業（昭和 38（1963）年より実施）において導入されたものである．実は 30a
の標準区画を決めたのは，農業機械の効率性などに基づく農業工学的な要因で
はなく，むしろ地域社会的要因にあったと言われている．農業工学的知見に基
づく設計では 20a 区画や 50a 区画なども可能であったが，「当時の自作農家を
前提」として「1ha 農家の耕作水田を 1 戸当たり 3 ケ所程度に集団化できれば，
30a を標準区画にできる」という案が，多くの地域のリーダー層に受け入れら
れ，結果として全国的に普及したのだという（広田 1995，岡本 1978）．30a と
いう標準区画は，当時普及していたロータリー耕ならびに田植機，自脱型コン
バインを中心とするいわば「中型機械化体系」を念頭においたものであった．
そのため，当時想定されていた大規模稲作経営の規模も 10〜15ha 程度であっ
た．米の減反政策が強化される中で，稚苗田植えによる収量を抑えた良質米生
産という点では，当時の技術にきわめて適合的な圃場システムであったという
ことができる．また，稲作の労力軽減が農家の兼業化を容易にしたために，多
くの兼業農家にも受け入れられて広く全国に普及することになった．

　しかし，100 馬力を超えるような大型機械を駆使した乾田直播の導入が課題
となり，多収穫品種の生産や野菜生産，そして畑利用など，水田の多様な利用
が求められている今日の水田農業においては，もはや 30a 区画の水田そのもの
が狭隘となっており，各地で水田区画の拡大が強く求められている．集積され
た水田の連坦化を含む新たな圃場づくりが必要とされているのである．

　とはいえ，わが国水田の立地条件は，地形が複雑でしかも土壌の分布も一律
ではないという問題がある．例えば，現在の大規模農場が耕作している水田の
土壌分布の状況を示したものが表 12-4 である．規模拡大が大きく進行してい
る東北，北陸，北関東，東海で活躍する 9 農場の事例であるが，均一な土壌の
水田を耕作している事例は皆無であり，茨城の平坦地域で大規模な稲単作経営
を展開している D 農場においても 3 種類，多い農場では 5 種類の異なる土壌
の水田を耕作していることがわかる．しかも，水田・畑地利用の可能な土壌条
件の水田は少なく，低湿地や漏水の多い水田もかなりの割合で混在している．
アメリカ・カリフォルニア州の稲作やイタリアの稲作のように，肥沃で均一な
土壌地帯で大規模に展開している事例は少ないのである．しかし，こうした異
なる土壌分布をむしろ逆手にとり，経営者たちはそれぞれの土壌の特質と用排

表 12-4　大規模経営が耕作している水田土壌の種類

農場	地域	水田面積	主 な 土 壌 の 種 類				
A	青森	107ha	(I) 泥炭土	(II) 細粒強グライ土	(II) 細粒グライ土	(II) グライ土下層有機質	
B	岩手	70ha	(II) 細粒灰色低地土	(III) 腐植質黒ボクグライ土	(III) 細粒灰色台地土	(III) 礫質灰色台地土	(IV) 礫質強グライ土
C	茨城	38ha	(II) 細粒グライ土	(III) 表層腐植質黒ボク土	(IV) 中粗粒褐色低地土		
D	茨城	103ha	(I) 泥炭土	(II) グライ土下層有機質	(II) 細粒灰色低地土		
E	埼玉	70ha	(I) 泥炭土	(II) 細粒グライ土	(II) 細粒褐色低地土		
F	新潟	77ha	(II) 細粒強グライ土	(IV) 中粗粒グライ土	(IV) 中粗粒強グライ土	(IV) 礫質強グライ土	(IV) 礫質灰色低地土
G	富山	112ha	(II) 細粒灰色低地土	(IV) 礫質灰色低地土	(IV) グライ土下層黒ボク土		
H	岐阜	323ha	(I) 泥炭土	(II) 細粒強グライ土	(II) グライ土下層有機質	(IV) 中粗粒強グライ土	
I	愛知	127ha	(II) 細粒グライ土	(IV) 中粗粒グライ土	(IV) 中粗粒強グライ土		

出所：長野間宏「大規模水田作経営の土壌分布の状況」((公財) 大日本農会「先進的農業経営研究会」
提出資料，2015 年 3 月)．
注：土壌の特質は以下の通りである．
I タイプ：低湿地，II タイプ：漏水が少ない，III タイプ：水田・畑地利用，IV タイプ：漏水が多い．

水条件のもとにある圃場ブロックを念頭において，複数の水稲品種や作物を導入し，施肥設計や作業時期の決定，栽培管理などに創意工夫をこらしてきた．そして，こうした圃場ブロック単位の生産ユニットに分けることによって，栽培の期間を広げ，ワンセットの機械体系の稼働効率を向上させ，大規模化を実現してきた点については，すでに明らかにされているところである（大日本農会 2017：23-26）．

　こうした点を踏まえれば，これからの土地基盤整備事業は全国一律的なものではなく，その地域の立地条件に見合った柔軟な発想に基づく事業設計が必要とされる．幹線用排水路などの再整備は国の直轄事業で行うとしても，地域の

第 12 章　水田農業のあり方をめぐる諸問題　　　289

圃場再整備事業は耕作者の意向を十分にふまえたメニュー方式による迅速な設計・施工なども求められる[3]．そうした上で，新しい土地改良事業の速やかな推進が各地で求められているのである．

　しかも，現在の財政事情のもとでは，コストを極力抑えた事業の工夫が必要不可欠な条件となろう．例えば，山間地域の傾斜水田などでは，無理をして大量の土を動かし大区画水田を造成するよりも，圃場ごとに大型機械が進入できる広幅の道路を整備するだけで，多少作業効率が落ちたとしても大型機械耕作が可能になるという農業者の提言などもある（大日本農会 2017：242-243）．また，傾斜地などでは，不整形でも等高線に沿った細長の圃場づくりの工夫なども必要とされる．

　さらに，これからの水田には，良食味米の生産に加えて，多収穫米や新規需要米などの生産，あるいは水田輪作や畑利用など，きわめて多様な土地利用が求められている．こうした土地利用を現在の作土 15cm 程度の水田のまま継続すれば，早晩，土壌窒素は消耗することになり，必ず作物の収量が落ちてくると言われている．多様な水田利用のためには，適正なタイミングを考慮した有機物の積極的施用による土づくりが重要になる．現在のロータリーなどで耕起している水田の多くは，「耕し起こすという本来の耕起ではなくて……，ただ単に土壌をかき回しているだけだ」という指摘もある．多くの水田では作土層が浅いために，「大型機械による踏圧で排水が悪くなり，砕土率も低下している」という．そのため，根の活性，根量を維持するために，透水性を向上させ，ひび割れ・亀裂などが深いところまであるような土壌構造を作ることが重要であるという（金田 2015）．第 1 部第 3 章で分析した「環境への負担の軽減」では，「堆肥による土づくり」が多彩な農作物を生産している大規模経営でその割合が高くなっていた．こうした経営体では，収量を長期にわたり安定して維持するためにも，有機物をしっかりと投入し，プラウ耕などにより作土を深くとり，土壌の団粒構造をつくるための努力がなされているということであろう．

　こうした典型例として，水田 117ha を耕作する鳥取県の T 農場がある．T農場では，長期にわたり「土づくり」を基本とした経営が展開されている．大型のトラクターとプラウを使い，全ての水田の作土を 30cm にまで深耕し，畜産農家から提供された堆肥を独自に調製して，毎年 10a 当たり 1.5〜2 トンを

投入している．これにより T 農場では，米だけでなく，豆類，野菜類，飼料用とうもろこしなどにも，全ての作物で化学肥料を使用していないという．「30cm ぐらいの肥沃な土を作って，田んぼの均平をとって，排水を良くして，水田の機能を高めれば，米だけでなく，いろいろな作物を栽培することができる」[4] というのである．しかもこうした取り組みが，T 農場の肥料費の削減にも貢献し稲作のコスト低減にも役立っている．T 農場のような徹底した取り組みは難しいとしても，これからの時代の水田農業のためには，土づくりが必要不可欠な条件となる．

3. 地域格差の拡大と中山間地域の取り組み

第 1 部第 1 章で詳しく分析されているように，1990 年代後半頃から今日まで水田作経営の規模拡大が大きく進行し，わが国の水田面積の 35％は 10ha 以上の経営体によって耕作されるようになった．このうちの 15％弱は 10〜30ha の家族経営が耕作し，20％強を 30ha 以上の大規模経営（6％の集落営農を含む）が耕作している．しかし，その一方で，表 12-5 にみられるように，半数にあたる 53％の水田はこれまでのように 5ha 未満の家族経営が耕作している．

2014 年の水田総面積（245 万 8 千 ha）のうち，30a 区画以上に整備されている水田面積は 156 万 8 千 ha で，その整備率は 64％である．このうちの 9％にあたる 22 万 9 千 ha の水田が 1ha 以上の大区画に整備されている．しかし，全国平均では 64％である 30a 区画水田の整備率も，これを都道府県別にみると，その割合には大きな格差がみられる．北海道や福井など平坦でまとまった水田のある地域では 90％を超え，富山，滋賀，佐賀などでも 80％を超えている．その一方で，香川，愛媛などでは 20％台にとどまり，徳島，奈良，大阪では 10％台，和歌山，神奈川では数％しか 30a 区画に整備された水田がない．また，1ha 以上区画水田についても，秋田や宮城などでは 20％を超える水田が整備されているものの，西日本の多くの府県ではわずかな面積にとどまっている．

30a 区画水田への整備の進捗率と水田作経営の農地集積を通じた規模拡大の動きとの関係をみるために表 12-6 を作成した．データの制約もあって，この

第 12 章　水田農業のあり方をめぐる諸問題　　　291

表 12-5　経営体の規模別にみた水田耕作面積の割合
（2015 年，都道府県別）

（単位：％）

都道府県	5ha未満	5～10ha	10～30ha	30ha以上	都道府県	5ha未満	5～10ha	10～30ha	30ha以上
全　国	53.0	11.9	14.6	20.5	三重県	57.8	6.4	11.4	24.3
北海道	7.3	15.0	52.2	25.4	滋賀県	45.2	9.8	13.0	32.0
青森県	48.7	16.9	18.7	15.6	京都府	76.9	6.9	5.4	10.7
岩手県	55.0	10.7	7.8	26.5	大阪府	94.7	1.7	1.0	2.6
宮城県	48.2	13.1	10.7	28.0	兵庫県	75.7	5.2	4.3	14.8
秋田県	45.9	17.3	19.2	17.6	奈良県	92.3	2.3	1.7	3.7
山形県	42.9	24.2	14.5	18.4	和歌山県	96.5	2.0	0.5	1.0
福島県	68.7	14.4	10.6	6.2	鳥取県	72.0	5.9	6.5	15.6
茨城県	63.7	11.5	12.0	12.8	島根県	63.2	6.2	4.9	25.7
栃木県	59.4	16.4	13.9	10.3	岡山県	77.0	6.9	6.6	9.5
群馬県	66.0	10.6	6.4	16.9	広島県	67.2	5.1	4.6	23.0
埼玉県	70.8	8.2	8.5	12.5	山口県	63.9	7.0	5.4	23.7
千葉県	67.4	13.2	10.6	8.8	徳島県	89.3	4.6	1.7	4.5
東京都	82.2	2.7	4.8	10.4	香川県	73.3	3.7	3.5	19.5
神奈川県	92.6	3.3	0.4	3.7	愛媛県	78.4	6.1	4.8	10.7
新潟県	54.3	17.1	11.1	17.5	高知県	82.8	8.1	4.8	4.2
富山県	38.2	6.3	8.4	47.2	福岡県	52.0	10.0	9.4	28.6
石川県	46.4	12.6	11.9	29.2	佐賀県	33.1	6.9	6.0	54.1
福井県	44.5	6.0	9.0	40.5	長崎県	85.7	5.1	1.5	7.7
山梨県	85.5	3.0	1.6	9.9	熊本県	68.4	10.7	3.9	17.0
長野県	62.3	6.7	9.5	21.5	大分県	70.0	10.8	6.3	13.0
岐阜県	55.8	4.7	6.1	33.4	宮崎県	80.3	8.6	5.1	6.1
静岡県	60.4	7.5	14.0	18.0	鹿児島県	73.4	11.0	8.0	7.6
愛知県	51.8	4.3	11.8	32.1	沖縄県	60.5	21.8	14.8	2.9

出所：農林水産省「2015 年農林業センサス」の組替集計による（組替集計にあたっては
　　　「YASUTAKE 集計ソフト」を使用した）.
注：都道府県ごとの全水田耕作面積に対する割合である.

　表では都道府県別の 5ha 未満の小規模家族経営が耕作している水田面積割合
と水田整備率とを比べている. 北海道ではすでに 8 割近くの水田が 10ha 以上
の経営によって耕作されているために，5ha 未満層が耕作する水田面積は
10％を切っている. 都府県では 5ha 未満層の耕作割合が平均より低い II グル
ープは，富山，山形など 9 県である. この 9 県の 30a 区画への平均整備率は
74.0％，1ha 以上区画への整備率は 9.8％である. このグループの中には 30a 区

292

表 12-6　5ha 未満層が耕作する水田面積割合と水田の区画整備率との関係

グループ	5ha 未満層が耕作する水田面積割合	30a 区画整備率	1ha 以上区画整備率	傾斜が1/100 未満の平均水田面積	全水田面積に対する割合	備考
	%	%	%	ha	%	
I	10%未満	95.3	20.4	23,995	52.9	北海道
II	30〜49%	74.0	9.8	35,215	52.4	佐賀，富山，山形，福井，滋賀，秋田，石川，宮城，青森
III	50〜59%	61.0	9.2	30,369	44.1	愛知，福岡，新潟，岩手，岐阜，三重，栃木
IV	60〜69%	59.4	4.8	23,920	41.5	静岡，沖縄，長野，島根，茨城，山口，群馬，広島，千葉，熊本，福島
V	70〜79%	47.7	5.3	11,232	31.5	大分，埼玉，鳥取，香川，鹿児島，兵庫，京都，岡山，愛媛
VI	80〜89%	32.4	2.0	6,530	26.9	宮崎，東京，高知，山梨，長崎，徳島
VII	90%以上	9.3	1.1	2,008	21.4	奈良，神奈川，大阪，和歌山

出所：農林水産省「2015 年農林業センサス」および同省・農村振興局「農業生産基盤の整備状況について」2016 年 3 月による．
注：1）5ha 未満層水田耕作面積割合によって，都道府県を I から VII までのグループに分けた．
　　2）30a 区画及び 1ha 以上区画の整備率と傾斜 1/100 未満の水田面積は，そのグループに属する都道府県の平均値である．

画整備率が 90.4％に達している福井や，1ha 以上区画整備率が 20％を超える秋田や宮城などが含まれている．

　5ha 未満層が耕作する水田が 5 割台にあるのが，III グループの愛知や福岡など 7 県である．この 7 県の 30a 区画整備率の平均は 61.0％，1ha 以上区画整備率は 9.2％である．この中には 30a 整備率が 68.0％の三重や，1ha 以上整備率が 10％台にある新潟，岩手，栃木などが含まれている．

　一方，5ha 未満層の耕作割合が平均よりも高い 6 割台にある IV グループは，静岡，島根など 11 県である．この 11 県の 30a 整備率の平均は 59.4％，1ha 以上整備率は 4.8％である．続いて 7 割台にある V グループは大分，埼玉など 9 県であり，8 割台にある VI グループは宮崎や高知など 6 県である．そして 9 割台にある VII グループは奈良，神奈川など 4 県で，このグループでは 30a 区画

第 12 章　水田農業のあり方をめぐる諸問題　　　　293

整備率はわずか 9.3％, 1ha 以上区画整備率は 1.1％にとどまっている.

　以上のように, 30a 区画や 1ha 以上区画への整備率が高い都道府県ほど 5ha 未満層の耕作面積割合が低く, 農地が大規模経営に集積されていることがわかる. 水田区画の整備が進んでいる地域では, 何らかの形で担い手も存在しており, その担い手にリタイア農家の農地がスムーズに集積されていることが推察される. 一方で, 水田区画の整備の進んでいない地域では, 5ha 未満層の小規模経営がこれまでのように地域の水田の相当部分を耕作していることがわかる.

　都道府県別にみた水田区画整備率の大きな違いは, これまでの土地改良事業の採択条件に合わなかった水田が数多く存在するということを示唆しており, それは地域の水田の面的まとまりや傾斜度などの立地条件にも左右されている. 表 12-6 の最右欄に田の傾斜が 100 分の 1 未満の平坦な地域に立地する水田面積とその割合を都道府県別に算出し, それぞれのグループごとに平均値を示した. 傾斜度 100 分の 1 未満の平坦な水田面積は, II グループでは平均して 3 万 5 千 ha, III グループでは 3 万 ha とかなり広いが, これに対して VI グループでは 6 千 5 百 ha, VII グループでは 2 千 ha というように, 平坦な水田面積が限られていることがわかる. また, 5ha 未満層の耕作割合が 3～4 割台で規模拡大の進んでいる II グループでは平坦な水田面積割合は 52.4％, 5 割台にある III グループでは 44.1％であるが, 7 割台の V グループでは 31.5％, 8 割台の VI グループでは 26.9％, 9 割台の VII グループでは 21.4％である. 平坦な水田に恵まれた都道府県では水田の区画整備が進み, 水田作経営の規模拡大が進んでいるが, そうした条件に恵まれていない中山間地域の多い都道府県では, 担い手の確保や稲作の規模拡大に課題を抱えていることがうかがわれる.

　こうした水田の区画整備率の違いは, 近年における水稲直播栽培の取り組み状況にも少なからぬ影響を与えている. 直播栽培は, 規模拡大とともに過重労働となって来ている苗づくりを省くことができ, また, 稲作の作期幅の拡大にもつながることから, 湛水直播, 乾田直播ともに, 近年はわずかずつ面積が増加する傾向にあり, 2017 年には全国で 33,435ha となった[5]. その地域別の内訳をみると, 東北が 11,264ha, 北陸が 10,464ha で両地域ともに 1 万 ha を超えている. この両地域では 30a 区画整備率も 1ha 以上区画整備率も高い諸県がそろっており, 大規模経営への規模拡大の動きも活発である. また, 東海やか

つて直播栽培が盛んであった中国などでも 3 千 ha 台にある．一方，関東，近畿などでは 1 千 ha 台にとどまっており，九州では 1 千 ha に届いていない．九州ではスクミリンゴガイ（ジャンボタニシ）被害の問題などもあって直播栽培は低調であるという．

直播栽培面積は年々上昇しているものの，その普及率は全国でまだ 2.3％である．試験研究機関等では安定した技術として確立されているものの，生産現場では圃場条件や気象変動などもあり，未だ安定した技術として定着しているとは言い難い状況にある．各地の直播栽培に適した新品種の育成や圃場条件の整備など，まだ多くの課題が残されているのである．

ところで，地域における耕地や集落の立地条件と小規模経営との関係をみるために，都道府県別に DID から 30 分以上離れ水田率が 30〜70％の田畑集落の割合と，5ha 未満の小規模経営の水田面積割合との関係を示したものが表 12-7 である．

DID から 30 分以上離れた田畑集落の割合が 30％未満の県における 5ha 未満層の割合は平均して 50％，それが 30〜40％の県では 57％で都府県の平均値よりも少ないことがわかる．その一方で，田畑集落の割合が 60〜70％の県では平均して 78％，70％以上の県では 84％となっている．こうしたデータからも，DID から遠く離れた田畑集落の多い中山間地域では，水田作経営の規模拡大があまり進展せず，5ha 未満の小規模経営が地域の水田農業を担っていることがわかる．

多くの識者も指摘しているように，わが国の水田農業においては，一方で 100ha を超える大規模経営が出現しているものの，他方では依然として小規模経営が過半の水田面積の耕作を担っており，両者の地域格差がますます拡大している（安藤 2018，2017）．前掲表 12-5 によれば，北陸などでは管内水田面積の 4 割以上を 30ha 以上の大規模経営が耕作するようになっている県がみられる一方で，近畿などではそれが数％程度に止まっており，9 割以上の水田を 5ha 未満の小規模経営が耕作している県もある．全国では 10ha 以上の経営体が管内水田面積の 3 割以上を耕作している都道府県は，北海道，東北，北陸，東海，北九州などの 18 道県におよんでいるが，その一方で，5ha 未満の家族経営が管内水田面積の 7 割以上を耕作している都道府県は，南関東，近畿，山

第 12 章　水田農業のあり方をめぐる諸問題　　　295

表 12-7　DID から 30 分以上の田畑集落の割合と
5ha 未満層の水田面積割合との関係

グループ	DID から 30 分以上の水田率 30〜70%集落の割合	5ha 未満層が耕作する水田面積割合	備考
	%	%	
A	30%未満	50.3	福井，栃木，滋賀，福岡
B	30〜40%	56.9	宮城，山形，新潟，富山，茨城，千葉，岐阜，愛知，三重，京都，兵庫，香川，佐賀
C	40〜50%	62.9	秋田，福島，石川，埼玉，岡山，熊本
D	50〜60%	64.0	青森，岩手，長野，群馬，静岡，鳥取，広島，山口，宮崎
E	60〜70%	78.4	島根，愛媛，高知，徳島
F	70%以上	84.0	神奈川，山梨，和歌山，長崎，大分，鹿児島

出所：農林水産省「2015 年農林業センサス報告書　第 8 巻農業集落類型別統計」による．
注：1）DID から 30 分以上の水田率 30〜70%の集落の割合によって，都道府県を A から F のグループに分けた．
　　2）5ha 未満層が耕作する水田面積割合は，そのグループに属する都道府県の平均値である．
　　3）この表では，DID から 30 分以上の集落が 100%に近い北海道，東京，沖縄と，逆にそれが極端に少ない大阪，奈良の各都道府県は除いている．

陰，四国，南九州などの 19 都府県におよんでいる．

　第 1 部第 2 章で分析されているように，1ha 未満の水田作経営の農業所得は，現在の政府の経営支援政策のもとにおいてもゼロとなっており，2〜3ha 層でも 100 万円前後であった．前述したように，在宅通勤可能な安定した就業の場が地域で失われつつある中で，野菜や果樹，畜産等の高収益作目などの収入がなければ，水田を次世代に引き継ぐことは不可能である．また，こうした地域において水田作を独立して維持していくためには，それが家族経営であれ組織経営であれ，少なくとも 10ha 以上の規模に農地を集積することが，さらに，米価の変動に対して経営を安定して維持していくためには最低 20ha 以上の規模を確保することが必要になる．農業者の個人的努力を基本としながらも，地域で協力して新しい経営の規模に再編していくことができなければ，その地域の水田農業そのものがやがては崩壊する危機に立たされている．

　こうした立地条件にある中山間地域においても，近年では様々な創意工夫に

よって水田作を維持していこうという挑戦が行われている．例えば，標高250m～740mに集落や水田が散在している高知県長岡郡本山町では，町の農業公社を軸に「土佐天空の郷」ブランドで，地域の農業者が生産した特別栽培米の直販に取り組んでいる．精米で900円/kg（玄米換算でおよそ4万5千円/60kg）のプレミアム米を販売することにより，稲作の規模は小さくても，より付加価値をつけた販売を目指している．さらに，高知県でも高温耐性があり，コシヒカリ並の食味を有する水稲新品種「よさ恋美人」の栽培に，2018年から取り組んでいる．

　鳥取県ではカレーに合う長粒の水稲品種「プリンセスかおり」の開発に取り組んでおり，JAとっとり西部では国内最大級のGABA（ギャバ）米生成装置を導入して，消費者の健康志向に応えた新たな米需要を開拓しようとしている．これらはいずれも，消費者の需要に対応した新たな取り組みによって，米の収益性の確保に結びつけようとする事例である[6]．

　こうした取り組みのほかに，当該地域が二毛作地域であることをふまえて，麦作を中心に経営を展開している事例もある．愛媛県東温市のJ農場は，黒米や赤米を栽培するほかに，45haのもち性はだか麦を生産する延べ100haの大規模経営である．麦専用の加工施設を所有し，減反で手放された農地を積極的に借り受け，地域で耕作放棄地を出さないことを信念に，麦作中心の大規模経営に挑戦している[7]．

　一方，中山間地域に設立された集落営農においても，その存続をかけた様々な新しい取り組みが始まっている．集落営農を地域再生ビジョンの中に位置づけ，生活農業として自治組織やコミュニティ活動と一体的に地域で運営しようという取り組み（広島県東広島市河内町など）や，地域に設立されている集落営農を横に繋いで広域のネットワーク化をはかる取り組みなどである．島根県津和野町では12の集落営農法人（合計した耕地面積は257haとなる）が事業協同組合を設立して，水稲防除（無人ヘリ），採種・収穫（汎用コンバイン）などの受託事業，播種機，溝切機，汎用コンバインのリース事業，次世代を担う人材育成，共同購入・共同販売事業などを協同して行っている．また，滋賀県甲良町では7法人が（協）甲良集落営農組合連合会協同組合を設立して，ブランド米のスーパーへの共同販売，大豆専用コンバインの共同購入，オペレー

ターや労働力の相互交換，若い専従オペレーターの雇用などを行っている．集落営農法人の広域ネットワーク化によるメリットは，言うまでもなく立地条件により規模拡大の難しい小組織の弱点を，協同により規模の経済を活かして克服することにある．集落営農に詳しい楠本（2018）によれば，そのメリットは，①若い人材の雇用と育成，②経営の多角化（加工，グリーンツーリズム等），③マーケティング力の強化，④生産資材の有利仕入れ，⑤適期作業の確保，技術の向上，人材の養成，⑥減価償却費の削減によるコスト低減，⑦地域・生活基盤の再構築，などが期待されるという．

こうした集落営農法人のネットワーク化のほかに，新潟県上越市の（有）グリーンファーム清里のように，耕作放棄地対策と地域農業活性化を目標に，地域で集落営農を新たに設立する際に，平坦地域の水田と中山間地域の水田を平等に割り当て，ややもすれば敬遠されがちな中山間地域の水田耕作の維持をはかろうとする取り組みもある．しかもこうした取り組みが，標高差をうまく活用した作業の効率化にもつながるという．以上のような新しい取り組みにおいて，最も重要な視点は，それが家族経営であれ組織経営であれ，まず第1に水田農業を中心に担う専従農業者たちの農業所得を安定的に確保するという点であろう．

また，兵庫県のL農場の事例は，中山間地域における取り組みを考える上で，参考にすべき多くの視点を提供している．L農場には，生産部のほかに，農業体験，加工体験，食事や買い物などができる「夢やかた」が設置され，農産物直売所「夢街道」も開設されている．生産部では米，小麦，大豆，そば，野菜，イチゴなど多作物が栽培され，しかも米についてはミルキークィーンなど用途に応じて実に12品種が栽培されている．文字通りの「多品目少量生産」であるが，しかし，L農場には生産した農産物を自ら販売する装置と，その顧客を呼び込む装置が併設されており，それによって付加価値の高い加工・販売につなげる努力がなされている．商品の品揃えという点からみれば，多品目生産の方がむしろ販売には有利に働く．生産する個々の品目は大規模でなくても，組織の中に集客，販売という機能を確保し事業提携することによって，社員13名，パート9名，アルバイト等8名という多くの雇用を創出した複合的農業ビジネスを展開しているのである．水田農業それ自身の自立した経営は難し

いとしても，生産に直結した集客や加工・販売の拠点と戦略的に事業提携することによって，それほど大きなプレミアムではないとしても，付加価値型の農業として維持する可能性のあることを示唆している（大日本農会 2017：222-231）．

ところで，国土交通省・観光庁編「平成 29 年度観光白書」によれば，2017年度の訪日外国人旅行者数は 2,869 万人となり，このわずか 5 年間で 3.4 倍に増加した[8]．外国人旅行者の国内消費額も 4 兆 4 千億円となり，4.1 倍の増加となった．延べ宿泊者数の対前年伸び率は東北（40.0%），九州（31.4%）のほかに，四国（23.0%），中国（21.5%）でも大きくなっており，地方部での宿泊者数の割合がはじめて 4 割を超えたという．伸び率の上位 20 府県の中には，東北や九州の諸県のほかに，香川，徳島，岡山，鳥取など中国・四国の諸県も名を連ねている．外国人旅行者の訪日の回数が増えるにつれて，地方にある伝統文化や景観，生活行事などにも関心が高まり，日本の固有の姿を求めて地方をめざすからであろう．例えば，徳島県西部の山間地帯に位置する美馬市，三好市，つるぎ町，東みよし町の地域では，伝統的な傾斜地農法の体験や教育旅行，訪日外国人ツアーの受け入れによって，2016 年には 21 万 4 千人の宿泊者数を記録したという．しかも，そば打ち体験の 8 割は外国人旅行者であるという[9]．こうした外国人旅行者の増加が，水田農業への直接的な経済効果をもたらすケースは今のところ少ないが，地域資源活用の重要な舞台装置としての棚田など，その役割はむしろ高まってきているのではないだろうか．

4. 水田の畜産的利用と耕畜連携

2016 年産の主食用米の作付面積は 138 万 ha となり，2010 年産の作付面積に比べると 22 万 ha（13.8%）減少した．その一方で，新規需要米は 13 万 9 千 ha となり，このうち飼料用米は 9 万 1 千 ha，WCS は 4 万 1 千 ha となった．主食用米の減少分をこれらの稲が埋め合わせるような形で伸びてきた．

飼料用米の増加とともに注目される点は，WCS 稲（稲発酵粗飼料）の作付面積も徐々に増加している点である．2016 年産の WCS 稲作付面積は，飼料用米面積に比べて半分弱にまで面積が増えている．しかも，面積が増えている地

域は，東北，北関東（および千葉），中国，九州という繁殖肉牛や酪農の主要な飼養地域と一致している．WCS稲の作付面積は，沖縄を除く九州7県では2万3千haと全国の作付面積の約半数（56％）を占めており，東北6県では7千600ha（18％），北関東3県と千葉では4千ha（10％），これに中国を含めると8割以上のWCS稲がこの4地域で生産されている．

　第Ⅰ部第5章での分析によれば，WCS稲の作付面積は基本的には肉用牛繁殖経営と酪農経営の粗飼料需要を反映しているが，それはまた畑作からの飼料作物の供給量によっても左右されており，畑地帯での飼料作物の多い鹿児島に比べて，その面積が限られている熊本の方がWCS稲の取り組み面積が多いという．また九州では，水田活用の直接支払交付金が用意する産地交付金や二毛作加算金がWCS稲の作付とともに，後作に飼料作物などを積極的に栽培する水田利用率の向上にも効果をもたらしているという．

　近年において担い手農業者がますます少数になっている中で，千田（2016）は「耕作条件の不利な小区画圃場の多い西日本では，限られた労働力で広い農地を管理する営農体系が求められて」おり，「単収や面積当たり粗収益が低くても1人当たり管理面積が広く，1人当たり所得も増える」水田の飼料利用，畜産利用が，水田農業再生の有力な手法になると指摘している．例えば，WCS用稲「たちすずか」の栽培事例では，10a当たり販売収入は7万6200円となり，ここから資材費，梱包材費，変動費などを差し引いた利益は4万9500円（移植栽培）になるという．また，同氏は飼料用とうもろこしの試算値も示しているが，これによれば，転作田でトウモロコシを生産すると，物財費は80円/TDNkg，TDN収益は1トン，労働時間は6時間/10aほどなので，労働報酬は500〜600万円/年・人になり，むしろ水稲作を大きく上回るという．

　都府県では主食用米に飼料用米，WCS稲を組み合わせて作ると，春と秋に作業が集中することになり，臨時雇用を追加して導入しない限り経営面積に限界が出る．しかし，水稲の乾田直播技術を導入してトウモロコシを栽培すれば，これを克服することができるという．同氏の経営シュミレーションによれば，専従者4人＋パート2人の通年労働力のみで，飼料用米やWCS稲を単に導入しただけでは21haが耕作の限界になり，専従者1人当たり所得も427万円であるが，水稲の直播栽培とトウモロコシの導入によって74haまでの規模拡大

が可能となり，専従者1人当たり所得も1,150万円に増加するという．

　これらのデータは，水田飼料作経営が都府県においても成立することを示しているが，そのためには土地基盤の再整備や耕耘方法の改善を含む現場における直播栽培技術の確立が必要であり，また，飼料収穫機の適正規模を確保するための広域な収穫システムの構築がその前提になるという．さらに，中山間地域においては，集落営農法人への和牛の新たな導入やJA出資型の大規模繁殖センターなどとも連携した水田里山の畜産的利用の様々な経営モデルが考えられるという[10]．

　わが国における飼料用作物の生産量は近年わずかながら増加する傾向にあり，こうした取り組みによる食料自給率（カロリーベース）向上への期待もある．飼料用米やWCS稲，トウモロコシなどの生産に加えて，畜産農家の堆肥の軽量化（ペレット化）など，耕畜連携の取り組みに対する政策支援の強化もこれからの水田農業にとって重要である．

5. これからの技術革新と人材の確保

　前述したように，2017年産の主食用米の作付面積は137万ha，生産量は730万6千トンであった．また，周知のように，主食用米は年々およそ8万トンのペースで消費量が減少している．こうした数字と現在の単収水準とを機械的に当てはめて試算すれば，2025年に必要な作付面積は125万ha，生産量は664万6千トンとなる．面積にして12万ha，生産量にして64万トンが減少する計算である．こうした主食用米の減少分は，飼料用米（2025年までに110万トン目標）あるいは輸出用米（2019年末までに10万トン目標）等の新規需要米によって補うとされている．しかし，その先10年の2035年までに減少する面積は27万ha，米の量は144万トンと試算される．前述したわが国の人口減少と高齢化の進行をふまえれば，こうした食用米市場の限りなき縮小問題にどう取り組むのか，今日のわが国水田農業は大きな課題を抱えている．

　このような将来問題に取り組む上で避けて通れない課題は，水田の畑化や畑地的利用の推進のほかに，水田で作付している米などの生産性の向上であろう．業務用米や加工用米，輸出用米や機能性食品用米などの需要の拡大を考えれば，

第 12 章　水田農業のあり方をめぐる諸問題　　　301

少なくとも全生産量の 3〜4 割程度の米については，SBS 米や海外の米市場な
どを意識した低コストの米を生産する必要があろう．また，水田活用で導入さ
れている麦，大豆なども含めた畑作物の低コスト化も重要ではないだろうか．
輸出用米や機能性食品用米などの新規需要米についても，麦・大豆などの戦略
作物についても，減少し続ける主食用米の消費に対して，現在の取り組みのま
ま際限なくその面積分を代替するということは大きな財政負担を伴うことにな
り，将来は国民の理解を得られなくなる可能性もある．

　経済産業省「本邦対外資産負債残高」によれば，日本の政府や企業，個人が
海外に有する資産総額が 2017 年に 1,012 兆円を超えたという．2008 年の 519
兆円に比べると，このわずか 9 年間で 2 倍に増加している．わが国の 1 年分の
GDP に相当する資産が海外に流出したということである．資産から海外の国
内投資等の負債を差し引いた純資産も 328 兆円となり，2 位のドイツ（261 兆
円）を大きく引き離し世界 1 位をキープしている．企業の経済活動の成果が近
年では大きく海外に流出しており，国内のトリクルダウン（trickle-down）に
向かう分が減少しているということであろう．こうした中で，家計のエンゲル
係数の方は 2011 年頃の 23% から上昇傾向に転じ，食料消費支出を負担に感じ
る人々が増えている．

　また，政府は 2018 年の出入国管理法改正によって外国人労働者への門戸を
大きく開こうとしているが，言うまでもなく彼らの多くは高額所得者層を想定
した受入ではないために，その数が大きく増えたとしても，彼らが求めるのは
低価格の食材であろう．このような国民経済の状況を考えれば，米や麦・大豆
などは生産性を向上させ，少しでも低コスト化をはかる努力をすることが，国
民の理解を得る上でも重要ではないだろうか．また，「ポスト減反」時代にお
けるこれからの米ビジネスを展開していく上でも必要な取り組みであろう．

　政府は 2016 年に「農業競争力強化プログラム」を決定し，生産資材価格の
引き下げ，土地改良制度の見直し，スマート農業の推進，人材力の強化などに
力を入れ始めている．こうした取り組みで重要な点は，それぞれの取り組みを
バラバラに上から推進するのではなく，生産現場に視点をすえた，いわばボト
ムアップ型の取り組みの重視である．また，農業の技術革新は，作物の収量や
品質に関わる栽培技術，労働の効率に関わる作業技術（作業様式，機械施設等

による省力化），そしてこの両者の結節点にある土地基盤の改良という三者が密接に関わり機能することによって実現されるという点の認識が重要であり（八木 1983，2014），同時に，それを実現するための意欲と能力を持った人材が現場にいること（確保・育成）が最も重要である．

また，個々の部分技術が常に低コスト化を指向しているものかどうかのチェックも重要である．これまで新機能を備えた新しい農機具類は常に高価格で販売されるのが常であり，スマート農業に関わる IT 活用のシステムやソフトも農業者に追加負担を求めるものが多い．また，新品種についても民間開発の種子になれば従来よりも割高になる可能性がある．農業に関わる多くの新機種や新資材が，むしろ現場では生産者のコストを引き上げる方向に作用してきた場合が多かったのではないだろうか．土地改良事業なども機能性を重視すればそれだけ事業費が大きく膨らむ可能性が高い．

南米・パラグアイの 1,000〜5,000ha という巨大稲作農場で造成されている大区画圃場の模式図を示したものが図 12-4 である[11]．1 区画が 100ha という大区画圃場であるが，きわめてシンプルな構造になっている．用水は上流の農業用水路の 2 カ所から引水され，両サイドの配水路に設けられた数カ所の土止め（tranca）から内部の圃場に供給される．等高線に沿った小畦（taipas）によって圃場が区切られ，それぞれの圃場への水の供給はコストの安い上流から下流への「掛流し灌漑（gravity irrigation）」である．下流の両サイドには深い水溜めが設けられ，そこから土管で次の区画へ水が供給されるという仕組みである．水資源の乏しい地域であるために，水管理も十分でなく，単収もブラジルの稲作に比べると低い．そうしたこともあり，おそらく世界で最も造成単価が安くランニングコストも低い大区画圃場が造成されているのではないかと思われる．しかし，水田の機能としてこれをみれば，きわめて合理的な構造になっていることがわかる．

もちろん，このような大区画圃場をわが国でも造成すべきというわけではない．必要な機能は備えながらも，シンプルで汎用性があり，長期にわたり使用できる低価格の機械施設や圃場を考案するという，現地の条件を十分にふまえた新たな創意工夫も必要ではないかということである．

こうした取り組みの事例としては，農業者目線にこだわって農匠ナビ（株）

第12章　水田農業のあり方をめぐる諸問題　　303

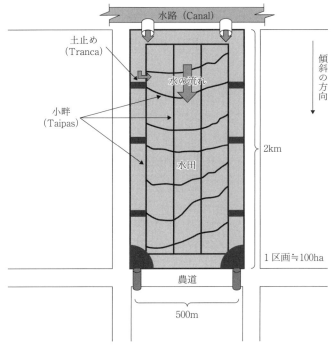

出所：ヨコタ・Y. J. ヨシフル「パラグアイの稲作を先導する大規模農場の
　　　技術と経営」（李哉法・内山智裕・鈴村源太郎・八木洋憲編 (2014)
　　　『農業経営学の現代的眺望』日本経済評論社），p.231 より引用．
注：聞き取りにより作成したものである．

図12-4　パラグアイにおける大規模稲作農場の水田区画

が開発した自動給水器（農匠自動水門（仮称））がある[12]．また，宮城県のO農場では，全ての水田の水位をリアルタイムで測定・集計できるシステムを，市販のものよりも半値以下で開発して実用化している（大日本農会 2017：106-121）．農業分野では全国の販売可能台数などが限られるために，新開発機種等の価格が割高になりやすい面がある．こうした点に対しても生産者負担の少ないキメの細かな政策支援が求められる．

　この他にも，大型機械の通行が容易な農道の拡幅事業の取り組みや中山間地域の水田については大型機械のアクセス可能な道路の新設など，現地の需要に

応じた小回りのきく事業設計の工夫とその速やかな推進が重要である.

　なお，現代における IT 等の技術は，栽培技術の面からはこれからの精密農業を支えるものであるし，作業技術の面では大規模化や作業の自動化などに役立つものであり，また，土壌養分や水位などのモニタリングを通じて土地基盤条件の向上にも資するものであることから，先述した三者の技術とも深い関わりを持っている．そうした意味においては，IT 等の技術も含めた四者の体系的な技術の開発と普及がこれからの生産現場における技術革新の要となろう.

　第 10 章で詳しく分析されているように，現在の米市場は 60kg 玄米で，3 万円を超える良食味・高品質な消費者・実需者直販用の米を頂点とし，8 千円台の SBS 米や 1 万円を切る業務用米を底辺とするピラミッド型の構造になっており，しかもその底辺の裾野が広がる傾向にある．こうした米市場の動向に焦点を合わせた絶えざる技術革新が必要であり，それを実現する人材の確保・育成がこれからの最重要課題となる.

注

1)　保坂一八氏（（有）グリーンファーム清里 代表取締役：新潟県上越市）の日本農業研究所における講演会「有限会社 グリーンファーム清里の取り組み－耕作放棄地対策と地域農業活性化の為に－」（2018 年 6 月 19 日）でのご教示による.

2)　富澤秀機氏（作家，元日本経済新聞社 大阪本社代表）の講演会「日本を救った上州の政治家」（2018 年 7 月 7 日）でのご指摘による.

3)　石井（2018）は地域に多様な農業経営体が共存する場合，一律な農地利用・整備計画ではなく，大規模稲作経営体のエリア（60～80ha／専従作業者），中規模稲作経営体のエリア（5～10ha／専従作業者），小規模稲作経営体のエリア（労働集約型の農業や小規模稲作（1～数 ha））などのゾーニングに基づく土地改良事業の必要を提案している．こうした発想を中山間地域の土地改良事業にも広げて多様な事業に活かす必要があるのではないだろうか.

4)　田中正保氏（（有）田中農場会長：鳥取県八頭郡八頭町）の日本農業研究所における講演会「農地は誰のものか－土づくりを基本にした大規模水田作経営の展開－」（2016 年 12 月）でのご発言による.

5)　農林水産省調べ「水稲の直播栽培について」（2018 年）による.

6)　「全国農業新聞」2018 年 5 月 11 日付による.

7)　「全国農業新聞」2018 年 2 月 2 日付，2 月 25 日付，5 月 11 日付，6 月 22 日付などによる.

8)　観光庁「平成 29 年度観光の状況 平成 30 年度観光施策」（第 196 回国会（常会）提

第 12 章　水田農業のあり方をめぐる諸問題　　305

出）2018 年 5 月，p.53 による．
9)　「全国農業新聞」2018 年 7 月 6 日付による．
10)　千田（2016）および「水田里山畜産利用コンソーシアムセミナー」における千田雅
　　之氏（農研機構・西日本農業研究センター・農業経営グループ長）の講演資料（「全
　　国農業新聞」2017 年 8 月 11 日付）による．
11)　ヨコタ・Y. J. ヨシフル「パラグアイの稲作を先導する大規模農場の技術と経営」
　　（李ほか 2014：231）による．
12)　「全国農業新聞」2018 年 7 月 13 日付による．

参考文献

安藤光義（2017）「法人化，専業化，農地集約はどう動いているか－2015 年センサスに
　　みる農業・農村の構造変化」『農業と経済』平成 29 年 5 月号，昭和堂．

安藤光義編（2018）『縮小再編過程の日本農業－2015 年農業センサスと実態分析－（「日
　　本の農業」250・251）』農政調査委員会，pp.1-262．

石井敦（2018）「真の低コスト稲作のための農地の利用集積・圃場整備と土地改良法の
　　改正『土地と農業』No.48，全国農地保有合理化協会，pp.26-42．

李・内山・鈴村・八木編（2014）『農業経営学の現代的眺望』日本経済評論社．

鵜川洋樹・佐藤加寿子・佐藤了編（2017）『転換期の水田農業』農林統計協会．

岡本雅美（1978）「農道の密度等決定のメカニズム」『昭和 52 年度畑地の整備基準設定
　　調査報告書」』地域社会計画センター，pp.11-18．

金田吉弘（2015）「近年の水田農業における栽培技術の動向について－土壌肥料分野を
　　中心として－」『農業』No.1957，大日本農会，pp.6-22．

楠本雅弘（2018）「集落営農による地域づくり」『農業』No.1640，大日本農会，pp.6-21．

千田雅之（2016）「水田の飼料生産利用の展開方向－生産力及び経営的視点から－」『農
　　業』No.1615，大日本農会，pp.6-26．

大日本農会編：八木宏典・諸岡慶昇・長野間宏・岩崎和巳著（2017）『地域とともに歩
　　む大規模水田農業への挑戦』農山漁村文化協会．

南石晃明（2017）「農業経営革新の現状と次世代農業の展望」『農業経済研究』89（2）
　　73-90．

広田純一（1995）「大区画圃場整備における区画割の考え方」『農土誌』63（9），pp.925
　　-930．

農林水産省編（2018）『2015 年農林業センサス総合分析報告書』農林統計協会．

農林水産省（2018）「平成 29 年度　食料・農業・農村白書の概要」．

農林水産省（2018）「米をめぐる状況について」．

八木宏典（1983）『水田農業の発展論理』日本経済評論社．

八木宏典（2014）「今後の農業技術開発・普及機能のあり方」，『今後の農業技術開発・
　　普及機能を考える－今後の農業技術開発・普及機能のあり方に関する研究会報告
　　（大日本農会叢書 No.9）』大日本農会，pp.7-63．

執筆者紹介 (*編者)

*八木宏典 (日本農業研究所客員研究員・東京大学名誉教授.
　　　　　　はしがき, 序章, 第2章, 第3章, 第12章)

*李　哉法 (鹿児島大学農学部准教授. はしがき, 序章, 第5章)

鈴村源太郎 (東京農業大学国際食料情報学部教授. 第1章)

内山智裕 (東京農業大学国際食料情報学部教授. 第4章)

八木洋憲 (東京大学大学院農学生命科学研究科准教授. 第6章)

笹原和哉 (国立研究開発法人農研機構 東北農業研究センター生
　　　　　　産基盤研究領域農業経営グループ. 第7章)

李　裕敬 (日本大学生物資源科学部専任講師. 第8章)

劉　徳娟 (中国福建省農業科学院農業経済情報技術研究所准教授.
　　　　　　第9章)

宮武恭一 (国立研究開発法人農研機構 中央農業総合研究センター
　　　　　　農業経営研究領域長. 第10章)

安武正史 (国立研究開発法人農研機構 中央農業総合研究センター
　　　　　　企画部産学連携室産学連携チーム. 第2章, 第11章)

変貌する水田農業の課題

2019 年 6 月 20 日　第 1 刷発行

定価（本体 4500 円＋税）

編　者	八　木　宏　典
	李　　　哉　法
発 行 者	柿　﨑　　　均

発 行 所　㈱日本経済評論社

〒101-0062 東京都千代田区神田駿河台 1-7-7
電話 03-5577-7286　FAX 03-5577-2803
E-mail : info8188@nikkeihyo.co.jp
振替 00130-3-157198

装丁＊渡辺美知子　　　　　　シナノ印刷／誠製本

落丁本・乱丁本はお取替えいたします　　Printed in Japan
Ⓒ H. Yagi and J. Lee et al. 2019

ISBN978-4-8188-2529-1　C3061

・本書の複製権・翻訳権・上映権・譲渡権・公衆送信権（送信可能化
　権を含む）は，㈱日本経済評論社が保有します．
・ JCOPY 〈（一社）出版者著作権管理機構 委託出版物〉
　本書の無断複写は著作権法上での例外を除き禁じられています．複
　写される場合は，そのつど事前に，（一社）出版者著作権管理機構（電
　話 03-5244-5088，FAX 03-5244-5089，e-mail : info@jcopy.or.jp）
　の許諾を得てください．